La memoria del paisaje

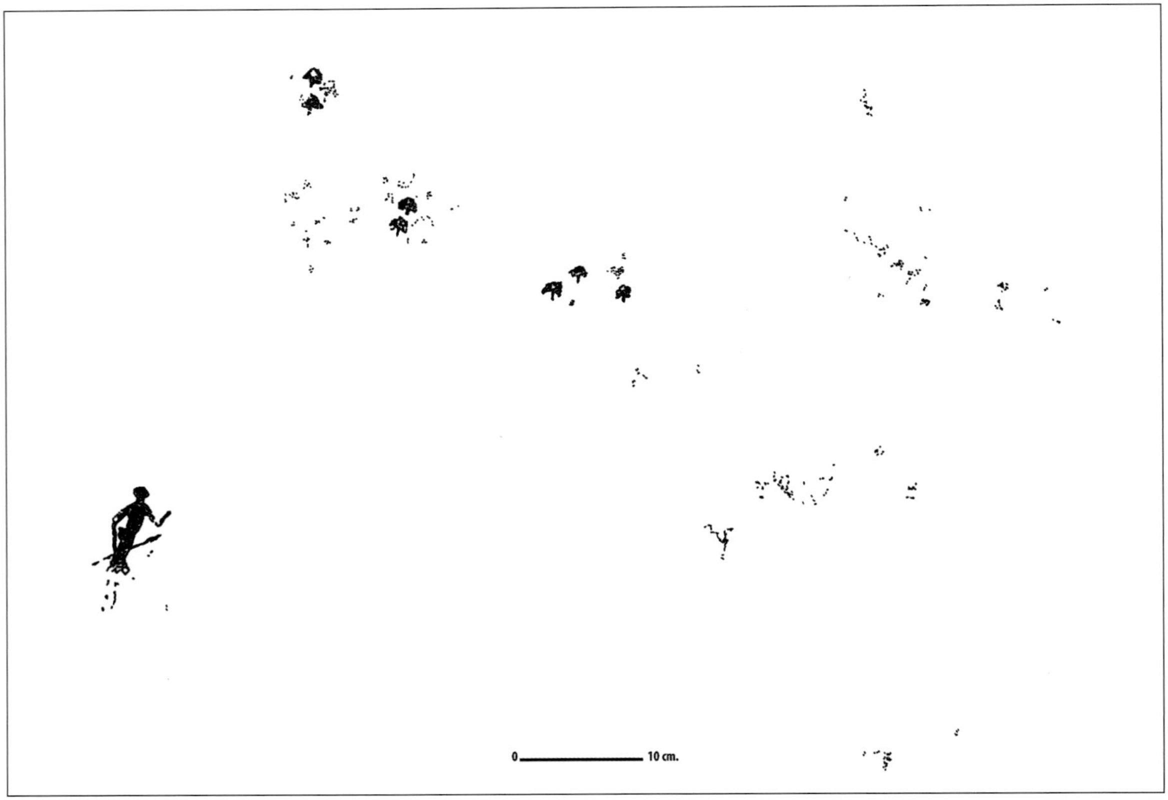

Pintura parietal en abrigo del Racó de Cortés (Alicante), según calcos de M. F. Galiana Botella, y P. Torregrosa Giménez. Estas autoras sostienen la hipótesis de que la imagen, del Neolítico, representa el paisaje que puede contemplarse desde el propio abrigo. El personaje de la esquina inferior se dirige hacia un bosque formado por pequeños grupos o rodales de árboles que —sugieren— podrían identificarse como carrascas.

La memoria del paisaje
Pasado y futuro de un patrimonio común

Ignacio Abella

Libros del Jata
2016

Título:
La memoria del paisaje. Pasado y futuro de un patrimonio común
© Ignacio Abella Mina, 2016

De esta edición:
© Libros del Jata S.L., 2016
Alameda Recalde 27, 1º
48009 Bilbao
www.librosdeljata.com
Primera edición: noviembre de 2016.

Ilustración de la cubierta: © Nerea Legarreta Altzibar, 2016.
Fotografía de contracubierta: © Ignacio Abella Mina, 2016.
Tratamiento digital de las imágenes: Nerea Vilalta.
Créditos de las ilustraciones: pág. 299.

IBIC: WNP, WND

ISBN 978-84-16443-06-2
Depósito legal: BI-1595-2016

Impreso en España. *Printed in Spain*
Impresión: Grafilur

FSC
MIXTO
Papel
FSC® C014864

La misma regla de cálculo económico autodestructivo gobierna todos los ámbitos de la vida. Destruimos la belleza del paisaje porque los esplendores de la naturaleza, de los que nadie se ha apropiado, carecen de valor económico. Seríamos capaces de apagar el sol y las estrellas porque no dan dividendos.

John Maynard Keynes.

In Memoriam: Manolón del Turruco, paisano de Perlunes (Somiedo), uno de los numerosos coautores de este libro, que nos ha dejado la huella de sus enseñanzas y sus modos ancestrales de hacer y pensar el paisaje.

La memoria del paisaje

Introducción: paisajes comunales

Ánimo, compañeiros!
Toda a terra é dos homes

Rosalía de Castro, *Follas novas*.

Cuando contemplamos las perspectivas de futuro desde el punto de vista de la supervivencia y el bienestar de la humanidad en su conjunto, son tantos los problemas acumulados y algunos de ellos tan acuciantes, que difícilmente podemos sentirnos optimistas. Pero la conciencia del impacto letal de las civilizaciones sobre los paisajes que nos albergan es muy vieja, tal como demuestra el escrito de Platón, que ya en el siglo IV a. C. describía las consecuencias de la deforestación sobre la región de Atenas:

> En comparación con lo que había entonces, lo que ahora ha quedado —tal como sucede en las pequeñas islas— se parece a los huesos de un cuerpo enfermo, ya que se ha erosionado la parte gorda y débil de la tierra y ha quedado solo el cuerpo pelado de la región. Entonces, cuando aún no se había desgastado, tenía montañas coronadas de tierras y las llanuras que ahora se dicen suelo rocoso, estaban cubiertas de tierra fértil. En sus montañas había grandes bosques de los que persisten signos visibles, pues en las montañas que ahora solo tienen alimento para las abejas se talaban árboles no hace mucho tiempo para techar las construcciones más importantes cuyos tejados todavía se conservan. Había otros muchos árboles útiles y la zona producía muchísimo alimento para el ganado. Además, gozaba anualmente del agua de Zeus sin perderla, como sucede en el presente que fluye del suelo desnudo al mar. Al haber mucha tierra y albergar el agua en

> ella, se almacenaba en diversos lugares en la tierra que la retenía y manaba el agua absorbida desde las alturas a los valles, proporcionando abundantes manantiales y ríos. Los lugares sagrados que perduran en las fuentes de antaño son signos de que nuestras afirmaciones actuales son verdaderas.[1]

Pág. siguiente: Sierra de Santiago de Lóquiz (Navarra). Bosques y pastizales que vienen siendo objeto de aprovechamiento vecinal por parte de los pueblos congozantes, desde tiempo inmemorial.

Aquella tierra avejentada, para la que Platón era un microorganismo efímero e imperceptible, siguió envejeciendo como tantos otros paisajes en los que los círculos destructivos de la biodiversidad, la vitalidad y la fertilidad se han perpetuado. Sin embargo, el filósofo dejó su impronta en forma de un meme para el futuro que nos permite evaluar y reflexionar sobre las consecuencias de un modo de vida inconsciente e insostenible. Conocemos también muchos ejemplos opuestos en los que la propia naturaleza, por sí sola o ayudada por el ser humano, trabaja en la recreación constante de suelos con una fertilidad creciente y una biodiversidad asociada, muchas veces asombrosa. Pero por desgracia se trata de excepciones dentro de un marco global en el que el ser humano ha devastado una gran parte de este planeta. Una simple muestra es el testimonio de nuestro admirado botánico Francis Hallé, que afirma que en el medio siglo que lleva estudiando los bosques tropicales ha presenciado la desaparición de la práctica totalidad de estos ecosistemas tan importantes para los diversos equilibrios de la biosfera. En previsión de la extinción absoluta de las selvas en un futuro inmediato, este científico ha recogido para la posteridad en el documental *Il était une fôret*, las últimas imágenes de los bosques primigenios.

Pero al margen de estos espacios más o menos vírgenes, existen desde antiguo paisajes humanizados en los que Natura y Cultura tienen un constante diálogo que proporciona la infinidad de matices en esa relación con nuestro entorno social, económico y ecológico. Si comparamos el funcionamiento y la funcionalidad de los paisajes con el sistema operativo de un ordenador, vemos que resulta tan imprescindible el *hardware*, la base fundamental que representa el aparato con todos sus circuitos y elementos tecnológicos, como el *software*, los programas que ejecutan y administran las diferentes acciones. Así, el *hardware* de un paisaje, la tierra, el clima, el agua, las especies animales y vegetales, etc., ha sido regulado en el paisaje tradicional mediante la estructura social de los seres humanos que crean y sustentan los diferentes equilibrios con sus modos de gestión, sus ordenanzas, costumbres, saberes tradicionales, etc. Esta es la relación que estudiamos aquí, en la convicción de que hay muchos equilibrios posibles y modelos alternativos, pero la simbiosis entre el ser humano y su entorno durante siglos, ha generado modelos de gran interés desde puntos de vista tan radicalmente diferentes como la economía, la vitalidad y la biodiversidad. Modelos de fiabilidad probada en ocasiones durante milenios y que en un lapso de tiempo cortísimo se desintegran sin que hayamos sido capaces de recopilar siquiera las líneas básicas de su funcionamiento, una vez que la tradición se ha quebrado rompiendo la cadena de transmisión de las culturas.

Las dimensiones de un territorio son múltiples y el paisaje de nuestros ancestros no está exento de un aspecto emocional y afectivo, de una irremediable morriña por todo lo que se ha olvidado y destruido y que en gran parte no volverá a existir; de una añoranza de paraíso perdido, ya sea real o imaginario. El abandono del medio rural, las concentraciones parcelarias, la mecani-

zación de la agricultura, el desarrollo urbanístico y otras causas muy diversas, han generado cambios sustanciales en los paisajes tradicionales. La propia noción del paisaje, y su fuerza estética, se desmoronan de forma muy rápida y desaparece toda una tradición y cultura que guardaba claves muy valiosas para la supervivencia y la gestión del medio.

Al margen de otras consideraciones, comprobamos que el paisaje está compuesto también

Gamonales invadiendo toda la ladera de un pastizal. El abandono de prácticas tradicionales, como la recolección de tubérculos de gamón para alimentar a los cerdos, ha propiciado la proliferación de esta planta, a la que favorecen los incendios y que coloniza con rapidez las praderas quemadas peródicamente.

de sentimientos y percepciones, con rasgos tan diferentes como podemos serlo sus habitantes y, dependiendo de nuestra sensibilidad, alcanzaremos a percibir las relaciones más sutiles. Recuerdo ahora a la poetisa bretona Anjela Duval (1905-1981), que afirmaba que los mirlos han perdido gran parte de su virtuosismo desde que el paisaje sonoro de nuestros campos ha enmudecido en lo que respecta a las tonadas cantadas o silbadas por los paisanos: «Cuando yo era niña, el canto de los mirlos era mucho más hermoso que actualmente. Puede ser que aprendieran con los muchachos que no paraban de cantar y silbar por los caminos y mientras trabajaban en el campo. Yo no me cansaba de escuchar sus cantos». No estamos muy seguros de si esta apreciación responde a un hecho real o a esa añoranza de paraíso que tantas veces se confunde con el pensamiento recurrente de que cualquier tiempo pasado fue mejor. En todo caso tendremos ocasión de internarnos en esas otras dimensiones estéticas, filosóficas o poéticas y lo que sí podemos afirmar es que las canciones que escuchábamos a los paisanos de Eulate o Enériz (Navarra) en esa idílica memoria de nuestra infancia, o más recientemente a los de Somiedo, que aún hace 30 años entonaban vaqueiradas al son del roncón de los carros del país, han desaparecido por completo y, con mayor o menor riqueza de tonalidades, el canto de los pájaros es la única música que nos queda cuando no la ahoga el estruendo de los motores que se ha adueñado de los campos.

Pero al margen de estas consideraciones, existe un patrimonio inmaterial único e intransferible en cada lugar, que constituye el legado cultural del que antes hablábamos y que se manifiesta en las costumbres, la historia grande o pequeña, los mitos, los topónimos locales, las relaciones singulares con cada especie de planta o cada ave... Después de años utilizando el nombre piadoso «Lágrimas de la Virgen» con el que se conoce vulgarmente a una especie de ajo silvestre *(Allium triquetrum)*, cuando preguntamos en la aldea de La Duz (Asturias) cómo se llama esta planta, nos respondieron casi con resentimiento: ¡Campanones del diablo!, y nos explicaron a continuación que es una tremenda invasora de los prados y transmite a la leche de las vacas que pacen esta hierba muy mal sabor. De este modo, aunque en un trabajo de carácter general como este no hayamos recogido los nombres populares y sus variantes locales o estudiado la toponimia como recurso esencial para conocer cada uno de nuestros paisajes, creemos que son estos los primeros pasos para empezar a integrar el conocimiento de un paraje cultural concreto y en ocasiones nos ofrecen datos precisos sobre el comportamiento ecológico o el arraigo en los usos y costumbres de una especie determinada.

José María Olabarría,[2] el último pastor de Itxina, nos relató el fin de la era que suponía que todo este macizo pegado al Gorbea perdiera para siempre la memoria de lo humano. Nos sorprendió la conciencia profunda de que con él se iba todo un universo de usos y conocimientos simbiontes de aquel preciso lugar. Durante una larga y apasionante charla en la que nos relató de forma pormenorizada las virtudes de *ilondo* (la luna menguante, literalmente la luna buena) para una infinidad de labores, nos fue explicando los pormenores de la vida en la montaña, hace tan solo unas décadas. En aquella época en la que pululaban los carboneros y los pastores, los arrieros transportaban el carbón y el hielo que se hacía en las simas de Itxina acumulando y apelmazando la nieve por capas separadas por otras capas de helechos. «Bajo el Ojo de Atxular, en Mandabide —me dijo—, hay un tocón de tejo, nunca conocí el árbol y sin embargo el tocón sigue ahí». Y pasa a relatar la leyenda de la «diosa» Mari, habitante de aquellos lares: «Venía echando chispas, envuelta en fuego, vivía 7 años en Amboto y 7 en Itxulagor» (en el complejo kárstico de Supelagor,

José María Olabarría, en Urigoiti. El último pastor de Itxina (Vizcaya) se ha llevado, después de su jubilación, los nombres y la memoria de toda una montaña que hasta hace unas pocas décadas permanecía todo el verano habitada por pastores, carboneros y arrieros.

e insiste en que ambos lugares tienen este nombre y no como ahora se les llama, Itxulegor y Supelegor). Estas conversaciones podrían durar una vida entera para relatar la memoria de un lugar determinado y en cada ocasión constatamos que los usos y conocimientos de cada aldea son enormemente expresivos de su singularidad.

Esta obra pretende mostrar una parte de aquellos mundos más o menos pretéritos y sus etapas de transición, mediante fotografías descriptivas y textos que abordan el problema desde un punto de vista amplio que aspira a comprender las tramas y la evolución de algunos de aquellos paisajes. Se habla de los ecosistemas y sus significados anímicos, estéticos e identitarios para las sociedades que han vivido y conformado estos espacios; pero sobre todo se trata la vertiente más práctica y funcional de estos paisajes y su importancia en la economía y ecología rural, tanto en el pasado como en el presente y para el futuro. Como es obvio, la gestión del paisaje es una cuestión básica y fundamental para el bienestar de las generaciones que vendrán y, en definitiva, aquí nos jugamos el porvenir en temas tan decisivos como el cambio climático, la defensa de los suelos, la disponibilidad de alimento y agua pura, la prevención de incendios, la salud física y psíquica de los campesinos y ciudadanos de todo el mundo… Más que nunca, tomamos conciencia de que las actuaciones en nuestro pequeño entorno local tienen una influencia planetaria.

A lo largo de estas páginas, hemos abordado un viaje de acercamiento multidisciplinar a nuestros paisajes tradicionales, más o menos humanizados, que analizamos aquí desde el punto de vista de la antropología, la biología y ecología, explicando su evolución o formación en base a las dinámicas naturales y la gestión por parte del ser humano. La historia y la literatura, entre otras disciplinas complementarias, aportan distintos horizontes a esa mirada. Por otro lado, una gran parte de la información proviene del trabajo de campo directo en los terrenos de la etnografía y etnobotánica, de las fuentes mismas de la sabiduría popular en cuanto al manejo de estos espacios y su vegetación. Se contemplan por tanto las formas de entender y «hacer» el paisaje de nuestros abuelos, como base fundamental para el diagnóstico y la posible solución de los problemas actuales.

Aunque, como se verá, en esta obra hay un mayor peso del área cantábrica, no olvidamos otras regiones peninsulares y del arco atlántico europeo que comparten usos, costumbres y culturas parecidas. Haremos también referencias a otras regiones del planeta cuando nos interese comparar comportamientos, situaciones, culturas o ecosistemas. En todo caso, el punto de partida son los testimonios recogidos directa y vivencialmente en diferentes comarcas del país, y hemos recurrido también a informaciones procedentes de trabajos etnobotánicos de toda índole y distintos autores. Por otra parte hemos bebido de algunas fuentes especialmente relevantes por ofrecernos una visión de conjunto del funcionamiento de paisajes locales concretos que nos han servido para hacer una comparativa y encontrar denominadores comunes, no solo en lo que respecta a la propia vegetación y los manejos tradicionales sino en aspectos tan determinantes como la evolución de la propiedad, la organización del territorio, las costumbres y relaciones sociales… Descubrimos así que el paisaje forma una entidad compleja que es preciso entender desde perspectivas muy diferentes, y en este sentido han sido informantes esenciales muchos de los paisanos con los que hemos convivido en diferentes pueblos y comarcas, además de otras personas que nos han aportado el compendio de información referente a localidades concretas. De Asturias, algunos cronistas que han aportado información más relevante son Ana María Moradiellos, de Sotres; Amable Vallina, de Melendreros; Manolo Corces, de San Esteban de Cuñaba… En este mismo sentido hemos encontrado, en algunas obras de referencia para este libro, informaciones monográficas de paisajes tradicionales concretos que aportan diversos autores: Julio Caro Baroja (Vera de Bidasoa, Navarra), Luciano Lapuente (Améscoas, Navarra), Jaime Izquierdo (San Esteban de Cuñaba, Asturias), la asociación Monviette Nature (Monviette, Normandía), Gilbert White (Selborne, Inglaterra)… Estudios de caso que nos permiten comprender de manera conjunta el funcionamiento y la interdependencia de todos los elementos de las respectivas poblaciones y sus paisajes, y que tienen el denominador común de haber integrado el estudio de la vegetación en su contexto social y cultural. En esta línea una obra particularmente interesante es la de fray Toribio de Santo Tomás y Pumarada, que entre los años 1711 y 1714 escribe un libro dedicado a su sobrino, *Arte general de grangerías*,[3] en el que se hace un completo compendio de los usos, las costumbres y formas de administración de los sistemas agrosilvopastorales en esa época y en ese lugar (Colunga, Asturias), reuniendo los consejos necesarios para la gestión de montes y terrenos particulares. Por la minuciosidad que caracteriza a esta obra de finalidad práctica y didáctica, la información resulta enormemente valiosa para comprender las formas de administración y gestión de los montes y las prácticas agroganaderas de aquella época.

Chopera en la ribera del río, un paisaje típico de los comunales de muchos pueblos de nuestra geografía.

PAISAJES VEGETALES

La vegetación en general, y los árboles en concreto, son seguramente los elementos que mejor caracterizan un paisaje. Forman comunidades vivas e interdependientes que constituyen la trama básica capaz de alimentar al resto. Es en definitiva el llamado «vuelo», que en los paisajes tradicionales constituye la parte aprovechable de mil y un modos distintos, frente al «suelo» que lo sustenta. Esta «región vegetal» es la que aquí estudiamos como fuente ingente de recursos y riqueza. Nos hemos centrado en algunos de estos

Castañares en Casaño (Asturias) con refugios para los animales recién nacidos, y ericeras para recoger las castañas.

paisajes más singulares e importantes, que han generado culturas y formas de vida diversas. Landas y matorrales, setos, acebedas, fresnedas y castañares… Muchos otros bosques o comunidades igualmente importantes no han cabido en esta primera aproximación a los paisajes de los comunales: hayedos, robledales, espineras, bosques de ribera, dehesas, praderas… Un tratado extenso y completo sería interminable y dejamos quizá para otra ocasión el estudio de algunos otros espacios igualmente importantes.

Es preciso aclarar también que por simple pragmatismo analizamos separadamente las diferentes comunidades: acebedas, argomales, helechales, fresnedas, etc., para una mejor comprensión de los mecanismos naturales o culturales que han generado estas comunidades. Pero conforme avanzamos en el estudio y la vivencia de estas parcelas de nuestra geografía e historia, aprendemos que los ecosistemas y las sociedades de todo tipo se entienden casi siempre también en relación a lo otro. En efecto, los procesos de dispersión de las semillas y los mecanismos de rebrote y defensa del acebo, así como las ordenanzas de protección y los usos ganaderos, explican la pervivencia de numerosas acebedas. Pero, al mismo tiempo, la selección antrópica ha implicado que el resto de las especies fueran preferidas y utilizadas para otros usos, leña, construcción, etc. favoreciendo de este modo indirectamente al propio acebo. De la misma forma es impensable explicar la presencia del urogallo en función de uno solo de los ecosistemas que lo sustentan. Es el mosaico de diferentes paisajes, bosques, praderas y brezales, el escenario idóneo para la proliferación de esta ave. Ante todo, cualquier estudio sobre ecología, sociedad, cultura y economías, debe partir del hecho de que todas las partes de un paisaje cualquiera están estrecha e indisolublemente unidas y no pueden entenderse cabalmente analizando de manera separada sus partes.

GANADERÍA Y VEGETACIÓN

Como herederas de las antiguas razas salvajes de herbívoros, las especies actuales domesticadas cumplen una función similar en el paisaje, favoreciendo la biodiversidad y la presencia de unas comunidades de dehesas, matorral y pastizal que en muchos casos el bosque tiende a colonizar. Es en esta tensión extrema entre la pradera y el bosque maduro en la que se encuentran las infinitas posibilidades intermedias que generan esa biodiversidad, en términos de vegetación pero también de la fauna asociada y la pervivencia de otros seres vivos. Distintos herbívoros favorecen o controlan plantas diferentes. Por poner un simple ejemplo, los équidos, y particularmente los burros, comen muchas especies de cardos, que en su ausencia proliferan. En cambio, a diferencia de otros herbívoros que presentan una mayor tolerancia o incluso querencia hacia el ramón de tejo, para las caballerías resulta un veneno letal, incluso consumiendo muy pequeñas cantidades. Como el resto de los animales salvajes o domésticos, los herbívoros conforman el paisaje en gran medida. La cabra y el gamo son excelentes ejemplos de animales ramoneadores que son capaces de controlar en cierta medida el matorral. Pero incluso las razas autóctonas de ganado vacuno contribuyen a la «limpieza» del monte, hasta el punto de que en Almería hemos escuchado la expresión de «vacas bombero» para explicar esta contribución a la prevención de incendios de las vacas autóctonas, más montaraces. En fin, el fuego y otras formas seculares de manejos antrópicos terminan de configurar los paisajes tradicionales en un continuo diálogo más o menos sostenible entre la tierra y los usos forestales, agrícolas, pastoriles y ganaderos.

En base a un profundo conocimiento del medio, nuestros abuelos hacían una inteligente selección de especies, razas y variedades de animales y vegetales y conformaban cada parcela y cada paraje adaptándose a las posibilidades de la propia tierra y situación. Utilizaban de forma dinámica los recursos de los montes, y el potencial de cada grupo de animales domésticos. Así, se acotaban los pastos en invierno y en primavera se subía en primer lugar el ganado vacuno, más exigente, y posteriormente entraba el equino. Las ovejas mantenían la pradera de forma óptima y complementaria con las cabras que, con su preferencia por el ramoneo, controlan los matorrales. El aprovechamiento era óptimo, así como la diversificación de la producción. Los incendios apenas se producían cuando la presión demográfica era elevada y, en su caso, todos los vecinos acudían a la llamada «a fuego» con un toque de campana, para apagar el monte. Los bosques y cultivos coexistían, ocupando sus propios espacios en estos ecosistemas de gran diversidad.

Junto a las suertes o cuotas de leña, que se concedían anualmente a cada vecino en los pueblos en los que se regulaba este aprovechamiento, se repartían otros recursos imprescindibles. Por ejemplo en el valle de las Améscoas de Navarra, se hablaba de las «suertes de hoja para las cabras», los lotes de ramas de roble para ramoneo que se sorteaban en septiembre para dar de comer a este ganado durante el invierno, y por otra parte de las «suertes de hoja para las cuadras», hojarasca que se cogía del suelo para cama del ganado. Algunos testimonios recogidos por Luciano Lapuente en esta comarca revelan la importancia de estos recursos:

> «Lo mismo veinte que treinta carros de hoja se bajaban todos los años en mi casa desde la sierra.» [...]
> «Para amanecer, me dice Elvira Martínez, nos llevaba mi padre el día de S. Andrés a Lóquiz, porque él había ojeado algunos días antes los buenos tajos de hoja y había que evitar que otros se adelantaran».[4]

Hoy la situación ha cambiado radicalmente, por suerte o por desgracia muchos de aquellos aprovechamientos han pasado a la historia, y las formas de gestión de los montes han cambiado radicalmente. Otros actores y factores interactúan de manera más o menos decisiva, como las decisiones de la Comunidad Europea u otros estamentos que afectan al uso de los montes (restricciones para la protección de la naturaleza, subvenciones y ayudas para determinadas actuaciones, etc.). Pero el descenso de la población rural y los cambios de uso del medio han favorecido a su vez una matorralización preocupante, y los monocultivos, el turismo, las infraestructuras, etc. han generado también cambios sustanciales en muchas comarcas.

De cualquier modo, en toda época, hasta la reciente y generalizada incorporación del uso de los fertilizantes químicos, el estiércol ha sido el abono indispensable para huertos y campos de cultivo y, por tanto, la ganadería era el complemento imprescindible para la agricultura, en un círculo perfecto que no es sino una réplica del que se produce en la propia naturaleza. En este contexto, quien tenía poco ganado era doblemente pobre, al carecer del estiércol necesario para abonar sus tierras. Sobre la escasez de estiércol en las economías más pobres, es muy expresivo el relato

del botánico ruso Vavílov, a su paso por Galicia en 1927:

> ...continuamente se ven mujeres recogiendo estiércol por los caminos.[5]

La cal era en muchos lugares una enmienda necesaria y las cenizas se usaban asimismo para aportar minerales. La reciente introducción de abonos químicos y todo tipo de herbicidas y productos fitosanitarios de síntesis cambia radicalmente las «reglas del juego», creando en ocasiones graves problemas en el equilibrio de los suelos al desdeñar la importancia de la incorporación de materia orgánica. Estos productos afectan de manera más o menos grave a numerosas especies que tienen funciones esenciales en el control de plagas diversas, la fecundación, la descomposición de la materia orgánica, etc. Por otro lado, se favorecen modelos de explotación casi industriales e insostenibles al incorporar estos elementos no renovables. La simplificación del concepto de fertilización basado en el NPK ha terminado con una relación de milenios de prácticas agrícolas que incrementaban la fertilidad de la tierra y por tanto constituían una garantía de futuro. Las grandes compañías de semillas y productos químicos

Paisaje de montaña con majadas y prados cercados colindantes con la gran extensión de montes comunales con vegetación arbustiva, pastos y bosque.

agroforestales están marcando las tendencias al son de sus intereses, muchas veces diametralmente opuestos a las poblaciones y paisajes locales.

Hoy como ayer, creemos que el sistema complementario agrícola-ganadero puede ser una fuente de riqueza sostenible y para ello la ciencia y la tradición tienen las claves de una renovada forma de entender y gestionar el uso de la tierra. Por otro lado, en el paisaje tradicional, las roturaciones o las talas masivas de los bosques han servido para hacer frente a deudas o inversiones, o simplemente como medio de supervivencia en épocas de penuria, pero continuamente ha existido un conflicto más o menos abierto entre los intereses de pastores y ganaderos y los de los agricultores. Un enfrentamiento complejo en épocas en las que muchos campesinos eran todo esto y muchas más cosas a la vez, en el marco de unas economías que eran necesariamente diversificadas. El hambre hizo que se roturaran terrenos demasiado pobres que tan solo servían como monte y pasto, y que se empobrecían aún más y terminaban abandonándose. En muchos casos, al roturarlos, los vecinos terminaron apropiándose de las tierras comunales, reduciendo los siempre exiguos recursos de arbolado y pastizales.

El estiércol continúa siendo en muchos lugares el nexo fundamental entre ganadería y agricultura.

Como prueba de la conciencia ecológica que animaba ya a nuestros antepasados y de los debates que hubo siempre a este respecto traeremos un ejemplo muy gráfico. En 1602, encontramos en un proceso judicial entre Juan de Aoiz, ganadero de Zuza (Navarra) y otros vecinos del pueblo que pretendían roturar el monte común, una declaración de principios muy esclarecedora. Dice Juan de Aoiz:

> ...que el monte contencioso ha costado de criar más de trescientos años y, por ventura, más de quinientos, porque es de inmemorial acá, y no hay memoria de hombres en contrario [...] Y lo que ha costado tanto de criar no se ha de perder ni destruir en un día sin esperanzas de volver otra vez a criarla. [...] que por lo susodicho no conviene de ninguna manera que se roce en los montes y es mucho más útil que queden como están, porque lo que los contrarios quieren es mirar solamente a lo presente y no a lo por venir, y piden lo que sería contra sus hijos y sucesores.[6]

Hay que aclarar que este ganadero ecologista velaba, claro está, en primer lugar por sus propios intereses, pero no le faltaba una parte de razón en vista de lo que ha venido sucediendo, y en todo caso es un buen ejemplo de ese fin de los montes y los comunales. La pugna entre roturadores-agricultores y pastores es vieja, sin que la razón esté del todo en ninguna parte. El punto intermedio que redescubren las nuevas técnicas de agricultura ecológica, lo expresaba ya con acierto Olavide en 1768:

> Estos dos objetos (agricultura y ganadería) tienen entre sí tan íntima relación, que uno depende de otro, y ni puede prosperar la cría sin labor, ni florecer la labor sin la cría, compañeros inseparables del labrador el redil y el arado…[7]

Como iremos viendo, estos procesos complementarios que representan los reinos animal y vegetal, comprenden muchos otros equilibrios naturales que se manifiestan en el resultado final de los paisajes tradicionales.

Cortesía de El Roto *(El País*, 11/05/2009).

PROPIEDAD Y APROPIACIÓN: SOBRE LO PARTICULAR, LO PÚBLICO Y LO COLECTIVO

José Luis González Rebollar, especialista en sistemas silvopastorales, nos contaba que su profesor de botánica, Juan Ruiz de la Torre, mostró a sus alumnos las sutiles fronteras del campo: «El campo comienza allí donde los desconocidos se saludan», les decía. En este territorio en el que el entorno y las reglas sociales son en muchos sentidos diferentes a las que rigen en los medios urbanos, tratamos de descifrar la compleja trama de relaciones de socialización entre el grupo humano y el resto de los seres, aconteceres y realidades que nos rodean. Este libro es, por tanto, el relato de la simbiosis natural y cultural entre los paisanos y sus paisajes, especialmente en lo que respecta a los comunales y sus manejos tradicionales más o menos acertados según los criterios sociales y productivos o económicos, y sobre todo en lo que respecta a la sostenibilidad, biodiversidad y conservación del medio natural. La coincidencia entre los paisajes vegetales y comunidades que aquí tratamos y los montes de titularidad o gestión comunal en los que se asentaban es tan milimétrica, que podemos hablar también con propiedad de paisajes comunales. Estos montes y tierras vecinales ocupaban en muchas comarcas prácticamente la totalidad de los territorios de cada pueblo, exceptuando los pequeños terrenos cultivados y cercados en torno a los núcleos urbanos.

Quizá abordemos en otros trabajos algunos otros paisajes y elementos del común que forman parte de la geografía de nuestra memoria: norias y cigoñales, aljibes y lavaderos, fuentes y acequias, colmenares y corrales, cabañas y majadas, bancales y terrazas, caminos y senderos… El patrimonio inmaterial que han significado las instituciones y costumbres relacionadas con el repartimiento de aguas y la gestión de los montes y la gobernanza de las propias sociedades, es asimismo una parte indisoluble de estas culturas.

Cigoñal para el riego del huerto, en uso aún en 2005 (Sayago, Zamora). Las huellas de los paisajes tradicionales aún perduran en infinidad de lugares y gestos.

Cuestión especialmente compleja y controvertida, pero también determinante, es el estatus y la evolución de las diversas figuras de propiedad y aprovechamientos. Aunque no hemos profundizado en el relato histórico, tratamos de manera tangencial y puntual algunas de las sucesivas formas de propiedad y apropiación, que tienen su origen en conquistas y reconquistas, amortizaciones y legitimaciones, repartos y transmisiones de propiedad, consorcios, proindivisos, facerías y otra infinidad de sistemas y variantes. Unas figuras que en todo caso tuvieron gran importancia en las políticas de todo el país y en la configuración actual del régimen de propiedad y gestión de nuestros montes. Abordaremos el tema desde algunos puntos de vista más relacionados con los aprovechamientos diversos, y nos limitaremos a aclarar algunas figuras jurídicas y datos concretos con la vista puesta siempre en la evolución del paisaje. En este sentido constatamos que, para bien o para mal, el arbolado, los pastos y otros aprovechamientos vegetales tienen un interés evidente por sí mismos, al margen de la titularidad del propio suelo que los produce, pero al mismo tiempo, las distintas formas de propiedad han configurado estos paisajes de manera muy decisiva en algunos casos.

Algunas de las formas más arcaicas del concepto o sentimiento de «propiedad» han llegado hasta nuestros días, formando parte de una percepción tribal de pertenencia del ser humano a la tierra que habita. Más que poseedora, la tribu se siente guardiana de la tierra que habita. Las leyendas fundacionales de pueblos, ciudades y países, nos hablan de la instauración de la propiedad mediante rituales que en ocasiones trataban de aplacar a los viejos guardianes, las divinidades o espíritus que rigen cada bosque, cada paisaje y

Riego de los bancales en distintas alturas a partir de un antiguo canal nazarí, en Vélez de Benaudalla (Málaga).

Retablo de la iglesia de Lanedern, Bretaña. San Edern durante su legendaria circunvalación a lomos del ciervo para tomar ritualmente posesión del bosque ancestral.

cada lugar, y así hemos contado en otros lugares el ritual para talar y roturar un bosque en la antigua Roma, ofreciendo un sacrificio a los dioses, o la propia fundación de esta ciudad mediante un rito de circunvalación que realiza Rómulo para establecer los límites con un surco del arado. Incluso en épocas tardías del imperio, prevalecía el concepto de ofrecer a Ceres las llanuras, a Palas los collados y a Silvano las montañas (cultivos de cereal, olivos y bosques). La leyenda de San Edern relata la cabalgata nocturna del santo bretón a lomos de un ciervo, como parte del ritual para apropiarse del territorio boscoso que pudiera circunvalar antes de la salida del sol…[8]

Los esfuerzos por justificar la legitimidad de las apropiaciones han generado una rica mitología y numerosas leyendas fundacionales que relatan el origen de linajes, imperios, países o instituciones.

En todo caso, podemos situar en el imperio romano y los posteriores sistemas políticos y religiosos el principio de una gran parte de los actuales sistemas de propiedad. Los reyes y los nobles y, por supuesto, la Iglesia y sus monasterios tuvieron un papel fundamental en el acaparamiento y administración de las tierras, y las poblaciones locales tuvieron con ellos una relación de vasallaje. Esta relación fue sin embargo evolucionando en muchos lugares hasta que la gestión de los montes vino a parar a manos de los paisanos en régimen de usufructo o de propiedad colectiva o vecinal, ya fuera mediante compras, cesiones u otros sistemas. Así se crean los grandes espacios de propiedad comunal, que en muchos lugares representan prácticamente la totalidad de los paisajes rurales. Los estudiosos sitúan en la época medieval y las colonizaciones posteriores a la Reconquista el origen de muchas de las propiedades comunales de la Península Ibérica. Se trataría de fomentar el asentamiento de poblaciones en distintas comarcas, mediante concesiones de propiedades o derechos sobre las mismas.

Junto al tema de la propiedad en sí está el propio espíritu de la comunidad, que se refleja en la gestión y trabajos colectivos que resultaban esenciales y se regulaban en cada lugar según las propias costumbres. Existían así una gran variedad de instituciones, como los concejos abiertos para tomar las decisiones de forma democrática, las veredas, *auzolan* o sextaferias para la administración y mantenimiento de montes, caminos, fuentes y otros patrimonios comunes, y otras formas más o menos locales e institucionalizadas de apoyo mutuo y trabajo colectivo. Aunque se ha tratado mucho el tema del colectivismo desde un punto de vista político e ideológico, aquí hemos intentado soslayar este tipo de debates, para analizar las prácticas tradicionales y su proyección de futuro en cuanto a la propiedad y la gestión del suelo y el vuelo, es decir, la tierra y la vegetación que aportan los recursos y suscitan los conocimientos culturales imprescindibles para vivir.

Joaquín Costa, hablando de la comarca zamorana de Sayago, refleja una división del territorio de los pueblos que puede hacerse extensiva a una gran parte del noroeste español y otras regiones: de un lado los pequeños huertos cercados junto al pueblo, de otro las tierras de labor que, después de las cosechas, se abrían temporalmente para permitir el acceso al ganado (la llamada derrota), que pastaba y estercolaba el suelo, y por fin la propiedad comunal, que comprendía la práctica totalidad del territorio y se usaba para aprovechamiento de pastos, maderas, leña, frutos...

> Fuera de tres o cuatro distritos (Fermoselle, Peñausende, Formariz...), la casi totalidad del suelo laborable es comunal o de aprovechamiento común, y se reparte en porciones por suerte, cada dos o cada tres años, entre los vecinos, para que las beneficien por su exclusiva cuenta; igual carácter tiene el monte, con sus pastos y su arbolado. En 1846 decía el Diccionario de Madoz, artículo Bermillo de Sayago: «Todo el terreno es concejil». Únicamente son propiedad privada las cortinas, o sea, las parcelas cercadas de pared situadas en el ruedo de la población o en el casco mismo, entre casa y casa, y cuya calidad aventaja al resto del término, siendo aptas para el cultivo de trigo, patatas, etc.; todos los vecinos poseen, además, una pequeña parcela, con pozo para riego, destinada a legumbres...[9]

Como se verá en el capítulo sobre los setos, un cercado alrededor de los campos de labranza y del pueblo delimitaba y protegía los cultivos del ganado, que se mantenía en los comunales o en prados cercados, y esta organización del territorio es muy frecuente no solo en el resto de la península sino también en países vecinos.

Joaquín Costa nos recuerda también las formas de colectivismo que practicaban los vacceos, antiguos habitantes de esta región. Sobre aquella tribu prerromana, que ocupó una gran área de la cuenca del Duero (Valladolid, León, Zamora, Salamanca, Palencia, Burgos, Ávila y Segovia), se ha resaltado en efecto la gestión colectiva de su territorio, según un escrito del historiador Diodoro de Sicilia en el siglo I a. C.:

> Entre los pueblos vecinos [de los celtíberos], los más civilizados son los vacceos. Reparten cada año la tierra en la que viven y después de cultivar cada uno el terreno que le correspondió, ponen en común los frutos recogidos distribuyéndolos a partes iguales y castigando con la muerte a quienes sustraen siquiera una pequeña parte.[10]

Parecería que estas formas de gobernanza colectiva son parte de antiguos sistemas agrarios tribales o de regímenes comunistas, pero en realidad han formado parte de nuestra cultura hasta tiempos recientes en determinadas comarcas, y los trabajos colectivos y las fórmulas de ayuda mutua han sido una constante en el mundo rural un poco por todas partes. La roturación con laya en el País Vasco o las vendimias, las siegas y cosechas o las repoblaciones con el concurso de todo el pueblo por toda la geografía peninsular son buenas muestras. Podríamos mentar infinidad de usos diferentes en los que la propiedad se gestiona de manera más o menos colectiva, o los vecinos se hacen cargo solidariamente de los más necesitados, ayudan a reconstruir un caserío incendiado o realizan y mantienen conjuntamente las infraestructuras del pueblo.

Insistiremos aquí por tanto no solo en el modelo productivo tradicional de los terrenos vecinales, sino en los propios conceptos de administración de estos montes que, perteneciendo al común, podían usufructuarse mediante diferentes fórmulas, de tal modo que «el vuelo» —frutos, leñas, pastos, maderas...— era aprovechado por el conjunto o de manera particular, mientras el suelo era a perpetuidad una propiedad colectiva de la comunidad de los vecinos. Más aún, en términos estrictamente jurídicos, esta fórmula de propiedad era y continúa siendo patrimonio de los vecinos a perpetuidad, tal como establece el artículo 132 de la Constitución:

> ...la ley regulará el régimen jurídico de los bienes de dominio público y de los comunales, inspirándose en los principios de inalienabilidad, imprescriptibilidad e inembargabilidad, así como su desafectación.

El artículo 79.3 de la Ley 7/1985, de 2 de abril, reguladora de las Bases del Régimen Local, establece que los bienes comunales son aquellos «cuyo aprovechamiento corresponda al común de los vecinos» y en el artículo 80.1 ratifica que estos y otros bienes de dominio público son inalienables, inembargables e imprescriptibles, y no están sujetos a tributo alguno.

LA VECINDAD

Para la comprensión del modelo tradicional hay que partir de la idea fundamental de la consideración de los derechos que detenta cada vecino, no como persona individual sino como familia, casa u hogar. De este modo, se pueden adquirir unos derechos sobre árboles plantados en el común, por ejemplo, y este patrimonio se transmite a los herederos, pero perderá todo derecho quien se vaya del pueblo. La fórmula parece magistral para mantener el arraigo y prevenir que tantas parcelas, bosques y propiedades dispersas a lo largo de toda nuestra geografía, vayan quedando baldías, invadidas por el matorral, arruinadas e inutilizadas tras el éxodo del mundo rural.

Serrano Álvarez resume de este modo la manera de adquirir la vecindad y lo que ello significaba. Aunque se refiere a los pueblos leoneses, puede hacerse extensivo con las peculiaridades de cada lugar a otras regiones:

> Para acceder a la utilización de los comunales el concepto de vecino era fundamental. El reconocimiento de dicha condición comportaba derechos como la utilización de los recursos y obligaciones como el participar en el gobierno y los oficios concejiles, por lo que en cada pueblo se definían las condiciones para acceder a ella. Por lo general, el ser nacido o estar casado en la localidad, residir en ella la mayor parte del año, haber alcanzado cierta edad (en torno a los 23-25 años) y tener casa abierta eran requisitos indispensables; en el caso de los forasteros, aunque por lo general bastaba el matrimonio para la adquisición de la vecindad, a veces se les imponían condiciones muy duras, que podían ser económicas, personales y morales. En todo caso,

Chopos cabeceros en Castrillo de Villavega, Palencia.

por el hecho de ser vecino se tenía derecho a los aprovechamientos comunales del monte, pero también las aguas de riego, el molino o el horno comunal; se tenía derecho al aprovechamiento mancomunado de los pastos de localidades vecinas, a la plantación de árboles en terreno comunal, y a la utilización de rastrojeras…[11]

Aunque muchas veces se ha analizado de un modo bucólico e idealizado este sistema, es preciso romper una vez más los tópicos y matizar que en cada tiempo y lugar han existido diferencias notables, caciquismos y marginalidades, y sociedades más o menos igualitarias, especialmente en pueblos y aldeas. En este sentido, Echegaray señala algunas de las condiciones que especifican las leyes forales medievales de Guipúzcoa, para que un foráneo alcanzara la categoría de hidalgo y gozara de todos los derechos como vecino:

> Los que tenían sus raíces en Guipúzcoa no tenían, como ya hemos advertido, necesidad de demostrar ninguna otra condición más que esa para ser tenidos y considerados como hidalgos. Los que procedían de otras partes, si es que aspiraban a la cualidad de vecinos concejantes, tenían que acreditar su hidalguía mediante pleito seguido contra el Concejo y Regimiento de caballeros hijosdalgo del pueblo en que deseaba avecindarse el informante. Para probar su nobleza habían

> de justificar, por medio de testigos, que ni sus ascendientes ni ellos tenían mezcla de sangre de moros, judíos, negros, mulatos, gitanos, agotes, conversos y villanos. Pero para ser vecino concejante y tener participación en los cargos públicos, no bastaba ser hidalgo; era preciso además, ser millarista, o sea tener millares.[12]

Como puede verse, además de nobleza había que acreditar la posesión de heredades. Estos millares eran en definitiva las posesiones, la hacienda de cada casa. Así, por ejemplo, un millar era el propio caserío con sus anexos y otro millar la pomarada con más de cien manzanos, o la viña. Afortunadamente, esta situación fue haciéndose más democrática en los últimos siglos, hasta la actual situación en la que cualquiera puede avecindarse a un padrón determinado cumpliendo requisitos simples e igualitarios.

DESINTEGRACIÓN Y EXPOLIO DE LOS COMUNALES

Vamos a ver a lo largo de estas páginas diversas versiones de una misma historia: Un pueblo que vive de la tierra y los recursos que proporciona, especialmente de los montes y terrenos comunales, sufre la usurpación de sus territorios ancestrales y la suplantación del propio paisaje tradicional a manos de diferentes actores que tienen parecidos perfiles: caciquismo y aristocracia, administraciones locales, regionales o estatales, o grandes empresas interesadas en una explotación productivista de las tierras; en ocasiones todos ellos al mismo tiempo.

El tema es tan viejo que ya la ley de Toledo de 1480 promulgada por los Reyes Católicos contemplaba la protección y recuperación de los bienes comunales usurpados, generalmente por abusos de nobles y mandatarios. A lo largo de los siglos se ha venido repitiendo este expolio, que tiene como consecuencia la desintegración de las tramas ecosistémicas del paisaje y el desmantelamiento del *modus vivendi* y la cultura de los «pueblos originales», los paisanos, campesinos o grupos tribales, que se ven abocados a adaptarse y en cierto modo a reconvertirse al modelo que propugnan los poderes establecidos, o sencillamente a emigrar y desaparecer.

El abandono del campo es un proceso complejo que no tiene evidentemente una causa única, pero encontramos un denominador común en la pérdida de los comunales, que parece clave para entender cómo ha terminado de forma masiva en las ciudades una inmensa proporción de los habitantes de este planeta. Pensamos también que en la recuperación de estos territorios del común y los usos colectivos puede estar la respuesta a muchos de los problemas acuciantes que plantea el futuro inmediato.

Como hemos visto, en la organización territorial de las antiguas poblaciones rurales, los terrenos comunales ocupaban enormes extensiones y resultaban esenciales para la supervivencia de los paisanos. A falta de tierras, pastizales y bosques particulares, las familias más pobres tenían una mayor dependencia del comunal y sin embargo a lo largo del tiempo constatamos que el expolio de estos terrenos por parte de los más poderosos ha sido una constante. Este menoscabo de la capacidad de administración y usufructo de la tierra por parte de los vecinos ha sido una importante causa también de la desafección de los vecinos por sus montes, y del fracaso de las políticas agroforestales.

«Cuando un monte se quema, algo suyo se quema» decía un antiguo eslogan del ICONA en aquella memorable campaña para prevenir los

Castaño de la Raia, visto desde el lado portugués (izda.) y español (dcha.). En la frontera entre España y Portugal, en el pueblo hispanoluso de Rihonor de Castilla o Rio de Onor, se encuentra este árbol centenario. Hasta hace unas décadas sirvió de lugar de encuentro a los paisanos de uno y otro lado para tratar asuntos comunes, además de cumplir la función de muga o mojón entre territorios.

incendios, que el propio ICONA propiciaba de algún modo, usurpando terrenos a los vecinos para monocultivos que rara vez favorecían los intereses locales y terminaban ardiendo como respuesta airada de los habitantes tradicionales. La ambigüedad de las formas de propiedad o la ausencia de escrituras que demostraran los derechos seculares sobre los montes, favorecieron abusos de todo tipo y, en cualquier caso, la «conquista» de un territorio, que en términos históricos se hacía *manu militari* o mediante expropiaciones forzosas y otros sistemas, evoluciona hacia formas mucho más políticamente correctas, en las cuales ya no es necesaria la apropiación de la tierra en sí misma, sino la adquisición de derechos para plantar o utilizar los recursos mineros, forestales, del agua, etc.

Es preciso insistir en que las familias más humildes eran las más dependientes del aprovechamiento de estos comunales. La extensión que podían ocupar estos paisajes del común era tan grande que en muchos pueblos de Guipúzcoa, a finales del siglo XVIII la proporción llegaba a un 75 % de comunal frente a un 25 % de terrenos particulares.[13] Esta relación era similar en otras regiones, de tal modo que los terrenos particulares ocupaban superficies ínfimas en los pueblos y en sus alrededores, destinadas al cultivo de huertos y a las tierras de labor, pero incluso en el interior de las poblaciones había espacios públicos que se usaban por ejemplo para edificar un hórreo o plantar un árbol. La mayor parte de los hórreos asturianos están edificados en terreno vecinal y en tal caso los pegollos, los postes que los sustentan,

Hórreos y paneras se construían en Asturias con los pegollos (pilares) de piedra cuando estaban sobre terreno particular del dueño. Pero lo más común era que se pusieran en terreno comunal, en cuyo caso los pegollos eran de madera, para significar que, si bien la construcción era privada, el suelo pertenecía al común

son de madera, a diferencia de los que se asientan en terreno particular que los tenían de piedra. De este modo los espacios particulares y comunales han estado perfectamente delimitados pese a que los últimos hayan sido siempre oscuro objeto de deseo por parte de personas e instituciones.

En lo que respecta al País Vasco y Navarra, Tomás de Villanueva relata así el proceso de apropiación de los comunales, que resulta muy similar al que sufrieron otras regiones:

> Extensísima era la propiedad comunal que tenían los pueblos al empezar el siglo XIX. [...] ha ido disminuyendo hasta límites que en muchos puntos hoy desconocemos. Las grandes deudas contraídas durante las guerras de la Independencia y civil de los siete años, y el temor a que el Estado se apoderara de los bienes comunales, fueron causa de que gran parte de estos pasara a manos de los particulares en forma de ventas o repartos entre los vecinos.[14]

En efecto, es sobre todo a partir del siglo XIX cuando el estado, con sus desamortizaciones, comienza el proceso de expropiación, y los municipios comienzan a inscribir como propios los bienes vecinales. Pero el proceso de desintegración de los comunales y su conversión en propiedades privadas ha adoptado infinidad de formas distintas, partiendo también muchas veces de los mismos vecinos, que se han ido repartiendo o apropiando, de forma más o menos legal o fraudulenta, de los terrenos vecinales. Pondremos, como ejemplo, el relato que nos hacían en el pueblo de Sotres (Picos de Europa), que resulta muy representativo de lo que sucedió en muchos otros lugares:

> «Entre los años de 1927 y 1932, había mucha necesidad y el pueblo hizo una "concentración parcelaria" repartiendo parcelas entre los vecinos en el monte Robredo, una gigantesca colina. Se entregaba a cada familia una parcela de lo mejor y otra de lo peor, en la zona más inclinada. Había parcelas de tamaños proporcionales para familias de una, de dos, de tres… personas, hasta de 13 y los terrenos estaban agrupados por este criterio.»

Por lo que respecta a Vera de Bidasoa (Navarra), Julio Caro Baroja relata con certero diagnóstico la pérdida de comunales en los que los castaños y otros árboles vegetaban, un relato que, como los anteriores, podemos extrapolar a otros momentos y otras regiones y lugares:

> …los vecinos más influyentes siguieron varios procedimientos para convertir la tal propiedad comunal en propiedad privada, cosa que se dio en varias fechas, pero que a fines del siglo XIX tuvo expresiones muy conocidas y escandalosas aún cuando yo escribía mis apuntes.
>
> Partiendo de los aprovechamientos comunales de leña, helecho, pastos altos, etc., se hicieron cultivos determinados o se cerraron terrenos que luego se procuraron registrar, sin que hubiera escritura de venta y aun se pagaron algunas contribuciones a su cuenta. Hoy día hay litigios entre ayuntamientos y vecinos a cuenta de estos terrenos que han cambiado a veces de contenido, porque se plantaron árboles, se hicieron roturas, etc. En Vera como en otras partes.
>
> La defensa de la propiedad comunal es difícil, aunque desde fines de la Edad Media se observa en el país la preocupación por mantenerla, frente a intereses particulares…[15]

En su *Ayuda Mutua*, Kropotkin describe por otra parte la capacidad de gobernanza de las antiguas comunidades locales en toda Europa y en el resto del mundo, y el fenómeno generalizado del expolio de las tierras comunales y la propia capacidad de autogestión política y administrativa. En definitiva, hay un denominador común en la apropiación del patrimonio de la tierra y sus recursos por parte de los más poderosos, y el consecuente desarraigo de las comunidades locales, que se han visto forzadas a la adaptación o la emigración.

Este asalto que han sufrido los montes vecinales, y de forma similar las tierras ancestrales de distintos pueblos, se ha justificado con frecuencia por parte de los diferentes agentes usurpadores por lo improductivo de las mismas. Efectivamente, en muchas ocasiones los usos de estos espacios inmensos respondían a modelos de gestión de supervivencia y autoconsumo y, como mucho, algunos productos se vendían en los diferentes mercados sin que alcanzaran a tener en general una actividad comercial significativa. O, mejor dicho, esta actividad ha sido desdeñable para los estados y estamentos políticos y económicos, que siempre han codiciado las grandes extensiones de territorios indígenas o de las comunidades campesinas para beneficio propio. Se trata de ejercer también formas de explotación más adecuadas a los modelos económicos imperantes que pocas veces tienen en cuenta otra cosa que los beneficios más o menos inmediatos. Los usufructos del comunal no pagan impuestos y tienen una incidencia en las economías financieras y de mercado casi nula. Pero, al evaluarlos, se olvidan en general los valores ecológicos, sociales, culturales, históricos o tradicionales que representan.

En realidad la situación no ha cambiado mucho, como se verá. Uno de los mecanismos más eficaces para el expolio ha sido la desarticulación de los sistemas tradicionales de gestión: instituciones y costumbres del derecho consuetudinario que las administraciones estatales, regionales o municipales han absorbido con frecuencia para arrogarse sus funciones y la gestión de los montes. Así los concejos abiertos, en los que democráticamente cada casa o vecino acudía a las asambleas, soberanas en infinidad de aspectos políticos, sociales y administrativos, fueron poco a poco fagocitados por poderes que muchas veces se han revelado incapaces de gestionar de forma eficaz, sensata y sostenible los distintos patrimonios. El abandono del medio rural y de los propios montes es un buen ejemplo del fracaso de estas políticas.

Los mismos ayuntamientos han ido convirtiendo los llamados bienes comunales en bienes de propios. Ambos son patrimoniales del municipio, pero los primeros son de aprovechamiento directo y exclusivo de los vecinos, mientras los segundos son administrados por la entidad municipal, que percibe las rentas que producen. La diferencia jurídica puede ser sutil pero resulta importante a la hora de gestionar unas tierras que por derecho propio pertenecían al conjunto de los vecinos, que las usaban libremente. Desgraciadamente los montes y los comunales «expropiados» han terminado no pocas veces abandonados o bajo un régimen de explotación supeditado a intereses ajenos: cotos de caza, monocultivos, matorrales, «desarrollos» turísticos...

En cualquier caso, puede decirse que el abandono del medio rural ha propiciado la decadencia de los comunales, del mismo modo que la decadencia de los comunales ha propiciado el abandono del medio rural. La desafección de los paisanos respecto a estos terrenos, que eran de todos y pasan a ser de nadie (o directamente de los financieros y especuladores), favorece también abusos y una corrupción de las sociedades implicadas, a la par que una degeneración de los paisajes que en los últimos tiempos se hace cada vez más patente.

Podemos concluir insistiendo en que, a lo largo de los siglos, los terrenos del común han sufrido un continuo asedio y expolio por parte de particulares o diferentes estamentos mediante todo tipo de tretas, tratos y argucias. La falta de registros y documentos favorecía esta situación, de modo que un vecino podía terminar cercando y adueñándose de un helechal, una pradera o un castañar, o aprovechar un testamento u otro acto jurídico para incluir lo común como propio en las escrituras junto a otros bienes de un caserío. Generalmente, por supuesto, esto tan solo estaba al alcance de los más poderosos, que tenían la influencia o el dinero para comprar voluntades y pagar notarios y pleitear. Las desamortizaciones estatales terminaron también en muchos casos usurpando a los vecinos sus derechos históricos.

APROPIACIÓN DE COMUNALES EN LA RASA DE LUCES (ASTURIAS)

Como caso paradigmático de «involución de la propiedad», traemos a colación el de algunos de los terrenos más fértiles de Asturias. La rasa costera de Colunga, y en concreto el Monte Lloreu de Luces. El territorio, originalmente comunal compartido por varios pueblos, fue expropiado por la desamortización de Mendizábal en el siglo XIX. Los vecinos presentaron un escrito pidiendo clemencia y alegando que estos terrenos, 600 hectáreas de castañares y pastizales, eran el *modus vivendi* de los habitantes de la zona. La petición fue atendida en parte, pero se expropiaron unas 80 hectáreas correspondientes al monte Lloreu y se pusieron a subasta. En 1851, se hizo una colecta entre todos los vecinos que aportaron 2 reales por cada casa. Pero cuando el abogado encargado de representarlos se presentó en Madrid, llegó tarde a la puja (se cree que de forma poco inocente) y un cacique de la región se hizo con el terreno. En 1857 todo este monte, ya privatizado, fue plantado de eucaliptos. Tras varias cortas, este mismo terreno, que hoy pertenece al grupo Masaveu, continúa ocupado con este monocultivo que por otra parte se ha apropiado de gran parte de los viejos castañares y terrenos propios y comunales de toda la zona. Pero la metástasis privatizadora no se ha detenido ahí y en los últimos años ese grupo empresarial pretendía utilizar estos terrenos para construir una urbanización con hotel, picadero de caballos, campo de golf, puerto deportivo privado y residencias de lujo, añadiendo, para la ampliación de este complejo, los comunales aledaños del concejo de Villaviciosa. Todo un ejemplo de apropiación de comunales que solo podría llevarse a cabo con la connivencia de los políticos de turno.

En esta y otras comarcas de la costa asturiana, otro modo frecuente de «expropiación» del común por parte de los ayuntamientos, consistía en plantar los terrenos de eucaliptos estableciendo un consorcio con el vecino que los utilizaba en aquel momento y repartiéndose las ganancias durante un periodo determinado de años, a partir de los cuales la propiedad pasaría al ayuntamiento. Las más de las veces por evitar enfrentamientos o por complicidad en acuerdos semejantes, los otros vecinos hicieron la vista gorda, hasta el punto de que en muchos municipios, los terrenos del común son prácticamente inexistentes hoy en día.

Pero en definitiva las modalidades de apropiación son muy numerosas y, en muchos casos, el uso para una determinada actividad ha determinado que ganaderos, agricultores u otros colectivos que han ido quedando como usufructuarios únicos, terminen monopolizando el uso de los territorios y patrimonios del común, ante el abandono de otras actividades de la economía tradicional. Con frecuencia surgen conflictos cuando otros vecinos desean utilizar para diferentes fines estos espacios.

Rasa de Luces (Colunga, Asturias). El monocultivo de eucaliptos, letal para las economías y los paisajes tradicionales, ocupa una inmensa extensión en toda la franja costera cantábrica.

Los territorios así expropiados pasaban a ser de dominio público, o se subastaban para llenar las arcas del reino.

En fin, las potestades individuales, familiares y vecinales han sido en gran parte suplantadas por organismos que no siempre velan por los intereses del paisano y del paisaje y que, en todo caso, actúan desde la lejanía geográfica e ideológica que caracteriza a las élites de la burocracia y el poder. A esta desafección de la realidad inmediata hay que achacar en gran parte la desintegración de las sociedades y paisajes locales, pero también la propia decadencia ecológica y económica de un sistema global incapaz de resolver los problemas que crea.

TU DEBER HACIA EL ÁRBOL Y TU DERECHO AL ÁRBOL

> El árbol-inquilino es un benefactor, un espacio de naturaleza, un pedazo de patria, un trozo de vegetación espontánea en el desierto anónimo y estéril de la ciudad, un espacio de naturaleza que puede desarrollarse sin el control racionalista del hombre y de su tecnología.[16]

El famoso artista austríaco Hundertwasser, acuñó el eslogan «Tu deber hacia el árbol», para reivindicar la integración de los árboles en las ciudades y los paisajes humanizados, como

un medio de oxigenar, vitalizar y aportar belleza, salud y bienestar a nuestro entorno.

Pero al margen de esta interesante iniciativa o filosofía que parte del mundo urbano, el deber hacia el árbol ha sido desde antiguo una obligación a veces legal, a veces moral, de los vecinos de todas las comarcas rurales de este planeta. Se trataba de una cuestión de supervivencia y sostenibilidad que en definitiva forma parte del viejo pacto transgeneracional. «Plantaron y comemos, plantemos y comerán», dice el proverbio, y en Asturias oímos decir: *Castañes les de tu güelu, manzanes les de tu padre, ablanes les que tú plantes*. Una referencia a la edad idónea de producción de los árboles que no deja de recordarnos que hemos de repoblar para las generaciones venideras.

En algunas ordenanzas, como esta del siglo XIX en el pueblo de Bello (Asturias), se especifica la obligación de las plantaciones anuales:

> Los Regidores harán que todos los vecinos, á principios del mes de febrero, pongan dos cerezales en el día y sitio que se les señale, que ingerirán al año siguiente, bajo la multa de dos cuartillos de vino, y doblarán la pena si no plantan al tercero día. Igualmente cada vecino plantará para sí dos cerezales y cuantos más árboles frutales pueda.[17]

LA DEFENSA DE LOS COMUNALES EN TAFALLA (NAVARRA)

El libro *Tafalla siete paisajes*, editado por ANAN (Agrupación Navarra de Amigos de la Naturaleza), recoge la interesante crónica de los comunales de esta villa. Traemos aquí algunos extractos que nos servirán como resumen sobre la evolución histórica de estos parajes:

> El Comunal no pertenece al Ayuntamiento, sino al común de los vecinos, siendo el primero nada más que garante y administrador de los mismos. Proteger y enriquecer el patrimonio comunal ha sido el cometido de los ayuntamientos honrados, y solo en momentos de grandes crisis, como las guerras y las hambrunas, el pueblo ha accedido a desajenarse de este patrimonio. […] La importancia que nuestros abuelos le dieron al Común no era exagerada: sabían que del Comunal obtenían además de los cultivos y ganadería, la piedra, arcillas, cal y yeso para construir; la leña como combustible, el esparto y el lino para tejidos y cordajes, piensos y aceites; la caza y la pesca como complemento alimenticio…
>
> La pérdida de las guerras carlistas, y la abolición de los Fueros que sustentaban nuestra legislación, hizo que muchos bienes comunales fueran forzosamente vendidos y comprados por los ricos liberales locales… […] Siguieron las roturas, la tala de árboles… La construcción de caseríos como epicentro de los nuevos feudos… Las leyes desamortizadoras favorecían la privatización y por la vía legal poco podían hacer los ayuntamientos.
>
> Una vez más quedaba el pueblo que no había olvidado sus derechos. Y si el Ayuntamiento no había podido defender como debía el patrimonio de todos, los vecinos consiguieron en 1908, después de recoger más de mil firmas en contra y hacer manifestaciones y protestas, que los 80 grandes legitimadores devolvieran la tierra al común de los vecinos. A partir de entonces la tierra que unos pocos cultivaban se repartió entre toda la vecindad. Gracias al tesón y sentido ciudadano de nuestros abuelos, más de la mitad de todo el término de Tafalla es hoy día terreno comunal.[18]

Tan solo matizaríamos en este escrito el comentario sobre carlistas y liberales, un tema sobre el que habría mucho que hablar y que debatir. Pero en lo que respecta a los comunales, hablamos de una comarca mucho más agrícola que ganadera y esta obra refleja fielmente las inquietudes que producen los actuales cambios en la relación de los nuevos paisanos-ciudadanos y la tierra, una vez que los agricultores (como ha sucedido en otros lugares con los ganaderos o los forestales) se convirtieron en usuarios únicos del comunal:

> …la mayoría de los vecinos, al no cultivar directamente el campo, han perdido la conciencia de que el Comunal sigue siendo suyo, de todos. Parece como si el monte, los árboles, los caminos y cañadas, los pastos… fueran algo ajeno, cosa de

los agricultores. Y, en el mismo sentido, algunos agricultores creen que el campo es una industria, y además de su propiedad. Este nuevo concepto de «progreso» y de «producción» da lugar a continuas denuncias de los guardas sobre talas y roturaciones excesivas, caminos comidos, sendas perdidas… […] denuncias que parecen habituales y que se suman a la dejadez e inconsciencia por parte de los últimos ayuntamientos, hasta llegar a una situación en que, como ocurre de hecho, una minoría se cree con derecho a disponer del patrimonio de todos. ¿Y mañana?

Termina denunciando el escrito la nueva tesitura, que compara con los hitos históricos de las defensas vecinales de este patrimonio común que se hicieron en Tafalla en 1582 y en 1908. En efecto, en el año 1998 en que se editaba este librito, la concentración parcelaria amenazaba con desfigurar la fisonomía del paisaje tradicional del común en beneficio de unos pocos.

Este tipo de normativas han sido generales en todos los pueblos en los que se trataba de garantizar la disponibilidad de frutos, maderas y leñas para el uso de los propios vecinos y los descendientes. Pero también era obligado cubrir las necesidades del estado y abastecer los astilleros de la Armada Real, que consumía bosques enteros para hacer cada uno de sus barcos. Como dato de referencia, tan solo en los años 1724 y 1725, la provincia de Álava contribuyó con dieciocho mil árboles para construir ocho navíos y, en 1783, el pueblo alavés de Manurga protestaba por haberse marcado en sus montes entre cinco y seis mil árboles para bajeles del Rey.[19]

Por otra parte, ingentes cantidades de madera sostenían las industrias metalúrgicas estratégicas para el desarrollo industrial y la fabricación de armas y municiones, y los montes eran cuestión de estado también en este sentido. La normativa local y estatal reglamentaba de manera más o menos estricta estos usos.

A principios del siglo xx el estado comenzó a promover las reforestaciones educativas a través de disposiciones legislativas que regulaban las fiestas del árbol, de celebración obligatoria en cada municipio.

Pero junto a estas leyes, que hacían obligatorias las plantaciones mediante decretos y normativas dictadas desde arriba hacia abajo, había otras disposiciones que arbitraban el derecho de plantación y usufructo de madera y leñas, frutos, pastos y otros recursos incontables que proporcionaban los montes comunales. Formaban parte de las costumbres y el derecho consuetudinario, que construía el paisaje desde sus propios cimientos y respondiendo a las necesidades locales de cada pueblo y comarca.

Hoy como ayer, nuestra responsabilidad sobre la repoblación de los montes y el cuidado de nuestro entorno no ha prescrito, pese a la dejación de funciones de esta generación, y el árbol continúa siendo la herramienta perfecta para afrontar muchas situaciones problemáticas, como iremos viendo, sin ir más lejos para reconvertir los matorrales y los terrenos abandonados en bosques saludables, biodiversos y productivos, para la lucha contra el cambio climático o para la regeneración económica de comarcas en crisis…

En este sentido, el derecho al vuelo parece aún hoy una fórmula magistral que se explica en los diferentes usos que hemos recogido a lo largo de estas páginas. El propio concepto familiar de la vecindad obligaba, como ya dijimos, al necesario arraigo de los coterráneos o «congozantes» (palabra esta de uso local en las Améscoas). Este sistema garantizaba el uso de la tierra por parte de quienes la habitaban y trabajaban, y favorecía un arraigo y una estrecha simbiosis con el paisaje. En este pequeño manual de reinicio o reinvención del paisaje que aquí proponemos en base a viejas y nuevas prácticas, un modelo semejante se nos antoja imprescindible para recuperar la gestión de los montes. Ciertamente, las sociedades de paisanos y campesinos de épocas pasadas vivieron no pocos enfrentamientos y cometieron multitud de errores pero, en cuanto a la integración de la sociedad en el territorio que ocupaba, tienen aún muchas cosas que enseñarnos sobre solidaridad, desarrollo, sostenibilidad, equidad y espíritu democrático. En definitiva, el paisaje que administraban y construían tenía una dimensión humana. En todo caso, podríamos decir que heredamos un mundo que funcionaba por sí solo en muchos aspectos locales y globales. Los paisanos conformaban los paisajes, cuidaban de los caminos, las fuentes y los montes, con la regularidad y la precisión de un reloj. Sin embargo, las tramas culturales que sustentaban este sistema se han quebrado y el futuro es hoy una incógnita.

Es curioso que los seres humanos tengamos en ocasiones una conciencia tan exacerbada de sentimientos patrióticos, políticos o sociales, pero hayamos perdido la conciencia del paisaje que nos sustenta. Seguramente es un fenómeno relacionado con el desarrollo desmesurado de las ciudades como sistemas ilusoriamente independientes. Se produce una tremenda paradoja que ha tenido ya fatales efectos para muchas civilizaciones: cuanto más nos distanciamos del medio natural, más lo destruimos y, por tanto, más lo necesitamos física y anímicamente. El círculo destructivo comienza con el desarraigo y la desafección. Hoy, igual que ayer, tenemos una dependencia directa de la fertilidad de la tierra o de la disponibilidad del agua, por poner dos simples ejemplos que evidencian de manera más notable la urgencia e importancia de gestionar de forma adecuada nuestro entorno. A lo largo de estas páginas esperamos haber atinado en señalar algunos de los conceptos básicos de ayer y de hoy, para sentar las bases de nuevas formas de gobernanza de los paisajes, basadas en la gestión de uno de sus elementos más vitales y vertebradores: La vegetación.

Notas

1. Platón. *Critias,* 111.
2. Entrevistado en Urigoiti (Vizcaya), el 3 de Abril de 2006, cuando tenía 76 años.
3. Santo Tomás y Pumarada, T. de. *Arte General de Grangerías (1711-1714)*. Ed. San Esteban y Museo del Pueblo de Asturias. Salamanca, 2006.
4. Lapuente, L. *Las Améscoas*. Pamplona, 1972.
5. Vavílov, N. I. *Cinco continentes*. Libros del Jata. Bilbao, 2015, p. 281.
6. Zabalza Seguín, A. *Etnografía de Navarra*. Tomo II. Ed. Diario de Navarra. 1996, p. 428.
7. Olavide, P. *Informe al Consejo sobre la Ley agraria*. Citado en J. R. Guzmán Álvarez. *El Palimpsesto cultivado. Historia de los paisajes del olivar andaluz*. Junta de Andalucía. Sevilla, 2004.
8. Abella, I. *La memoria del bosque*. RBA. Barcelona, 2007.
9. Costa, J. *Derecho consuetudinario y economía popular de España*. Tomo II [1902]. Guara ed. Zaragoza, 1981, p. 23.
10. Diodoro de Sicilia. *Biblioteca Histórica*, V, 22. <http://remacle.org/bloodwolf/historiens/diodore/livre5.htm>
11. Serrano Álvarez, J. A. La defensa del comunal y de los usos colectivos, León (1800-1936) ¿Una «economía moral»? *Historia agraria: Rev. de agricultura e historia rural*, Nº 37, 2005, pp. 429-463.
12. Echegaray, C. de. *Compendio de las Instituciones Forales de Guipúzcoa*. Diputación de Guipúzcoa. San Sebastián, 1924.
13. Otaegui Arizmendi, A. El paisaje forestal de Gipuzkoa en 1784. *Actas del IX Congreso de Historia Agraria* (Bilbao, 1999). SEHA / Dpto. de Historia e Instituciones económicas (UPV-EHU). San Sebastián, 1999, pp. 481-486.
14. Villanueva, T. de. Explotación de los terrenos comunales como base para la reconstitución de la hacienda del municipio. En: *Asamblea de Administración Municipal Vasca*. Sociedad de Estudios Vascos. San Sebastián, 1919, pp. 207-208.
15. Caro Baroja, J. *De la vida rural vasca*. Txertoa. San Sebastián, 1974.
16. Hundertwasser. Abril de 1991. En *Hundertwasser*. Taschen, 2015.
17. Ordenanzas de Bello, Aller, cap. X, art. 2. Año 1846. En: L. Redonet y López-Dóriga. *Policía rural en España*. Madrid, 1916. En <http://bibliotecadigital.jcyl.es/i18n/consulta/registro.cmd?id=4969>
18. *Tafalla siete paisajes*. ANAN (Agrupación Navarra de Amigos de la Naturaleza). Pamplona, 1998.
19. López de Guereñu, G. Noticias curiosas de arboricultura, pretéritas y actuales por tierras alavesas. *Ohitura* nº 2. Vitoria, 1984.

Acebedas bordeando las praderas en un puerto de la montaña asturiana.

1. La acebeda, el bosque protector

En gran parte de Europa, el acebo destaca por ser una de las pocas especies de hoja perenne. Los madroños, las encinas, los pinos y abetos, ocupan grandes regiones, pero en las comarcas de las que se ausentan, en el reino de los hayedos y los robledales, los bosques se desnudan por entero y el acebo será una de las pocas especies que continúen brillando, alimentando y protegiendo a los animales salvajes y domésticos en lo más crudo de los más crudos inviernos. La misma nieve dobla con su peso las ramas poniéndolas al alcance de los comensales, los frutos llamativos persisten durante muchos meses cuando apenas queda en la montaña otra cosa que llevarse al pico... Y en la propia cultura de los países centroeuropeos, este verde intenso es también un símbolo de la vida y del espíritu de la vegetación que sobrevive cuando el bosque ha perdido todos sus colores.

ECOLOGÍA Y CICLO VITAL

Se trata de una especie dioica: las flores masculinas y las femeninas nacen en pies distintos de modo que solo los acebos hembra producen el fruto característico. Florece de abril a junio y tiene una larga fructificación que comienza a partir de septiembre, persistiendo los frutos en el árbol aún hasta marzo. Tolera muy bien la sombra aunque a pleno sol florece y fructifica mucho mejor.

La fecundación la realizan principalmente las abejas, que obtienen néctar y polen. La dispersión del acebo tiene lugar principalmente con el concurso de los túrdidos *(Turdus iliacus*, llamado en Asturias entre otros nombres, *malvís carrasqueru* por su relación con el *carrascu*-acebo; *Turdus viscivorus*, el zorzal charlo, y *Turdus merula*, el mirlo). De ahí el daño que se hacía a estos

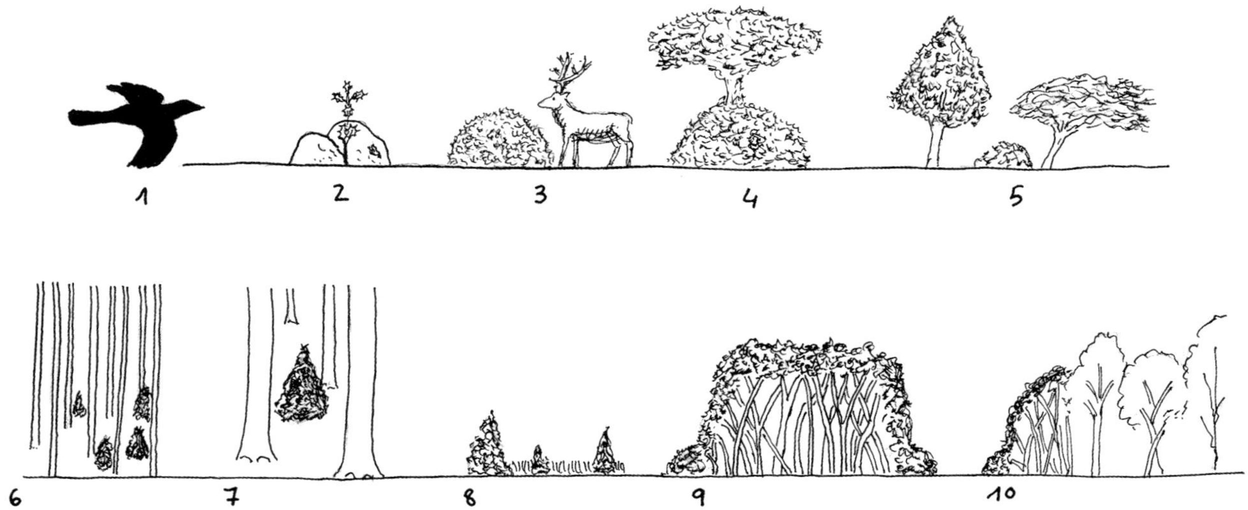

Algunos hitos en la dinámica del acebo.

1. Siembra, sobre todo por zorzales y otras aves.
2. Primeros estadios de desarrollo, generalmente en lugares al amparo del pisoteo y ramoneo.
3. Matas en forma de bola generadas por ramoneo continuo de herbívoros salvajes y domésticos.
4. La mata se hace más grande y erizada, hasta abrir una copa cuando tiene altura suficiente para escapar a los ramoneadores.
5. Acebedas adehesadas típicas, con espino albar y otras especies resistentes al diente de herbívoros.
6. Acebos en eucaliptales costeros.
7. Acebos en el sotobosque del hayedo.
8. Acebos colonizando brezales y helechales.
9. Acebeda pura, con el interior hueco por falta de luz y tránsito de animales.
10. Acebeda en lindero de bosque.

ecosistemas arrancando la corteza de este árbol para hacer liga. El árbol despellejado moría y con aquella liga se cazaban de forma masiva los mismos malvises, miruellos o zorzales que favorecían la acebeda, utilizando incluso los propios frutos como cebo. La querencia por las acebedas de estas y otras muchas aves, las convierten asimismo en cazaderos muy utilizados, ya que son numerosos los pájaros que acuden para comer, pero también para dormir y refugiarse en la intrincada y protectora espesura de los acebos, de tal modo que al anochecer, pueden verse bandos enteros que se ocultan en sus ciudades dormitorio.

La dispersión a cargo de aves gregarias, que se mueven en bandadas (a excepción del mirlo, mucho más solitario), tiende a la creación de acebedas más o menos puras, ligadas a las costumbres de estos animales. Esta forma de diseminación dota al acebo de una gran movilidad y conforma de algún modo las acebedas según las querencias de estos pájaros, condicionando también la composición de la cohorte que las acompaña, que suele estar compuesta de otros árboles y arbustos de parecidas características como los serbales, el tejo o el espino albar, cuyos frutos consumen los mismos comensales.

Dinámica del acebo (la numeración se refiere a la lámina anterior): **2**. Acebo creciendo al abrigo de una roca. **4**. Forma característica en zonas de intenso ramoneo. **8**. Formación de acebedas a partir de pies aislados. **9**. Interior de una acebeda pura. **10**. Acebos en el lindero del bosque.

HÁBITAT Y DISTRIBUCIÓN DEL ACEBO

El acebo *(Ilex aquifolium)* es un árbol espléndido, de follaje lustroso. Habitualmente lo conocemos en portes más bien arbustivos pero puede llegar a alcanzar los 15 metros de altura, un metro de diámetro y 300 años de edad.

Distribuido por gran parte de Europa, Norte de África y Asia occidental, en la península ibérica está presente en toda la franja norte y va enrareciéndose y refugiándose en las montañas conforme avanzamos hacia el sur. Prefiere suelos silíceos, húmedos, profundos y nitrogenados y climas templados con elevada humedad atmosférica. Extraordinariamente versátil, forma parte de una gran cantidad de ecosistemas: espinares mixtos y matorrales, sotobosques y linderos, en el entorno de hayedos, robledales, encinares, tejedas... Está presente en las etapas seriales de degradación y recuperación del bosque y crece colonizando todo tipo de espacios, ya sea a partir de pies aislados, formando parte del sotobosque de hayedos, robledales y otros bosques o formando bosquetes monoespecíficos, de mayor o menor extensión y densidad, especialmente cuando vive en lugares humanizados con intensa presión ganadera. Por supuesto, en jardinería se utiliza también de muy diversas formas por la elegancia de su porte y follaje, y los setos de acebo constituyen cierres perfectos tanto en el jardín como en los paisajes campestres.

El papel de estas comunidades como refugio y alimento es también crucial para otros animales, como ciervos, corzos, liebres, ardillas, urogallos y muchos pequeños pájaros que encuentran en sus frutos y hojas una fuente imprescindible de alimento. También rebecos y jabalíes comen sus hojas jóvenes, y los zorros y otros mamíferos, ocasionalmente, sus frutos. En cuanto al urogallo, cuya conservación pasa por un momento muy difícil, podemos decir que el acebo resulta de especial importancia en la Cordillera Cantábrica dada la ausencia casi total de pino silvestre al que está asociado el urogallo prácticamente en todo el resto de su población mundial. Es, por tanto, un factor muy importante la permanencia de las acebedas de cuyas hojas se alimenta, así como de otros ecosistemas también importantes para esta ave, como el hayedo, brezales, arandaneras...

Imposible olvidar las acebedas densas que conocimos en las laderas del Carbineu, en Somiedo, que tenían toda una red de galerías internas de paso de animales, en un momento, a finales de la década de los 70, en el que a diario nos encontrábamos con grupos de urogallos, que formaban por entonces una muy nutrida población en toda la comarca. Lamentablemente, aquella espléndida acebeda quedó reducida a cenizas durante un incendio, mientras que los urogallos han ido declinando hasta llegar a ser hoy quizá la especie más rara de toda la cordillera.

La coexistencia de las acebedas con los pastos de diente es una de las situaciones más comunes en las que se encuentra al acebo. En este medio se producen muchas situaciones intermedias y una gran biodiversidad.

Pese al carácter pionero de esta especie, la colonización de la pradera es difícil, en primer lugar porque la diseminación se produce con mayor frecuencia en los posaderos de los pájaros, rocas o lugares elevados y sobre todo árboles y arbustos. A partir de los matorrales y linderos del bosque, el acebo tiene oportunidad de desarrollarse, creando en ocasiones bosques abigarrados cuyo follaje está presente solo en el exterior, parte alta del dosel y linderos, mientras la falta de luz y el tránsito de los animales hacen que el interior esté perfectamente vacío salvo por los troncos que como columnas sostienen el edificio.

> Una acebeda típica presenta un dosel arbóreo de 5 a 8 m de altura, donde las copas suelen contactar unas con otras y la luz que llega al suelo es escasa. Hay que tener en cuenta que las condiciones de sombra son además permanentes, por lo que incluso quedan excluidas aquellas especies que en los bosques estacionales pueden aprovechar las condiciones de iluminación del periodo de reposo. En el sotobosque de una acebeda no hay matas ni tampoco un estrato herbáceo más o menos continuo.[1]

Es muy difícil determinar hasta dónde llega la naturalidad o artificialidad de estos ecosistemas, ya que en los manejos pastoriles se mantienen las especies útiles como el acebo, en detrimento de otras menos adaptadas o interesantes. La protección del acebo en los montes comunales, tantas veces especificada, como veremos, en antiguas ordenanzas, ha propiciado también la existencia de acebedas, que resultaban vitales para las economías tradicionales.

Acebeda sobre helechales y argomales que arden periódicamente. La capacidad de rebrote del acebo tras los incendios le permite recuperarse con rapidez.

También tiene una gran capacidad de regeneración vegetativa. El vigoroso rebrote del acebo tras la corta o el incendio le permite asegurar la supervivencia frente a los manejos humanos y todo tipo de vicisitudes.

La diversidad de orígenes y formas de evolución de las acebedas queda muy bien reflejada en la tesis de Andrés Oria de Rueda, dedicada a esta especie:

> Ciertos autores asignan un origen artificial exclusivamente (teoría monogénica antrópica). Después de analizar los acebales en Europa podemos aseverar que las acebedas pueden tener un origen múltiple (teoría poligénica) basado en la capacidad del acebo para dispersarse tanto en masas naturales como en paisajes intervenidos intensamente.

Los inicios pueden ser muy diferentes, pero no así el resultado final.[2]

UN REFUGIO INEXPUGNABLE

La fauna silvestre y el ganado doméstico encuentran, como decíamos, además del alimento de sus bayas y hojas, una protección y refugio inexpugnable. Tupido y pinchoso, resulta ideal para el escondite de nidos y guaridas. En invierno es bien conocido el microclima que crea la acebeda, defendiendo del viento y conservando la temperatura unos grados (hasta 10 °C) por encima del exterior. El efecto cortavientos es también muy acentuado en las praderas protegidas por setos de acebo. Pero también en verano la acebeda es un bosque extraordinariamente habitado. Animales de toda clase van a refugiarse a la sombra durante las horas de más calor. La temperatura veraniega en el interior de las acebedas es mucho más fresca y especialmente el ganado vacuno acude a *miriar* (sestear) y *moscar* (refugiarse de las moscas). El desasosiego que produce la picadura de la mosca del ganado (*Hypoderma* sp.), durante los grandes calores, se traduce en irritabilidad y en pérdida de peso y producción lechera. De ahí que los ganaderos siempre hayan apreciado en su justa medida los bosquetes donde sus animales encuentran refugio y descanso. En muchos lugares de Castilla, Cantabria y Asturias, densas acebedas huecas en su interior sirven asimismo para el descanso nocturno del ganado. Reciben en sus respectivas comarcas nombres tan elocuentes como *cuadras*, *salones*, *cocinas*, *casillares*, *seles*...

En la mentada tesis, Oria de Rueda opina, al igual que otros autores, que se establece una verdadera simbiosis mutualística entre los fitófagos y el acebo:

> ...el Prof. Montserrat Recoder (com. pers.) considera que el acebo y la vaca son componentes esenciales del ecosistema acebeda. Zonas donde se mantienen las mejores acebedas de la Península Ibérica han albergado durante muchos siglos densidades de ganado de hasta más de 10 cabezas de ganado vacuno por ha y a veces más de 30. Como ocurre con las espinosas sabanas de acacias africanas, también existe un equilibrio entre las masas de acebos y los rebaños de grandes bóvidos y équidos en las montañas europeas. [...]
>
> Incluso en el caso particular del lobo existen evidencias de que los grandes fitófagos como los cérvidos y bóvidos buscan el refugio de los acebales en donde pueden burlar la persecución del carnívoro. Los mismos caballos que de forma semisalvaje se crían tradicionalmente en las montañas de León, Asturias y Zamora, duermen bajo las densas matas de acebo introduciéndose lo más posible en ellas para que la cabeza esté realmente dentro de la masa espinosa del acebo, dejando las patas posteriores hacia el exterior en la puerta o abertura de entrada en el acebo. De este modo, ante un ataque de los lobos se defienden a coces fácilmente. Este comportamiento nos lo han comunicado numerosos ganaderos de las provincias citadas. [...]
>
> Existen estrechas relaciones entre la acción de los ungulados y las acebedas que alcanzan la categoría de simbiosis mutualística. El acebo ofrece alimento y refugio a los grandes herbívoros, que frecuentan el monte acebeño denso más que otros hábitats forestales. Por otro lado, los ungulados eliminan los brinzales de otros árboles y aportan considerable cantidad de estiércol que facilita además la mineralización de la hojarasca de acebo. Las

ALGUNAS ACEBEDAS RELEVANTES

Se ha afirmado que los bosques monoespecíficos de acebo más extensos del planeta son las acebedas de Garagüeta, al norte de Soria con una extensión de más de 400 ha de bosque de acebo y pastos. Existen muchas otras masas más o menos importantes y casi siempre ligadas a manejos ganaderos, las de Prádena y Valsaín (Segovia), los bosquetes más o menos aclarados del Moncayo o Ancares y otras muchas acebedas repartidas por toda nuestra geografía, son ecosistemas de gran interés cuyo futuro es incierto a causa del abandono de la gestión tradicional y el cambio climático.

En las regiones cantábricas el acebo puede encontrarse prácticamente en todas las comunidades, desde el encinar cantábrico y los viejos castañares a los eucaliptales costeros y los puertos de montaña donde forma bosquetes muy cerrados. La interconexión entre acebedas adehesadas y acebedas densas, espinares y tejedas, praderas y bosque caducifolio, es muy común en toda la región y la gran versatilidad de este árbol le permite coexistir con el abedular, hayedo, encinar, robledal, tejedas, bosques mixtos… Las razas de ganado autóctonas, omnipresentes en la montaña, parecen especialmente adaptadas, como hemos visto, al ramoneo del acebo. En Asturias, es posiblemente en el *Puertu Sueve* donde se encuentran las mayores acebedas formadas por bosquetes mixtos en los que el acebo comparte el espacio con tejos, espineras y fresnos principalmente, en un área muy abrupta que se encuentra favorecida por la temperatura y humedad marinas en la cara septentrional del macizo.

En la zona central, los acebales del *Puertu Güeria* (Quirós) se hallan en una zona de pastos de altura en la que pueden verse densas formaciones en el lindero del bosque de hayas, serbales y otras especies. Hay también impresionantes formaciones de acebeda pura que tienen una extraordinaria semejanza con los bosques de laurisilva. Y, por otra parte, se encuentran muchos acebos dispersos colonizando los matorrales y praderías. Todo ello nos da una idea de la versatilidad de esta singular especie.

vacas y caballos de razas autóctonas actúan de modo natural, habiendo sustituido a los bóvidos y équidos que de forma salvaje se mantenían antes de la domesticación neolítica.

Por otro lado, las plántulas de muchos árboles, germinan y se desarrollan bajo la protección (sombra, humedad, defensa espinosa…) de este arbusto que posibilita la regeneración del bosque, al menos en sus primeros estadios de crecimiento. Gracias a este fenómeno, que en ecología se denomina facilitación, tejos, fresnos, hayas, sauces y otras especies encuentran las condiciones necesarias para sobrevivir y con frecuencia terminan desplazando incluso al acebo y otras especies protectoras habituales (espino albar, endrino…).

Acebo incrustado en tejo en las *viescas* del Sueve. Una situación común de estrecha convivencia.

EL PAISAJE COMESTIBLE

> Las ramillas de acebo sirven de alimento para los herbívoros ramoneadores silvestres, principalmente para el corzo por ser el más constante en el ecosistema del acebal, sobre todo en la estación más desfavorable en la que escasea el alimento verde, que es el invierno. Es el único perennifolio de hoja ancha en un ámbito de bosques aciculifolios (pinares de pino silvestre principalmente), caducifolios (hayedos y robledales) y marcescentes (rebollares), por lo que supone una interesante reserva de follaje verde para el invierno, sobre todo durante la innivación al ser el único verde accesible.[3]

En Asturias, se dice *tarmear* o *tarmiar* al hecho de cortar tarmas, es decir, ramas de distintos árboles para alimentar al ganado. El acebo ha sido uno de los forrajes preferidos como ramón. Complemento del pasto, que el propio ganado come directamente de la mata, o el paisano escoge y corta, buscando las ramas de hojas menos pinchosas, para alimentar a todo tipo de animales, ya sea al pie del árbol o en la cuadra u otro lugar. Se llamaban «acebas» a los acebos que tienen la hoja menos pinchosa. A los más erizados se los considera acebo «macho» o simplemente acebo.[4] Habitualmente, las hojas son más dentadas en los ejemplares jóvenes y en las ramas bajas. Con el ramoneo o corte del acebo, sus hojas se vuelven aún más pinchosas, controlando de este modo a los herbívoros. En las ramas altas donde no llega el diente, las hojas apenas presentan espinas.

Juan del Gametoso, paisano del pueblo somedano de Perlunes, nos contaba que durante las grandes nevadas los vecinos subían a cortar ramos de acebo para dar de comer al ganado que quedaba atrapado en el monte. Si escaseaba la hierba se llevaba al propio ganado a la acebeda para ir cortando las ramas menos espinosas. Una práctica que aún se recuerda por todas las montañas donde sobrevive el acebo.

Tenemos por otro lado testimonios de pastores asturianos en la zona de Lagos de Covadonga y en el Puertu Sueve sobre la plantación tradicional de acebos en el monte. Pese a que este árbol es muy abundante en determinados parajes de estas montañas, la plantación de algunos pies interesaba para disponer de su forraje en la zona cercana a la cabaña o lugares donde para el ganado. El fresno se plantaba del mismo modo aunque su utilización era preferiblemente al final del verano, cuando se desmochaba para usar o guardar su forraje, mientras que al acebo se recurría más en primavera o en invierno durante las nevadas. Pero también hemos podido ver cómo en pleno verano las

Diferencia entre las hojas de un acebo ramoneado y las que están a una altura fuera del alcance del diente de los herbívoros.

Vaca ramoneando acebo en pleno verano. Pese a las espinas, son muchos los comensales que consumen esta hoja cuando nieva o escasea el pasto, por sobrepastoreo o sequía.

vacas recurren al ramón de acebo cuando el pasto escasea por sequía o sobrepastoreo. Es interesante recordar por otro lado el valor económico y nutritivo de los árboles y arbustos forrajeros para complementar la alimentación de los herbívoros.

Oria de Rueda recoge referencias de gran interés sobre la antigüedad del manejo antrópico de los bosques de acebo en Inglaterra:

> ...en Inglaterra se favoreció desde la antigüedad el acebo debido a que su follaje se cortaba para dar las raciones invernales de forraje al ganado y a los cérvidos de los bosques de la nobleza.

Y son prácticamente todos los animales domésticos los que se pueden beneficiar de este follaje verde: vacuno, equino, caprino y ovino. También se les daba a los conejos con la precaución de que no llevara frutos. Al ganado de cerda se le daba la hoja cocida con harina.

Para bajar a la cuadra se llevaban las cargas en atados a la espalda o se trasportaban en carros, ramos o leras. Aunque el ganado puede comerlo tal cual, el ramón de acebo se picaba o machacaba con el hacha o el mayo o pisón, o por otros medios (los mismos que se usaban para picar el tojo), antes de darlo a los animales, para facilitar su masticación.

Además de alimento, el ganado encuentra otros beneficios en este árbol que le proporciona, como dijimos, sombra, cortavientos y refugio contra la ventisca y las inclemencias del tiempo, y contribuye a la conservación del pastizal, manteniendo la frescura y reteniendo el terreno en las fuertes pendientes.

El gran botánico Pedro Montserrat, tras cincuenta años de estudios sobre diversos hábitats relacionados con la ganadería de montaña, alerta en diversas publicaciones sobre la decadencia de los ecosistemas tradicionales que comporta el abandono del medio rural. Una gran parte de las acebedas y otros ecosistemas asociados de nuestros puertos y brañas, viven en estrecha «simbiosis» con los herbívoros que las conforman y perpetúan desde muy antiguo. Veamos algunas citas de sus trabajos al respecto:

> El sistema tudanco. Es el ejemplo maravilloso de una cultura atávica que persiste, basada en el comportamiento de una vaca rústica que suele parir en el monte y siempre vuelve al lugar donde nació [...] Su «casa» o abri-

go para el pastoreo extensivo lo forman unos setos densos de acebo *(Ilex aquifolium)*, recomidos además por el urogallo salvaje.[5]

Ilex aquifolium; sus hojas son las preferidas en invierno por toda clase de animales (corzo y urogallo p. ej.), entre los que cabe contar también a vacas y yeguas extraviadas en la nieve. [...] En condiciones semejantes de otro ambiente ganadero con vaca camerano-soriana, se ha formado otro tipo de «bocage» con acebo arbóreo seleccionado tradicionalmente por la escasa vulnerabilidad de sus hojas; es fácil ver estos bosques sabanoides de acebo en la parte soriana de Cebollera-Piqueras, sobre La Poveda (1300-1700 m alt.), bordeando hayedos en los lugares más afectados por las nieblas y frecuentados por el ganado vacuno. [...] Lo dicho nos indica que los ganaderos tradicionales han apreciado extraordinariamente los setos de acebo que han contribuido eficazmente al desarrollo de su ganadería y a la persistencia del urogallo en algunas partes de los Montes Cantábricos.[6]

El pastoreo es antiquísimo y la planta renovada aún me resulta más natural que si estuviera parada, como «en conserva». La vida es dinámica y domina la evolución; una maravilla, del mundo creado y mantenido. El pasto simboliza esa utilización del vegetal por animales que desbrozan, crean césped y así aumentan la diversidad con plantas tiernas y otras lignificadas; teníamos elefantes y rinocerontes —extinguidos hace pocos milenios— que aclaraban el bosque, pero el ganado actual prefiere un pasto tierno con plantas que conservan su aparato basal o el subterráneo y pueden rebrotar para renovar lo perdido. En el árbol se acentúa esa defensa de la planta contra los excesos del fitófago. Aún tenemos en el Moncayo «bosques» forrajeros, las acebedas, pasto con el *Ilex aquifolium* protector típicas del clima de montaña con influencia cantábrica. El acebo «aseguraba» la persistencia del rebaño durante los años malos.[7]

Incluso bajo la densa sombra del hayedo sobreviven acebos, formando parte del sotobosque (v. nº 7 en la lámina de la pág. 44).

El mismo autor termina relatando de forma lacónica en otro de sus artículos el fin de todo este mundo:

> Se desorganizaron sus vacadas por decisión de «técnicos foráneos» que rozaron, labraron, destruyeron «la casa» de la Tudanca, sus pastos con el seto forrajero de acebo y fresno. Aun vimos, años setenta, una hilera de vacas en la carretera, con una vieja como guía, que subían sin pastor después del invierno a Palombera en el Alto Campoo...[8]

ORDENANZAS Y LEYES PROTECTORAS

Pero si hablamos de simbiosis mutualística entre los acebos y el ganado vacuno y equino principalmente, es preciso incluir como elemento imprescindible otro simbionte: el ser humano, con sus manejos ganaderos y de la propia acebeda, y con las normativas propias de cada localidad, que han servido para proteger este ecosistema hasta el punto de que podemos hablar quizá más claramente que en otros paisajes de auténtica simbiosis natural-cultural.

En efecto, como especie estratégica para los sistemas tradicionales de ganadería, el uso del acebo se ha regulado desde muy antiguo. Las leyes irlandesas protegieron ya al acebo como uno de los siete «árboles jefes», en las llamadas leyes Brehon por las que se regía la isla hasta el siglo XII. Estas leyes dividían a los árboles en cuatro categorías en razón de su importancia. Había así siete árboles jefes, siete árboles rústicos, siete arbustos y ocho arbustos espinosos, y se establecía una serie de multas por la tala ilegal, cuyo valor dependía de la categoría. La razón por la que se considera de tal forma al acebo es, según el propio texto, *por su madera, utilizada en lanzas de carros.*

En gran parte de la península ibérica el acebo tuvo diferentes usos en este sentido y sin embargo casi siempre se ha protegido, más que por su madera, por su inestimable valor forrajero.

> En Soria y Segovia se prohibía tradicionalmente la entrada del ganado cabrío a las acebedas desde San Miguel (29 de septiembre) hasta el 1 de mayo [...] para proteger a los acebos de la fuerte agresión que supone esta especie tan ramoneadora, sobre todo en invierno.[3]

En muchos pueblos se permitía la recogida de rama pero estaba prohibido cortar el árbol por el pie. También se regulaban y limitaban los excesos con medidas restrictivas como acotar el corte y la extracción del monte en épocas determinadas, obligar a cortar las ramas sin herramientas (utilizando solo las manos) o, como en la zona de Pedroveya (Quirós), ordenando que las cargas de acebo tan solo pudieran bajarse al hombro, sin utilizar carros u otros medios.

Así, la utilidad del acebo en los sistemas silvopastoriles de antaño puede valorarse en razón de la protección que las ordenanzas le otorgaban en muchos pueblos y regiones.

En Segovia, sabemos por Gonzalo Madrazo que las ordenanzas de Riaza de 1572 estipulan para las cortas en la «Dehesa de abaxo boyal» la máxima pena:

> 500 mvds. por cortar árbol, 250 mvds. por cortar rama, 1000 mvds. por cortar acebo y haya, 500 mvds. por cortar rama de acebo o haya, 400 cortar roble...[9]

También las ordenanzas de Prádena de 1344 imponen por la corta de acebos la multa de 3 maravedís. No parece casualidad por tanto la pervivencia hasta la actualidad de estas acebedas.

En las Ordenanzas Municipales de Apellániz (Álava) de 1790 se prohíbe expresamente descortezar acebo para obtener liga, con el siguiente argumento:

> ...a mas de morir la planta se malogra la hoja que es utilísima para quasi todo genero de ganado, pena de que si alguno fuese hallado descortezando, adobando o de otra manera beneficiando la corteza o su grana, sea castigado en mil mrs, y que perderá la liga o cortezas.[10]

Rama de acebo macho en flor, y acebo hembra en fruto. Como especie dioica, las flores masculinas y las femeninas se producen en pies distintos.

Otras disposiciones de las ordenanzas de este mismo pueblo especifican las penas por cortar árboles o regulan su uso forrajero en años de penuria:

> El que cayere haya pague diez y ocho rs. [...] Roble, pague veinte y cinco rs. [...] Cortando espinos que sirven de abrigo al ganado, el que corte, cincuenta rs. Corte azebo, cuatro reales...
>
> Pueden cortar yedra y azebo especialmente en los años de cosechas cortas y copiosas nieves para alimento ganado...

El fuero antiguo de la Merindad de Durango (siglo XIV) es también muy explícito respecto a la prohibición:

> Otrosí por el robre e por el azebo e por el fresno el que cortare que peche cuarenta y ocho mrs. por cada uno...[11]

Una minucia comparada con la pena que se recoge en el siguiente párrafo:

> ...Otrosi si algun home cortare en heredad agena pies de manzanos de tres en arriba que muera por ello como fechor...

Y en Vera de Bidasoa (Navarra), según relata Julio Caro Baroja, de la permisividad con la que se regulaba el uso de leñas y carboneo para los ferrones, estaban expresamente excluidos los frutales, el espino albar y los acebos.[12]

Las ordenanzas de Lesaca (Navarra) prohíben en 1429 cortar acebos entre el 20 mayo y 1 octubre, «por razón que en el verano, si se tajasen, con la sudor los dichos acebos se pierden et se perderían».[13]

Muchas otras ordenanzas de diferentes puntos de la geografía peninsular recogen disposiciones semejantes. Basilio Calderón, en su trabajo sobre la organización tradicional del espacio en Campoo (Cantabria) escribe:

> ... era práctica habitual recurrir a la hoja de acebo para alimentar al ganado, razón por la cual en todas las ordenanzas municipales se

Marco de propiedad grabado en la corteza de acebo, en el Sueve.

prohíbe la tala de este arbusto en los montes comunales; las ordenanzas de Celada-Marlantes del año 1697 en su artículo 1º señalan… «que no se corte en las dehesas ningún pié de roble o acebo o haya no otro género pequeño o grande salvo para reparar su casa». En el mismo sentido abundan las Ordenanzas de Requejo en su artículo 43, expresando… «que ninguno sea osado cortar ninguna cosa verde ni seca, hescepto [sic] pértigas de avellano para el servicio de sus casas, e que si alguno cortase roble, haya o acebo pague de pena...» Pero el rigor no era en absoluto tan extremo ya que en las mismas ordenanzas se recogía el derecho de cada vecino a… «cortar la cantidad que se determine y en las acevas previamente señaladas por una comisión de marcadores». Una vez cortadas se sorteaban por adras, es decir, públicamente, en la casa del Concejo.[14]

En Sajambre, León, las ordenanzas de 1701 dedican un artículo al uso del acebo:

> Cotas de acevo.
> Como simismo [sic] declaramos que dicho lugar de Oseja tiene cotas de acevo en esta regalía, como asimismo tiene la de Las Porqueras y Gatavierna. Dichas cotas de acevo están reservadas para cuando haya una necesidad en tiempo de primavera.[15]

Son tan solo algunos ejemplos de las disposiciones legislativas más o menos locales que en todo caso trataron de proteger el acebo como un recurso indispensable.

En las últimas décadas son muchas las prohibiciones para la corta de acebos en la legislación de distintas administraciones para hacer frente a su explotación por la reciente moda de usar sus ramos como adorno de navidad.[16] En la legislación europea las acebedas forman parte del Catálogo de Hábitats de Interés Comunitario de la Unión Europea. De manera específica se contemplan en ese marco los hábitats prioritarios *9380 Bosques de *Ilex aquifolium* y *9120 Hayedos con *Ilex* y *Taxus*. En ocasiones queda la duda de si la restricción total del uso de este recurso tradicional puede tener un impacto negativo sobre las propias acebedas, que en parte se beneficiaban como hemos visto de estos manejos tradicionales.

OTROS USOS TRADICIONALES

Oria de Rueda señala los usos de la madera de acebo para antiguas construcciones:

> En Inglaterra se encuentra posiblemente la referencia etnográfica más antigua del uso y manejo forestal del acebo […] correspon-

diente nada menos que al Neolítico, poco después de la retirada de los hielos de estas islas. Hace más de 6000 años se aprovechaban las ramas y troncos de acebos para obtener estacas y puntales utilizados en construcciones acuáticas de zonas pantanosas al suroeste de Gran Bretaña. También resulta destacable que los principales acebales sorianos se encuentran flanqueados y aún amurallados por castros neolíticos, poblados fortificados y con una elevada y homogénea cultura material.[2]

El acebo se utilizó poco como material de construcción por el reducido tamaño de sus troncos (aunque excepcionalmente alcanza medidas muy notables). Era en cambio muy apreciado por sus excelentes cualidades mecánicas para la confección de todo tipo de pequeños utensilios. La especial disposición de sus ramas, que nacen agrupadas desde el mismo nudo, ha servido para la confección de diversos instrumentos pastoriles como colgadores, husos para el hilado de la lana y batidores para la leche o la manteca.

Se ha usado también en sustitución del boj, por su grano fino, en trabajos de torneado, xilografía, confección de pequeñas piezas como los dientes de los rastrillos de madera para la hierba o pequeñas maquinarias, tableros y piezas de ajedrez., etc. Pero nos centraremos en los usos de este material en las economías rurales.

Tenemos en el *Arte General de Grangerías* de fray Toribio de Santo Tomás (1711-1714), algunas interesantes referencias a usos tradicionales del acebo en la comarca asturiana de Colunga:

> ...en dicho pidial has de criar, al mismo ingenio de poda, forcados para yerba, forcadas, guiyadas de todo género, mangos para cualquier preseo, hasta palos de azebo. [...] Para palos y gabitos muy guiñados para colgar mill cossas, añadir en dicha primera población dos plantas de azebo.[17]

Aunque la protección estricta de los últimos tiempos ha terminado con buen número de los usos de esta especie, su madera densa, dura y pesada, tuvo una infinidad de utilidades en el medio rural.

Cayados: sin duda el uso más conocido es el del clásico palo de acebo incomparable por su resistencia y usado como arma y bastón.

Teofrasto, en el siglo IV antes de Cristo, habla ya del bastón de acebo *(Hist. Nat.* V, 7, 7). Según testimonios diversos, en el oriente asturiano se utilizaba el de acebo como palo del domingo, que muchas veces se decoraba con tallas y filigranas de todo tipo.

El palo de acebo fue también santo y seña de los serenos madrileños, muchos de ellos de Cangas del Narcea, que iban a la capital pertrechados con sus varas de acebo asturiano. Como arma

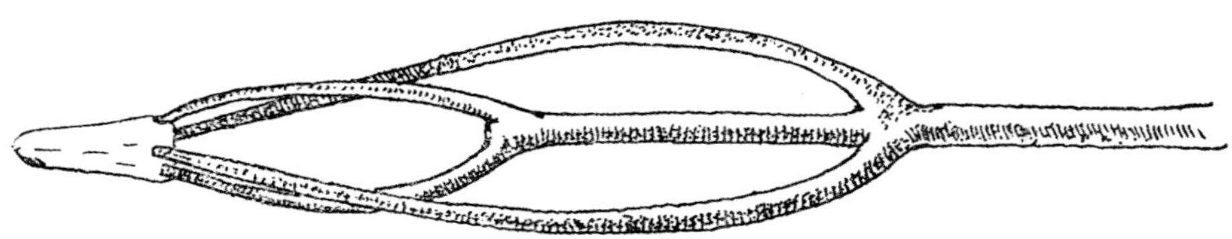

Rueca, o *killua*, de acebo, según J. Caro Baroja *(De la vida rural vasca)*.

de campesinos y paisanos era muy apreciado, tal como recoge el dicho cántabro: «Palo de acebo, mientras que dure no hay miedo»

Sobre el uso de esta «herramienta» el relato de Aurelio de Llano expresa muy bien lo que oímos en muchos otros lugares al respecto del palo de acebo y lo que sucedía al final de los bailes:

> Recuerdo que en Caravia, y en los demás concejos de la provincia ocurría lo mismo, poco antes de finalizar la danza, las mujeres entonaban canciones de 'pique', las cuales eran un conjunto de indirectas que enardecían los ánimos de los hombres, y empezaban los vivas y mueras a Caravia, Piloña, Colunga, Parres y Ribadesella, dados por los mozos de estos pueblos al mismo tiempo que cantaban:
>
> —¡Válgame el Sr. San Pedro!
> El que quiera llevar palos
> salga del corro ligero,
> traigo un palo de avellano
> mientras que dure no hay miedo.
> […]
> ¡Válgame el Sr. San Pedro!
> contra el palo de avellano
> pongo yo el mío de acebo.

El mismo autor habla de las ordenanzas que intentaron poner coto a estas peleas tanto en Oviedo como en Madrid, donde los mozos asturianos repartían leña tras reunirse a bailar la danza prima. Así, la disposición firmada en 1803 por Carlos IV:

> Por haberse notado que los asturianos… se juntan en cuadrillas con palos o estacones para baylar la danza prima en el prado que llaman del Corregidor, inmediato a la Fuente de la Teja, de que resultan quimeras, alborotos y otros escándalos: se prohibe…

Y en las Merindades (Burgos), se usaba el *cachorro*, un palo de acebo rematado en una bola que forma la raíz. Se usaba para cayado y para el juego de la *gorrina*, una especie de *hockey* autóctono. Un *cachorrazo* es, en aquella tierra, un golpe dado con el *cachorro*, que casi con seguridad deriva en el más popular 'cacharrazo'.

En Villar de Vildas era de acebo el palo del mayal con el que se golpeaba la escanda para descascarillarla, tal como pudimos ver aún en 1979, y nos explicaron que es la única madera que no se astilla con los golpes continuados sobre la era. El mango podía ser de cualquier otra madera pero, como más tarde hemos oído también en otros lugares, el palo que golpea debe ser de este material.

De *gorosti* (acebo) era también el palo que llevaban los quintos de Alsasua y otros lugares del País Vasco y Navarra, el día de Santa Águeda. La costumbre consistía en ir cantando por las casas, al ritmo de los palos de acebo sobre el pavimento, al tiempo que hacían una colecta para la merienda que celebraban después.

En muchos pueblos navarros, una costumbre muy parecida era la colecta de Nochebuena (llamada Gogona, Gona o Sundede): los mozos que cumplen 16, van cantando y recolectando en ese día por las casas y a partir de ahí se consideraba que comenzaba su vida como adultos. Estos palos eran con mucha frecuencia de acebo, arrancado de raíz para formar una bola que se tallaba en forma de pera. Los había «de diario» para pastorear y lanzarlos eventualmente a los cuernos de las vacas díscolas.

En Muniain, llamaban a estos mozos los «mocicos de la porra», y en otros pueblos se llamaba a este palo «el palo de la Gogona», y se usaba solo ese día, guardándose el resto del año. Con los palos se daban unos golpes para llamar a la puerta donde se iba a cantar o se golpeaba en el suelo.

Y hasta Cervantes, en el capítulo XIII del Quijote, cuenta cómo los pastores de la comitiva de Ambrosio, «Traían cada uno un grueso bastón de acebo en la mano».

En la región de Tours la leyenda habla de un bastón milagroso: Agnès Sorel, la famosa amante de Carlos VII, fue a confesarse a un eremita y la confesión se prolongó tanto tiempo que el bastón de acebo, que el ermitaño había clavado en tierra, arraigó, dando lugar al enorme acebo que existió hasta no hace mucho en el castillo de Cour-au-Berruyer, en Cheillé.

Teas de acebo: Según nos contaba un paisano de Degaña, en esta zona se llaman *gabuzos* a los palos resecos, de un dedo de grueso, que prendidos por la punta y colocados con la inclinación conveniente, dan luz durante largo tiempo. Se usaban durante los *filandones*, y como alumbrado antes de la llegada del carburo y otros sistemas. Se preferían para este fin los palos de brezo y sobre todo de acebo recogidos en los montes quemados. En Valdeón (León) el mismo palo se llama *quiruela*, y se apreciaba mucho la de acebo porque su llama es clara y sin humo. Idéntico uso lo recoge Emilio Blanco en el Caurel, donde se llaman *ardentes*, y Manuel Pardo en Cantabria, donde los llaman *teilos*.

Leña: la leña de acebo ha sido un recurso muy socorrido, pero en algunas ordenanzas se prohibía expresamente este uso para reservar estos árboles como forraje. Robert Graves trae en la *Diosa Blanca* un *poema de las leñas*, tradicional de la región inglesa de Dartmoor, que explica cuáles son mejores y peores. Del acebo dice: «Los leños de acebo arderán como la cera, podéis quemarlos cuando están verdes…».

El carbón fue también muy apreciado y se desmochaban acebos para obtener leña o carbón.

> En las comarcas con acebedas, tradicionalmente se permitía a cada vecino sacar dos carros de leña al año: uno de leña seca en mayo-junio, de espinos, aulagas y acebo (colaborando así con la limpieza del monte), y otro de leña verde en otoño para el invierno, cortándose ésta a matarrasa (incluido el acebo).
>
> La leña de acebo se considera excelente por su gran poder calorífico, efecto de su elevada densidad, lo que ha llevado a pies y masas de acebo al estado de trasmochos o de montes bajos o tallares leñosos […]. En la actualidad, la restricción de este aprovechamiento ha creado polémicas entre las gentes de las comarcas con acebedas de Castilla y León y la Administración Regional. Estas gentes argumentaban, no sin parte de razón, que la falta de podas y corta de pies estaba matando las acebedas. Está claro que ni se debe dejar las acebedas sin mejorar (mediante podas y resalveos regulados principalmente) ni se debe permitir el antiguo aprovechamiento que reclaman los vecinos, que ha conducido a su más que regular estado actual.[3]

Las bayas son tóxicas para el ser humano, pero se ha usado especialmente en medicina la infusión de sus hojas como tónico, sudorífico y aperitivo. En la medicina popular asturiana, el acebo ha tenido uso laxante y purgante, diurético, antirreumático y anticatarral. En la Selva Negra se hacía un té con las hojas desecadas y en Córcega se tostaban y molían las semillas para usarlas como el café.

Las bayas secas y reducidas a polvo, mezcladas con grasa, se ponían como raticida en lugares donde no pudieran alcanzar otros animales.

Con la corteza, además de la liga se hacía pegamento y cola de calafatear. Con los ramos de acebo se barrían pajares y eras y se limpiaban chimeneas.

SETOS Y CERRAMIENTOS

Pese a que en la península ibérica apenas existe la tradición de los setos monoespecíficos de acebo, su utilidad forrajera y su capacidad para formar cierres muy eficaces, lo hacen especie común en las sebes de Asturias, aunque habitualmente son árboles que no se plantan sino que germinan y arraigan en la propia sebe y se dejan por su indudable interés. Una práctica bastante común con el acebo y otras especies (fresno, avellano…) es cortar a un metro de altura aproximadamente un arbolillo tumbando la copa hasta ponerla horizontal y dejándola unida por una pequeña tira de corteza y madera para que continúe viviendo en aquella posición. La parte horizontal echará nuevos vástagos verticales con los que se puede volver a hacer lo mismo unos años después. De este modo se consiguen cierres vivos de gran duración. En Quirós, uno de los árboles preferidos para este fin es el acebo pero también, como veremos en estas páginas, el avellano o el fresno se manejaron de este mismo modo (v. pág. 73 y cap. 7).

En Francia, especialmente en Normandía, encontramos una gran tradición de setos de acebo, que se consideran herencia de tiempos muy antiguos, al menos del Medievo (v. cap. 7). Su uso para cierres y pantallas tiene un interés añadido por su tolerancia a la cercanía del mar y ambientes polucionados, y porque esta especie soporta perfectamente la poda y el recorte.

EL ACEBO EN LA MITOLOGÍA Y LA HISTORIA

Mi amor es un acebo,
es un anhelo fuerte y violento,
es como las cuatro partes de la tierra,
es infinito como el cielo…

Historia de Etaine (Irlanda, siglo IX)

En inglés *holly* (acebo) y *holy* (santo) se han visto como etimológicamente emparentadas en la tradición mitológica y poética de los países anglosajones. Y es este también el significado simbólico y estético de nuestro árbol en el paisaje. Más brillante y espléndido, más verde y adornado, cuanto más se despoja el bosque de sus vivas vestimentas. La importancia simbólica del acebo, como especie perenne y por tanto «inmortal», se acrecienta como decíamos en las regiones en las que, a falta de pinos y abetos, e incluso encinas, la mayor parte de los árboles del paisaje son caducifolios. Sucede en muchas partes de Asturias, pero también en Inglaterra e Irlanda, tal como se desprende de la leyenda Galesa *Ystoria Tristan*, de redacción tardía (siglo XVI) pero que recoge una tradición oral muy arcaica. Como se verá, con paralelismos evidentes también con la historia más famosa de Tristán e Isolda, y con el mito griego del rapto de Perséfone. Hallazgos arqueológicos en Stonehenge hacen referencia a esta tríada de especies perennes que menciona la historia: el acebo, la hiedra y el tejo, que al parecer tuvieron un uso ritual en aquel santuario. Pero veamos un resumen de la leyenda:

> El corazón de la reina Essyllt, la de la rubia cabellera, estaba dividido entre Lealtad y Amor. Lealtad debida a su esposo el rey Mark

y Amor al sobrino y sucesor de éste, el bello Tristán. Amor pudo más que Lealtad y los amantes huyeron refugiándose en la espesura protectora del bosque de Kelidon. Mark pide ayuda a su señor Arturo y deciden sitiar el bosque, pero Tristán logra escapar del cerco y finalmente el rey Arturo anuncia que arbitrará una solución para reconciliar a dos de sus más esforzados caballeros, Mark y Tristán. Reflexiona detenidamente y al fin emite su veredicto: «La dama permanecerá con uno de los caballeros mientras las ramas de los árboles conservan las hojas y con el otro, la mitad del año en la que los árboles permanecen desnudos…» Al rey Mark le asiste el derecho de escoger y nadie, ni siquiera Tristán se opone. Escoge entonces para sí los meses invernales «porque las noches son más largas y frías». Tristán acepta resignado. Pero cuando Arturo anuncia a la hermosa Essyllt su decisión, ella exclama sonriente: «¡Bendito sea el veredicto y quien lo pronunció» y continúa cantando esta canción: Tres árboles son de admirable naturaleza. El acebo, la hiedra y el tejo. Conservan sus hojas toda la vida. ¡Me quedaré con Tristán mientras viva! [18]

Situación típica del acebo en lindero de bosque, conteniendo la presión de los herbívoros en la frontera del pastizal.

El trasfondo es mucho más hondo a un nivel simbólico de lo que a simple vista parece. Robert Graves, con una visión más poética que científica, analiza esta preeminencia del acebo respecto a otros árboles, y en *La Diosa Blanca* dedica un apartado al acebo.[19] Extractamos un párrafo de gran interés, que comienza este autor con la cita de una balada inglesa, *El casamiento de Sir Gawain*, en la que el rey Arturo dice:

> ...cuando venía por un páramo
> vi una dama sentada
> entre un roble y un acebo verde.
> Su vestido era de color grana.

> Esta dama [...] sería la diosa Creiddylad, por quien, en el mito galés, el Caballero del Roble y el Caballero del Acebo luchan cada Primero de Mayo hasta el Día del Juicio. [...] el acebo quedaba más exaltado que el roble. Por ejemplo, en el Villancico del Acebo: «De todos los árboles que hay en el bosque el Acebo lleva la corona.»
>
> La misma creencia aparece en otra antigua canción irlandesa, la *Canción de los árboles del bosque:*
>
> «De todos los árboles del bosque, cualesquiera que sean, el mejor decisivamente es el acebo». En cada estrofa del villancico, [...] se compara alguna propiedad del árbol con el nacimiento o la pasión de Jesús: la blancura de la flor, la rojez de la baya, la agudeza de las púas, la amargura de la corteza.

Otra canción popular, probablemente el villancico más famoso del mundo anglosajón, invita a enramar los umbrales con acebo: *Deck the Halls with Bucks of Holly* (Pon acebo en los umbrales...).

Sobre la utilización del acebo navideño no es necesario explicar el uso generalizado en toda la Europa occidental, tanto en forma de árbol como de ramo. La costumbre original consistía en colgar ramas de acebo en las casas y establos para ahuyentar maleficios y malos espíritus. Ya a principios de nuestra era, Plinio (XXIV, 72) preconizaba el uso de esta especie: «Plantado en una casa de villa o campo, preserva de maleficios».

En la península ibérica el ramo tradicional de acebo era una costumbre más bien puntual, la moda llega hace tan solo unas décadas de los países centroeuropeos y anglosajones, pero se instaura con tal pujanza que distintas legislaciones han tenido que proteger el árbol de la extracción abusiva.

En el pueblo cántabro de Espinama, unos días antes de navidad, las mozas cortaban un ramo de acebo en el monte y lo engalanaban con rosquillas, cintas, caramelos... se guardaba hasta el día de navidad y en la misa del gallo se llevaba a la iglesia y se cantaba el canto del ramo, primero en el pórtico, y se continuaba metiéndolo en la iglesia, donde se colocaba en su lugar hasta el día de San Esteban, el 26 de diciembre, fiesta del pueblo, en el que se rifaba. También de acebo es el ramo que con ritual parecido se usa en Polaciones, aunque en otros lugares de la comarca el ramo ha evolucionado a una estructura de madera o metal sobre la que se cuelgan las ofrendas.

En las mascaradas de fin de año que solían hacerse en Asturias para pedir el aguinaldo los días de reyes, nochebuena, navidad o año nuevo, un personaje típico es el portador del acebo que en el occidente asturiano se llama *xardoneiru*. En Ardesaldo (Salas), los *guilandeiros* usan las ramas de acebo para *escorrer a los nenos*, igual que en los pueblos de Cangas de Narcea, donde los aguilanderos llevan este día, entre los personajes de la comparsa, algunos que con palo de acebo van amagando y espantando a la gente.

En Tineo es el *xamasqueiru* el que lleva una rama de *xardón* durante el *antroiru*, con la que persigue a los niños.

El dicho asturiano, El *xardón traelu Dious nu corazón*,[20] expresa el mismo sentimiento de árbol santo que vimos en otras tradiciones emparentadas. El ramo de acebo aparece de forma bastante generalizada en la bendición del Día de Ramos, tanto en Asturias como en la mitad norte peninsular, aunque para este fin son más comunes otras especies perennes, laurel, tejo, etc.

Por otro lado, en Degaña nos contaron que antiguamente se buscaba el acebo para refugiarse de los rayos, porque se pensaba que nunca caen sobre este árbol y esta creencia es común a otros muchos árboles «sagrados» en otras culturas.

También encontramos algunos aspectos menos benignos del acebo en otras tradiciones, así en el ciclo irlandés de los Reyes, el héroe Art, en su viaje por regiones misteriosas encuentra una isla, atraviesa el bosque y se enfrenta con animales fabulosos como los *Coincuillind*, los «Perros del Acebo».

En el cuento gallego *O demo de Carboeiro,* que relata Jean Markale en su libro *Cuentos y Leyendas de los Países Celtas*, una cruz de acebo colocada del revés en una encrucijada sirve para invocar al diablo.

Pero el acebo tiene también fama de «adivino»: en Bretaña, se usa una hoja de acebo para obtener un augurio del porvenir, las jóvenes van tocando con el dedo cada una de las puntas. En la primera dice: soltera, en la segunda: esposa, en la tercera: viuda, en la cuarta: monja. Y continúa hasta llegar a la última que señala su estado futuro.

Cabras ramoneando acebo, una situación común que forma parte de la dinámica natural de los bosques y los matorrales.

Los años que los acebos hembra producen mucho fruto se consideraba en Caurel que nevaría mucho.

VETERINARIA MÁGICA

Son muchas las creencias repartidas por puntos muy diferentes de la mitad norte peninsular en las que el acebo juega un papel importante como remedio mágico medicinal para la curación de algunas enfermedades del ganado. Una tradición vasca asegura que para curar algunas hinchazones en la piel que sufren las vacas, se usa una rama de acebo que se trae del otro lado de la frontera (Zugarramurdi) con la condición indispensable de no cruzar ningún río o arroyo. La vaca curaba con la simple presencia de esta rama en el pesebre.

En tierras de Soria, en Valdelubiel, cuando los mulos tienen dolencias de barriga se les frota con un palo de acebo entre dos personas, que se colocan una a cada lado y se le da una jabonada con vinagre.

En San Millán, Concello de Cualedro (Orense), para curar los cólicos del ganado se le dan masajes en el vientre con ramita de *acibeiro*, y en Villarmeriel (León) se pasa una vara de acebo a la vaca *entelada* (hinchada).

La misma práctica se encuentra muy extendida también por Salamanca y Zamora para curar el «torzón», una especie de cólico de las caballerías. Emilio Blanco describe perfectamente este remedio en la comarca de Sanabria.

Los paisanos de los pueblos de los alrededores del Santuario de la Alcobilla, en esa misma comarca, nos contaron la fórmula para la curación de los burros cuando están muy decaídos:

Bicho maligno
Marcha de aquí
Que la vara de acebro
Anda detrás de ti.

Se recita al tiempo que se pasa nueve veces una vara de acebo por debajo del animal, perpendicularmente a su cuerpo, empezando desde el pecho y deslizándola hasta atrás.

Los mismos paisanos contaban otra fórmula «infalible» para la curación de las vacas que padecen de ranilla, enfermedad cuyos síntomas más notables son la hinchazón de ojos y vulva y que resulta muy grave e incluso mortal.

En el monte de acebra
Tres acebras
andan diciendo
unas a otras:
La vaca de Fulano
Dios la valga
Dios le ampare
ir por tres acebritas
al monte cebral [sic]
para echarla en el prado verde
para que sane ese animal.

A continuación se rezan dos padres nuestros a San Antonio y dos a las benditas ánimas.

Aseguran los informantes que no es necesario traer ramas de acebo, como parece pedir la fórmula. Y aclara una paisana que si la vaca está a cargo de alguien, es preciso decir: «La vaca de Fulano que está a cargo de...», y cuenta que funcionaba siempre pero que una vez no funcionó pese a que lo recitaron varias veces distintas mujeres. Entonces se le ocurrió preguntarle a la paisana, «¿La vaca de quién é? » Y esta respondió que era de otra persona pero que estaba a su cargo. Al recitarla correctamente, la fórmula surtió efecto.

PROPAGACIÓN

La germinación de esta especie presenta ciertas dificultades y las semillas tardan en germinar dos o tres años. Se siembra en otoño eliminando la pulpa carnosa previamente puesta a remojo para reblandecerla. Se entierra aproximadamente medio centímetro. También puede recurrirse al estaquillado, que nos da una réplica exacta de la planta madre. Se recurre a este sistema cuando se quiere asegurar la reproducción de acebos hembra. El trasplante en ambos casos se hace a partir de los dos o tres años y con cepellón.

Notas

1. Blanco Castro, E. *et al. Los bosques ibéricos*. Planeta, Barcelona, 1997.
2. Oria de Rueda, J. A. *Las Acebedas de España. Aproximación a la dinámica y conservación de las mismas*. Tesis doct., Univ. Politécnica de Madrid. Escuela Técnica Superior de Ingenieros de Montes, 2003.
3. Fuentetaja Pizán, R. *La acebeda de Valsaín: propuestas para su conservación, mejora y desarrollo sostenible*. Proyecto Fin de Carrera, Univ. Politécnica de Madrid, Escuela Técn. Sup. de Ingenieros de Montes, 2004.
4. También se llama *carrascu* al acebo y al rusco indistintamente y se distingue en muchos lugares el *carrascu machu* (acebo) del *carrascu fema* (rusco).
5. Montserrat, P. y Villar, L. *Los agroecosistemas*. CSIC, 1995.
6. Montserrat, P. El sistema pastoral Cantábrico, con vaca tudanca-urogallo, en el Puerto Palombera de Santander. En *La grande faune pyrénéenne et des montagnes d'Europe*, pp. 273-277. FIEP, Univ. de Pau, 1979.
7. Montserrat, P. Los árboles forrajeros y el agua. *Diario del Alto Aragón*, 10 de agosto de 2006.
8. Monserrat, P. y Fillat, F. *Los sistemas ganaderos de montaña son acumuladores de capacidad gestora*. Instituto Pirenaico de Ecología, XLV Reunión Científica de la Sociedad Española para el Estudio de los Pastos. Gijón, 2005, p. 267.
9. Madrazo García de Lomana, G. *La evolución del paisaje forestal en la vertiente segoviana de la Sierra de Guadarrama*. Tesis doctoral, Univ. Autónoma de Madrid, Dpto. de Geografía. 2007.
10. López de Guereñu, G. Noticias curiosas de arboricultura pretéritas y actuales por tierras alavesas. *Ohitura* nº 2, Vitoria-Gasteiz, 1984, p. 132.
11. <http://www.liburuklik.euskadi.net/handle/10771 /9270>
12. Caro Baroja, J. *De la Vida Rural Vasca*. Txertoa. San Sebastián, 1974, p. 194.
13. Idoate, F. *Rincones de la historia de Navarra*. II, Pamplona, 1998, p. 505.
14. Calderón, B. La organización tradicional del espacio en Campoo. *Cuadernos de Campoo* nº 9, 1997.
15. Martino, E. *La Montaña de Valdeburón (Biografía de una región leonesa)*. Madrid, 1980.
16. En Asturias, el Decreto 147/2001, de 13 de diciembre, por el que se aprueba el Plan de Manejo del Acebo *(Ilex aquifolium)*, señala las directrices y actuaciones a emprender para la conservación de esta especie. <http://www.uam.es/otros/consveg/documentos/acebo_asturias.htm>
17. Santo Tomás y Pumarada, T. de. *Arte General de Grangerías (1711-1714)*. Ed. San Esteban y Museo del Pueblo de Asturias. Salamanca, 2006.
18. Loth, J. Ystoria Tristan. *Revue Celtique* nº 34. 1913.
19. Graves, R. *La Diosa Blanca*. Alianza Ed. Madrid, 1986.
20. VV.AA. *Fuchasqueiru*. Cuelmu ecologista pésicu. Cangas de Narcea, 1989.

2. Fresno, el árbol del pastor

¡A Lal-la ed dardara
u yibli es semen men cul hara!

(¡Oh señora dárdara, traeme manteca de todas partes! Sortilegio que recitaba en el antiguo Marruecos una mujer desnuda, subida a la copa de un fresno, para que su vaca diera más leche).[1]

Desde los países escandinavos hasta el Magreb, la cultura del fresno ha tenido un profundo significado para las poblaciones de pastores y ganaderos que encontraron en este árbol recursos indispensables: alimentación para el ganado, buena leña para calentarse, una madera excelente para toda suerte de útiles, aperos y herramientas. Pero también, como veremos, protección de las cabañas y un rico patrimonio inmaterial ligado al árbol, que aparece en los mitos, cuentos y tradiciones, formando parte inseparable de esa arcaica tradición pastoril con la que todos nos sentimos de algún modo identificados en alguna parte de nuestra memoria atávica. Pero no debemos olvidar que, aunque nos hayamos acostumbrado al porte rechoncho y esférico de los fresnos más o menos domesticados, en su patria original, los bosques, y en estado libre, los fresnos pueden llegar a alcanzar dimensiones colosales que en parte nos explican su omnipresencia en los mitos de toda la antigua Europa.

Por su importancia en los paisajes tradicionales, su porte espléndido y su sombra benéfica, no nos resulta extraño que algunos fresnos centenarios hayan presidido la vida social de los pueblos desde la plaza o lugar central, tal como muestran diferentes testimonios, entre ellos, las actas de antiguos concejos. Mencionaremos aquí tres ejemplos correspondientes a Cantabria, Asturias y Huesca:[2]

Estos concejos a veces no se denominan abiertos sino generales, como el celebrado el 21 de septiembre de 1525, como todos los demás después de misa mayor, en el cementerio de la iglesia de Santa María, «debajo del fresno», es decir, a la sombra, junto al árbol secular, como era tradición celebrar estas asambleas desde tiempo inmemorial, no sólo en Cantabria sino en todo el norte Peninsular.[3]

> ...primero dia del mes de Mayo de mil y quinientos años, estando Juntos á concejo, á campana Tañida, a la puerta de la villa de Navia, debaxo de un Fresno, según que lo han de uso y costumbre los vecinos y Moradores de la dicha villa y concejo de Navia...[4]

> En Buerba (Sobrarbe) hay un fresno sagrado en mitad del pueblo que representa a la comunidad, constituyendo su símbolo más notable. Años atrás se subastaban las ramas jóvenes para pasto, dándose cantidades elevadas, ya que tenían la firme convicción de que las ramas del *'fraichin'* gozaban de especiales cualidades para el ganado. Existía un baile, «el cascabillo», que se bailaba alrededor y en honor al fresno. Cualquiera que diera o intentara dar un mal trato al fresno estaba sentenciado en aquel pueblo.[5]

Incluso sin ejercer estas funciones de ayuntamiento o árbol totémico, el fresno se encuentra frecuentemente en las plazas o en el campo de la iglesia, a veces formando pequeñas arboledas. Preside así, en muchos pueblos por toda la Cornisa Cantábrica, el espacio en el que se hará la fiesta, o se construye la bolera y se encuentran habitualmente los vecinos.

ESPECIES, HÁBITAT Y DISTRIBUCIÓN

El fresno más común en todo el norte de la península ibérica, es el denominado *Fraxinus excelsior*, que se encuentra por gran parte de Europa, y en la franja cantábrica, desde Pirineos hasta Galicia. Se enrarece hacia el sur, donde es sustituido por otra especie estrechamente emparentada, *Fraxinus angustifolia*. Sus hábitats preferidos son las praderas húmedas y fértiles y los sotos fluviales, pero también logra establecerse en posiciones menos favorables, en terrenos rocosos y superficiales, en los que sin embargo llega a desarrollarse extraordinariamente si la humedad atmosférica es elevada. Especie de pleno sol, puede vivir también en la intensa umbría de bosques y barrancos orientados al Norte. Favorecido o plantado en los ecosistemas pastoriles, el fresno forma característicos sotos o dehesas de árboles desmochados, setos y cerramientos de prados y tierras de labor y con mucha frecuencia se pone también en las cercanías de las cabañas. El llamado fresno del maná, *Fraxinus ornus,* es otra especie propia del Mediterráneo oriental, presente también en la zona levantina española.

Fresno silvestre, creciendo en el entorno de un bosque antiguo. Aunque con frecuencia vemos esta especie con el habitual porte trasmocho, su desarrollo natural le permite alcanzar grandes dimensiones.

BRAÑAS Y MAJADAS

Ángel Labra,[6] paisano que ha mamado desde niño las culturas pastoriles de Picos de Europa, nos contaba que en toda esta cordillera al fresno se le llama «el árbol del pastor», porque da una excelente sombra, muy apreciada por la gente y el ganado, y entre otras cosas sirve de forraje fresco al vacuno y seco para ovino y caprino (se seca, nos decía, a la sombra y se guarda en fajos en el pajar para darlo a comer sobre todo a los cabritos en primavera). La cultura del fresno, «domesticado» y favorecido por el hombre desde tiempos inmemoriales por sus múltiples funciones en la economía y el paisaje, ha pervivido hasta nuestros días en unos paisajes singulares relacionados casi siempre con los pastos de montaña, con las brañas y majadas veraniegas en las que aún hoy vemos fresnos recién plantados junto a las cabañas de los pastores, en parajes de extraordinaria belleza de los que este árbol forma parte por derecho propio junto a tejos, hayas y espinos albares, que frecuentemente se hallan en las inmediaciones. Son paisajes forjados por el ganado, poblados estivales de una remota antigüedad, a juzgar por los dólmenes, túmulos y menhires que habitualmente acompañan estos emplazamientos. Se conservan por otro lado costumbres y particularidades propias de estos territorios y sus sistemas tradicionales de gestión en los que se regulaba la presencia de cabañas, ganados e incluso árboles, permitiendo el usufructo de los bienes y la transmisión de los mismos a los descendientes, pero salvaguardando siempre, de modo estricto, la propiedad común del suelo. Así por ejemplo, en muchos de estos puertos de montaña no se podía techar con teja una cabaña, salvo que estuviera construida en terreno particular, y la regulación del ganado se hacía bajando las reses durante el invierno para que el pasto se recuperara.

En este medio pastado, pisoteado y desgastado por siglos, se comprende la importancia del árbol para una pradera siempre exhausta por el sobrepastoreo y para unas reses con frecuencia hambrientas que encontraban en el ramoneo un recurso complementario necesario y apetecible. En estos parajes tan solo sobreviven los árboles y arbustos con buenas defensas frente a los herbívoros, como el acebo y el espino albar, y solo la plantación y protección de los pastores permite que el fresno logre asentarse y sobreponerse durante sus primeros años de vida a la presencia constante de herbívoros.

PASTO DE ALTURA

Sin duda el primero y principal producto que se obtenía de los fresnos, y que explica en gran parte su plantación en los prados y junto a las cuadras y cabañas, es el forraje. La hoja de fresno,

Cabaña al amparo de sus fresnos tutelares, en una de las muchas brañas y majadas de nuestras montañas.

Fresnos junto a cabañas ganaderas. A la derecha, en los lagos de Covadonga.

fresca o seca, se daba al ganado, principalmente ovino y bovino, como un complemento alimenticio de cualidades excelentes. También, por supuesto, las cabras comían este forraje, pero para ellas se destinaba más bien la hoja de los olmos u otros árboles y arbustos menos apreciados. Se ha dicho que los árboles forrajeros, entre los cuales destaca el fresno, mantienen alejado al veterinario y ello es debido entre otras cosas, según las investigaciones de Marc Bonfils y otros autores, a la riqueza de este follaje arbóreo en oligoelementos y sustancias nutritivas, que el árbol obtiene del subsuelo y remonta a la superficie. En los paisajes arbolados, el animal obtiene de los árboles un alimento con elementos nutricios complementarios al de la hierba, no solo cuando ramonea directamente o se le administra este forraje, sino incluso cuando pasta en la pradera enriquecida por el proceso de descomposición de la hojarasca.

Los animales que consumen la hoja de fresno producen mayor cantidad de leche, y esta es más grasa. Este hecho es bien conocido por los pastores. Pero además el fresno resulta un excelente «pajar», una reserva alimenticia a la que el pastor acudirá en momentos de escasez de pasto, por ejemplo en épocas de sequía. El árbol está mejor adaptado que la pradera a esta situación, da una producción más segura y sirve de protección al terreno y al ganado. Es así como en la Cabilia argelina se reserva el forraje de fresno para el final del verano.

> …las vacas de Cabilia sobreviven todo el año en un territorio superpoblado con el follaje de un parque arbolado de fresnos. Podados cada dos a cuatro años, los fresnos aseguran, junto a la paja de los cereales y las malas hierbas arrancadas en los campos y puestas a secar, la alimentación estival y proporcionan durante tres meses la base de la alimentación de los bueyes y sobre todo de las vacas.[7]

La cosecha de este forraje no puede ser más simple, basta cortar las varas (suele hacerse con una periodicidad de unos dos a cuatro años) y

Arriba: fresno trasmocho que se poda periódicamente para utilizar su madera como leña. Abajo, el mismo ejemplar, ya rebrotado.

dejar que los animales ramoneen en el mismo suelo o, una vez seca la hoja, guardarlas en el pajar. De esta forma, encontramos buena parte de los fresnos «domésticos» de nuestras latitudes desmochados por esta práctica, con esa forma peculiar que produce la poda y que se ha llamado «cabeza de gato». Esto ocurre desde el Magreb (con el fresno de hoja estrecha), hasta el Norte de Europa, y en la Península con mayor frecuencia en los pastos de montaña y por toda la cornisa cantábrica.

Algunos testimonios recogidos por Emilio Blanco en Extremadura, dan una idea de los usos forrajeros en esta región:

> «En agosto se aprovechaba el ramón de fresno (vara del año con hojas). La hoja se otoñaba con cabras y ovejas». Cuando ya empezaban a estar amarillentas se les daba a las cabras y a las ovejas. «Cuando el verano venía malo o había mucho fresno, se le cortaba antes de que cayeran las hojas para echarle las ramas a las cabras». Para ambos fines, «los fresnos se esmochaban cada 2 o 3 años para que dieran buena ramón y hoja».[8]

Lo mismo puede decirse de la comarca de Picos de Europa, donde Juan José Lastra recoge testimonios de diversos usos:

> Las hojas, aunque primeramente sientan mal a los rumiantes, luego se vuelven muy nutritivas. En otoño, se quitan las hojas de las ramas, «*pélase la rama del fresnu*», y se ponen a secar las hojas, luego se mezclan las hojas con el heno para las vacas. Las ramas se *tarmian* (podan) y se ponen a secar. Una vez curadas, se hacen *zamazos* (atados) con ellas y se guardan en el pajar, para utilizarse como forraje de invierno. Se podan para alimentar

al ganado a partir de septiembre, antes no, pues los brotes jóvenes son pegajosos, los ganaderos creen que se pegan al estómago de los animales y no las digieren: «Sus hojas son buen forraje en septiembre, ya que es cuando menos dentera da»; «En *Samiguel* está bueno y lo curaban para el invierno». [...] «No había mejor que eso»; «Las hojas de fresno se recogían para las vacas, al otro ganado se les daban hojas peores, de otros árboles»; «*Podáu h.acían coloños* de hoja para cabras y ovejas»...[9]

Como complemento perfecto de las utilidades anteriores, es preciso señalar aún otro uso del fresno que para algunos explicaría el nombre científico del género: *Fraxinus*, de *phraxo*, en griego 'cercado'. Y ello porque estos árboles sirven con mucha frecuencia como cierres vivos, para cercar el ganado y delimitar prados y propiedades, y con sus varas se hicieron además empalizadas de cierre para todo tipo de apriscos y rediles.

Por otra parte, hemos de sumar a los recursos que proporciona el fresno en sus sotos y majadas, la sombra y la protección que aporta a los paisanos y sus ganados y cultivos, además de los efectos beneficiosos para el ecosistema circundante. Mantienen y mejoran el suelo y crean microclimas saludables. Ralentizan el viento y contribuyen a templar la temperatura ambiente. El fresno muy particularmente se asocia con facilidad a otros cultivos, por su sistema radicular profundo y su sombra ligera, que protege pero no asfixia.

Plantados junto a los edificios se han utilizado también para resguardar las construcciones de los vientos. Por otro lado, se ha atribuido a estos árboles la cualidad de proteger las cabañas y construcciones contra el rayo. Una creencia común en todo el Norte de la Península que podría tener

Formación de setos de fresno para crear cercados que protegen y delimitan las praderas y campos de cultivo.

El yugo, y muchos de los aperos tradicionales del agricultor y del ganadero, se hacían de fresno, por sus cualidades de resistencia y flexibilidad.

una explicación científica. Aunque tenemos noticias de cabañas y fresnos afectados por el rayo en la montaña vasca y en la asturiana, hay que señalar que en estos casos la electricidad artificial actuó como desencadenante.

Actualmente, el abandono de las podas periódicas de los fresnos trasmochos, por el éxodo rural o el cambio de costumbres, ha propiciado que muchos de estos árboles, terminen desarrollando enormes ramas desproporcionadas para los troncos que las sustentan y con mucha frecuencia vemos que los árboles colapsan y terminan rompiéndose por la base de estas ramas.

MADERA DE FRESNO

Un repaso a la infinidad de usos tradicionales del fresno, nos dará una idea de la extraordinaria importancia que tuvo este árbol principalmente como protección, forraje, leña y madera. «Buen árbol pa to» le decía a Emilio Blanco un paisano de Blascosancho (Ávila). Las propiedades de esta madera explican que fuera el material más idóneo y utilizado para casi todas las necesidades del pastor, hasta el punto de que en muchas comarcas el fresno es «la madera». Su duración al aire libre es bastante limitada (se dice que las estacas puestas a la intemperie solo duran tres años), pero la disponibilidad constante de este material, al pie mismo de la cabaña, y sus incomparables cualidades de resistencia, dureza y elasticidad, lo hicieron idóneo para la construcción de todas las herramientas que el pastor precisa en sus diferentes labores, y especialmente en las relacionadas con la recogida y transporte de la hierba: El astil y la cuña de la guadaña y todas las piezas del rastrillo *(garabatu* o *angazu)* de recoger la hierba, así como el *cachapo*, ese pequeño recipiente lleno de agua que el segador lleva con la piedra para ir afilando la guadaña cuando es preciso. También la horca o bieldo que se usa para voltear y cargar la hierba, estiércol, etc., se hacía de fresno. En este caso se buscaba la flexibilidad y resistencia, pero también la especial configuración de sus ramas, que da magníficos tridentes. Se recurría al curvado mediante moldes para dar la forma requerida, tanto a los dientes como al mango.

De fresno eran casi todas las piezas del carro, incluido el eje y el yugo para uncir la pareja de vacas o bueyes. Este era el material más idóneo para casi todas las piezas de los ramos o leras de arrastre, para hacer escaleras, arados y aperos de labranza, así como los mangos del hacha o del mazo, de azadas y otras herramientas. Los collares de las vacas se hacían con una tira doblada de fresno, que servía para colgar el campano o cencerro. Por otro lado, el pastor hacía con fresno o abedul los artilugios y utensilios propios para la elaboración de los quesos, incluidos los moldes y los antiguos recipientes para ordeñar y contener la leche. También cucharas, morteros y vasijas. Los *torneiros*, aquellos artesanos que viajaban con su torno de pedal de pueblo en pueblo, apreciaban este material para hacer todo tipo de trabajos, entre ellos uno muy especial, que conocemos a través de distintas fuentes gallegas y asturianas. Se trata de una escudilla mágico medicinal que tenía efectos curativos contra determinadas enfermedades, principalmente la «erisipela». Se tomaba una pócima en dicho recipiente, al tiempo que se recitaba una fórmula; era condición necesaria que el árbol del que se había extraído el cuenco continuara vivo. Para hacer estos recipientes se usaban frecuentemente las excrecencias o nudosidades anómalas que emiten algunos fresnos en su tronco, la llamada madera de trepa, muy apreciada también por el hermoso veteado.

Constantino Cabal recoge, en su *Sacerdocio del diablo*, el remedio y la fórmula de la que transcribimos una parte:

> *Veite, Lázaro, a tu casa,*
> *coye un plato de freisnal,*
> *ortigas de un ortigal,*
> *artos de un artal,*
> *sal de un salar,*
> *echa agua por esas llagas,*
> *y serán sanas y salvas...!*

Suele curar el mal una mujer; para ello, coge un plato de madera de la que en Occidente llaman «freisno», 9 ramitas de ortiga, 9 rami-

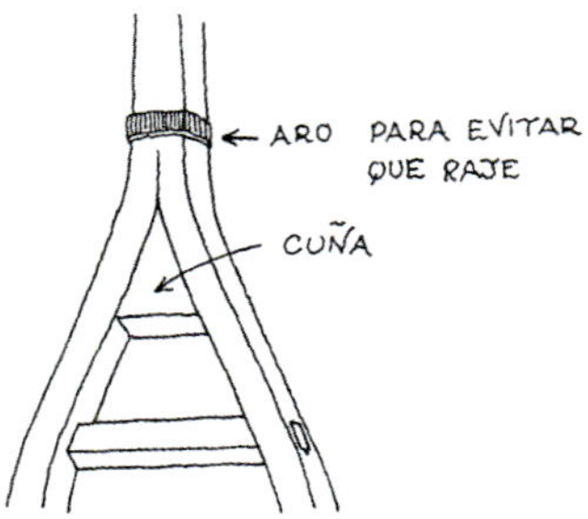

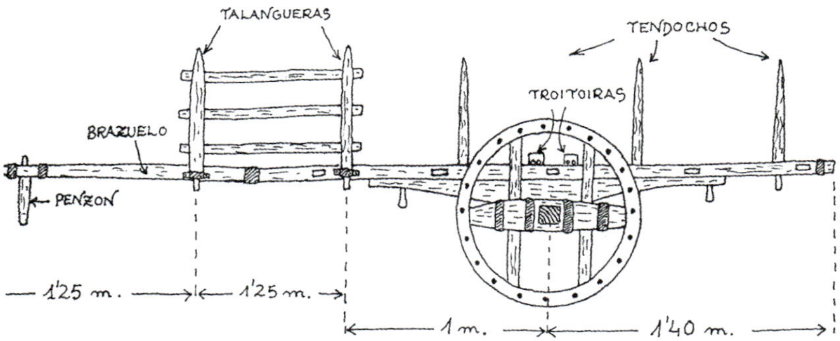

Carro asturiano del país, cuyas piezas, como las de otros carros similares eran casi todas de fresno. En la imagen de la izquierda, arriba, puede verse la construcción de la estructura a partir de una sola pieza serrada y curvada (tomada en Somiedo, década de 1980). En el resto, imágenes del carro y esquema de su estructura.

Nudosidades en el tronco de fresno, origen de la madera de trepa, tan apreciada por su retorcido y hermoso veteado para diversas labores de torneado y ebanistería.

tas de seve y 9 gramos de sal; lo echa todo en un plato lleno de agua, y enseguida lo revuelve. Moja en el agua un anillo que ha de ser de plata por necesidad; moja con él la cara del enfermo, y a la vez dice la fórmula...[10]

Además, por su fortaleza y capacidad para curvarse con calor y humedad, se hacían bastones y báculos de fresno. Algunos tan interesantes como el encontrado en Anglesey, Gran Bretaña, un bastón druídico de fresno con decoraciones en espiral, datado en el siglo I. Pero la cualidad de proporcionar fustes muy rectos, cuando se cultivan los fresnos muy juntos, sirvió también para la producción de astiles de lanzas, hasta el punto de que la palabra griega *melia* designa tanto el árbol como el arma.

Los hortelanos han utilizado también las varas de fresno con frecuencia como tutores para alubias o cualquier otro cultivo. Es cierto que duraban menos que otras maderas a la intemperie, pero un fresno plantado al borde del huerto proporcionaba anualmente un buen número de varas muy resistentes (duras, flexibles…).

Volviendo al mundo pastoril, en los montes de Toledo[11] se usaba la cruz de los fresnos desmochados para guardar los quesos conforme se iban secando. En este sentido resultaban un lugar idóneo: fresco, ventilado y a una altura suficiente para que no lo alcanzaran los animales.

Con esta madera se techaron también muchas cabañas, cuando no había a mano mejores materiales. Si se decía «el haya para cuando no haya», en alusión a las pésimas propiedades de esta madera en la construcción de techados, similares cualidades, al menos en cuanto a la durabilidad, tiene el fresno y sin embargo se empleó con cierta frecuencia para armar las estructuras sencillas de cabañas o refugios de animales.

A esta gran diversidad de usos hemos de añadir su gran valor como leña, que con frecuencia se prefería a cualquier otra por su facilidad para prender, incluso en verde, y su poder calorífico. De ahí el dicho asturiano, que la compara con otro de los mejores combustibles de nuestros montes, el haya: «*Díjole el freisno a la faya: "Si no fuera por vergüenza ardiera bajo del agua"*», escuchamos decir a los paisanos de Somiedo. En carpintería y ebanistería, incluso para el chapado de muebles, el fresno continúa siendo un material interesante por sus cualidades y porque presenta casi siempre un veteado muy hermoso.

EL RAMO DE FRESNO

En la cultura asturiana, el ramo de fresno es uno de los símbolos más comunes en todo tipo de fiestas y celebraciones. Junto al laurel y al tejo, pero quizá con mayor frecuencia aún que estos, era el árbol preferido para enramar o engalanar las fuentes, es decir, adornarlas con ramas y flores que se colocaban formando arcos, cruces, cúpulas... Se preparaba así el escenario para el festejo o ritual de la «flor del agua», que consistía en beber el primer trago o lavarse el primero en una determinada fuente, al amanecer del día de San Juan.

En La Isla (Colunga), según nos contó Emiliano, vecino del lugar, esta noche sanjuanera ponían los mozos un ramo en la ventana de las mozas. Según el árbol escogido, este ramo podía constituir un gesto de desprecio (laurel, higuera) o una declaración de amor. El ramo de fresno, al que se ataba un pañuelo con caramelos, se reservaba para la amada. También el ramo de fresno era en Somiedo y en otras regiones asturianas y europeas, el emblema que ondeaba en la cima del tejado recién terminado como anuncio de la *fiesta'l ramu*, en la que nada más rematar la obra de la casa o el nuevo tejado, se ponía el ramo como señal y el amo ofrecía una comida a todos los obreros o vecinos que habían ayudado. También se espetaba el ramo de fresno en el último carro como señal del fin de «la hierba», una ardua temporada de siega que en la montaña se prolongaba muchas semanas y terminaba también en festejo, especialmente cuando la familia había contratado segadores y debía por tanto agasajarlos.

En Pola de Somiedo, la costumbre tenía gran raigambre, se ponía el ramo para festejar primero el término de las paredes de una casa nueva y en una segunda ocasión al cubrir el tejado. Al terminar la hierba se colocaba el ramo en la cabecera del carro y «se celebraba el ramo con *freixuelos*». Por fin, en la noche de San Juan, se colocaban arcos de fresno adornando todo el pueblo.[12]

Emeterio Sorazu recoge un interesante testimonio sobre la sacralidad del fresno en Guipúzcoa:

> Una planta que no necesita bendición, porque es bendita de por sí, es el fresno. Dedicada a San Juan. Otras hierbas se suelen llevar por San Juan a bendecir, pero no así el fresno según la creencia existente en Oyarzun.[13]

Fresnos trasmochos junto a las bordas de Aralar, donde tienen también gran prestigio como pararrayos.

Encontramos así al fresno en los ramos protectores, formados por distintas hierbas de San Juan, o en las cruces que se colocaban en prados y tierras de labor, así como en otros rituales vascos siempre relacionados con el solsticio de verano. Juan Garmendia cuenta así la costumbre de la madrugada de San Juan en la villa de Abaltzisketa:

> El primer quehacer en la mañana de San Juan Bautista solía ser el de ir al bosque o *basoa* más próximo y cortar dos ramas; una de fresno o *lizarra* y otra de espino o *elorri*, que las emparejaban en la puerta de entrada o *atariko atea* al caserío, que de esta forma quedaba a salvo del relámpago o *tximista*.[14]

El propio árbol tiene un efecto mágico protector en diversas creencias y así, una virtud atribuida al fresno en muchas regiones es la de ahuyentar a las serpientes. De ahí el dicho: «Debajo del fresno no reina el veneno»

FRESNOS MÍTICOS

En la mitología griega, las melíades, las ninfas más antiguas, son espíritus de los fresnos que nacieron de la sangre de Urano, mutilado por Crono. El centauro Folo era hijo de una de estas melíades, y el famoso centauro Quirón tenía la costumbre de regalar lanzas de fresno a las parejas que se casaban frente a su gruta. También se decía

Praderas en los Valles Pasiegos, pobladas por fresnos y robles que sirven como forraje y protección. El árbol resulta en este caso un perfecto complemento de la pradera.

que la raza de bronce, tercera de las que poblaron la tierra según los griegos, nació de los fresnos, y era una raza belicosa como las propias astas de lanza que se hacían con esta madera. Es muy posible que esta idea influyera en las Eddas nórdicas del siglo XIII, un compendio de poemas en los que podemos leer que Ask (fresno) y Embla (olmo) fueron el primer hombre y la primera mujer.

Más aún, el fresno se convierte en las Eddas de Snorri en el Árbol del Mundo, el que sostiene, contiene y representa el universo. Un colosal fresno llamado Yggdrassil, será en estos versos escenario de la muerte ritual de Odín y el lugar mítico que simboliza y aúna los mundos infernales, los terrestres y los celestiales. En el fresno Yggdrasil celebran los dioses su tribunal todos los días. Citamos textualmente algunas características del magnífico árbol:

> Este fresno es el mayor y mejor de todos los árboles: sus ramas se extienden por todos los mundos y llegan más allá del cielo. [...] bajo la raíz que va hacia los gigantes de hielo está la fuente de Mímir, y en ella están ocultas la sabiduría y el conocimiento. [...]
>
> Un águila se sienta sobre las ramas del fresno, y es muy sabia, entre sus ojos se sienta un halcón que se llama Vedrfölnir. Una ardilla, llamada Ratatosk, sube y baja corriendo por el fresno y lleva habladurías entre el águila y Nidhögg.[15]

En la mitología de los árboles, existen pocas imágenes tan sugerentes y estremecedoras como la del colosal fresno, Yggdrasil, el árbol que temblará con el cataclismo final, antes de que surja una nueva tierra y una nueva humanidad.

En 1788, el naturalista Gilbert White, describe en su *Historia Natural de Selborne*, un ritual que conocemos bien en otros lugares de Europa, sin ir más lejos en el País Vasco y Asturias:

> En el patio de una granja cerca del centro de este pueblo se yergue hoy en día una fila de fresnos trasmochos que, por los costurones y largas cicatrices que corren por los lados, muestran a las claras que en otro tiempo fueron hendidos y abiertos por la mitad. Cuando estos árboles eran jóvenes y flexibles, se les hendía el tronco y se mantenía abierto con cuñas, al tiempo que a los niños herniados se los pasaba desnudos atravesando esta hendidura, en el convencimiento de que, por este proceso, curarían su mal al pobre chiquillo.[16]

Este procedimiento mágico se completaba aquí y allí tratando de que el árbol volviera a soldar sus heridas y sobreviviera, para que la curación fuera efectiva. El rito ha sido descrito en muchos lugares de la península, incluyendo también otras especies como el roble y casi siempre unas fórmulas con las que el niño se recoge y entrega a uno y otro lado de esta hendidura del árbol que parece le otorgará un nuevo nacimiento. En uno de estos conjuros, recogido en Extremadura,[17] se dice pasando al niño por la abertura de una mimbrera:

> —Toma allá, María.
> —¿Qué me entregas, Juan?
> —Un niño quebrado.
> —¿Quién lo sanará?
> —La Virgen María
> y el Señor San Juan.

No lejos de la hilera de fresnos de Selborne, en el mismo centro del pueblo, otro viejo fresno, tenía unos efectos no menos mágicos y tampoco exentos de ritual, para la curación de algunas enfermedades del ganado.

PLANTAR UN FRESNO

Para plantar este árbol hay que tener en cuenta el gran tamaño que llega a alcanzar si se le deja crecer a sus anchas (más de 30 metros de altura), aunque como hemos visto, puede mantenerse en dimensiones mucho más modestas si se poda regularmente. La multiplicación suele hacerse por siembra en otoño. Hacia fines de agosto se recogen las semillas, antes de que maduren, y se ponen a secar extendiéndolas a la sombra. Hacia octubre o noviembre se ponen en el vivero, enterrándolas ligeramente sin separarlas del ala que las contiene. Una parte germinará en la primavera siguiente y otra en la 2ª primavera. Es preciso en todo caso tener en cuenta que el poder germinativo de estas semillas no dura en condiciones normales más allá de un año.

El trasplante suele hacerse cuando el árbol tiene más de dos metros y no haya por tanto peligro de que los animales coman su punta. Se protegen con tutores o clavando unas estacas alrededor, y solo hará falta regar con cierta regularidad el primer año, o durante las épocas de sequía, para que el fresno prospere.

Con cierta frecuencia, y dada la facilidad con que arraiga este árbol, los paisanos escogían algunos pies de fresno de los lugares en los que crecían varios juntos y los trasplantaban al lugar deseado.

Notas

1. Cola Alberich, J. *Cultos primitivos de Marruecos.* Instituto de Estudios Africanos. Madrid, 1954, pp. 79-80: «...el fresno ("dárdara") goza de un respeto considerable [en Marruecos], porque se le atribuyen múltiples propiedades mágicas, entre otras la de aumentar considerablemente la cantidad de leche producida por las vacas. Para ello se sube una mujer, desnuda, a lo alto de un fresno, hace unos sortilegios especiales, recitando alguna fórmula cabalística, y con ello la leche de la rolliza vaca de su vecina pasa inmediatamente a la suya: y para que se realice el milagro dicen desde la altura...».
2. Recogidas en Abella, I. *Árboles de Junta y Concejo*. Libros del Jata. Bilbao, 2015.
3. Vaquerizo, M. Archivos Municipales, la memoria del poder local. En *La memoria histórica de Cantabria.* Cátedra Cantabria. Ed. Universidad de Cantabria, 1996, pp. 161-162.
4. Acevedo y Huelva, B. *Los vaqueiros de alzada en Asturias*. Oviedo, 1893.
5. Villader Tricas, R. Nuestros árboles. *Cuadernos altoaragoneses de trabajo* 2. Instituto de Estudios Altoaragoneses. Excma. Diputación Provincial de Huesca. Zaragoza, 1993.
6. Actualmente vecino de Gobiendes (Colunga) y coterráneo de la Junta Administrativa del Sueve.
7. Bonfils, M. *Les arbres fourragers en climats temperés*. Emilia Hazelip nos facilitó este y otros trabajos de Marc Bonfils, editados de forma artesanal por la asociación *Permaculture Pyrénées*, se encuentran difundidos en la red pero lamentablemente sin fecha u otras referencias: <https://seedzen.files.wordpress.com/2012/03/bonfils-les-arbres-fourragers.pdf>
8. Blanco, E. y Cuadrado, C. *Etnobotánica de Extremadura. Estudio de la Calabria y la Siberia extremeñas*. Ed. E. Blanco y CPR de Alcoba de los Montes. Madrid, 2000.
9. Lastra Menéndez, J. J. *Etnobotánica en el Parque Nacional de Picos de Europa*. Org. Aut. Parques Nacionales. Madrid, 2003, p. 96.
10. Cabal, C. *El Sacerdocio del Diablo en La Mitología Asturiana*. Ed. GH. Gijón, 1987, p. 579.
11. Blanco Castro, E. *Etnobotánica en los Montes de Toledo*. Toledo, 2002.
12. Informante: Teresa Marrón, vecina de Pola de Somiedo.
13. Sorazu, E. *Antropología y religión en el pueblo vasco*. Ed. Caja de Ahorros de Guipúzcoa. San Sebastián, 1979.
14. Garmendia Larrañaga, J. *Ritos de Solsticio de Verano (I)* Kriselu. Donostia, 1987.
15. Snorri Sturluson. La serpiente monstruosa. En *Textos Mitológicos de las Eddas*. Ed. Miraguano. 1998.
16. White, G. *La Historia Natural de Selborne*. Libros del Jata. Bilbao, 2015, pp. 248-249.
17. Domínguez Moreno, J. M. La Medicina popular en Extremadura. La curación de la Hernia (peculiaridades y particularidades). *Revista de Folklore* nº 119. 1990.

Helechales en el paisaje otoñal.

3. Helechales, un recurso esencial

La importancia del helecho en la economía rural de todo el norte peninsular ha sido enorme, aunque hoy día prácticamente se han olvidado y abandonado sus usos tradicionales. Pero es preciso especificar en primer lugar que nos referimos (salvo que se diga lo contrario) al helecho común *(Pteridium aquilinum)*, presente por doquier colonizando los campos, majadas, prados y tierras de labor abandonadas por todo el planeta. También han tenido en nuestro contexto geográfico alguna importancia, principalmente medicinal, otras especies como el «helecho real» *Osmunda regalis,* conocido en Asturias y Cantabria como *entexil, antoxil,* etc., y utilizado en veterinaria y medicina popular para curar fracturas y heridas. El llamado helecho macho, *Dryopteris filix-mas*, junto con el polístico *(Polystichum setiferum)* y algunas otras especies, se caracterizan por su desarrollo circular alrededor del punto central del que surgen las frondes en una roseta característica; abunda en los bosques y se utilizaba para envolver quesos y otros alimentos o como cama para el ganado, aunque para este uso se recurre casi siempre al helecho común, mucho más abundante. Existen por supuesto muchos otros helechos en la península, de mayor o menor porte y rareza, pero en esta ocasión nuestro protagonista es este «helecho común» que tanta importancia tuvo en la gestión de los terrenos comunales de muchas comarcas.

HÁBITAT Y DISTRIBUCIÓN

El helechal de *Pteridium aquilinum* forma parte de ecosistemas repartidos por todo el planeta, incluida Australia, que tienen mucho que ver con el uso ancestral del fuego por parte del ser humano. En este sentido, el helecho es una excelente muestra de la pérdida de biodiversidad que suponen las quemas continuadas, que eliminan la competencia. Su hábitat natural son los suelos silíceos o descalcificados, en praderas y borde de los bosques aunque, si hay luz suficiente, es capaz de colonizar incluso los hayedos y eucaliptales. Prefiere terrenos húmedos y profundos y tiene gran capacidad de colonización por su habilidad para reproducirse tanto vegetativamente como por esporas, cubriendo rápidamente terrenos desnudos. La profundidad de su rizoma le dota de una gran resistencia al fuego y de este modo rebrota con fuerza tras los incendios, que lo favorecen eliminando la competencia. Puede ser en determinados montes muy abundante, especialmente cuando se abandonan las prácticas de gestión tradicionales (pastoreo y siegas estivales). Por otra parte, el uso repetido del fuego lo perpetúa, mientras que cuando cesan los incendios y otros manejos, la sucesión natural desplaza al helecho en favor de otras competidoras como el tojo, los zarzales… La clave de su éxito radica también en su composición química que lo hace prácticamente incomestible para todo tipo de ganado (aunque se ha utilizado en algunos casos incluso para alimentación humana). Ecológicamente tiene un papel muy importante evitando la erosión y deterioro de los terrenos desnudos, especialmente en laderas pronunciadas. Raramente desarrolla esporangios y se han observado clones con más de 1000 años.[1]

Izquierda: helechales invadiendo las antiguas praderas. Derecha: helechales en el eucaliptal.

SIEGA Y APROVECHAMIENTO DE LOS HELECHALES

La importancia del helecho en la economía de la Europa Atlántica era, como iremos viendo, tan grande, como para dedicarle un mes o una luna, en el que se segaban y recogían carros enteros que se llevaban a las cuadras. Era uno de los trabajos colectivos más importantes, y finalmente se amontonaba, una vez seco, en metas o almiares para cama del ganado. Posteriormente servía para hacer un buen estiércol, cuando se limpiaban diariamente los establos y se sacaba el helecho mezclado con los excrementos de los animales. Era el modo de mantener el ganado sano y limpio y obtener al mismo tiempo un abono de gran calidad.

Hay que aclarar que uno de los factores limitantes más importantes para las economías tradicionales era la disponibilidad de abono para las tierras de labor, una cuestión crucial que el helecho y otras brozas recogidas del monte ayudaban a subsanar, aumentando muy notablemente la cantidad y calidad del *cucho*. De ahí que ya en el siglo XVIII, fray Toribio de Santo Tomás, en su *Arte general de las Grangerías*, escriba una referencia explícita a la edificación de cabañas en el concejo de Colunga (Asturias), en lugares donde abunde el «estro» o rozo, la materia vegetal para estos fines:

> …debe prevalecer y attenderse en primer lugar para fundar las cabañas al sitio que tiene más a mano el estro con abundancia. Porque el cucho es el primer renglón, el qual para hacerse pide abundancia de estro.[2]

Nunca insistiremos bastante en este hecho, ya que la economía de una familia residía en buena parte en el ganado, y por tanto el cucho o estiércol del que disponía para abonar los prados y cultivos era básico para la subsistencia. La falta de abono era sinónimo de cosechas raquíticas y hambre, y veremos que en Galicia se llegaba a abonar enterrando tojo entre los surcos del arado, cuando escaseaba el estiércol.

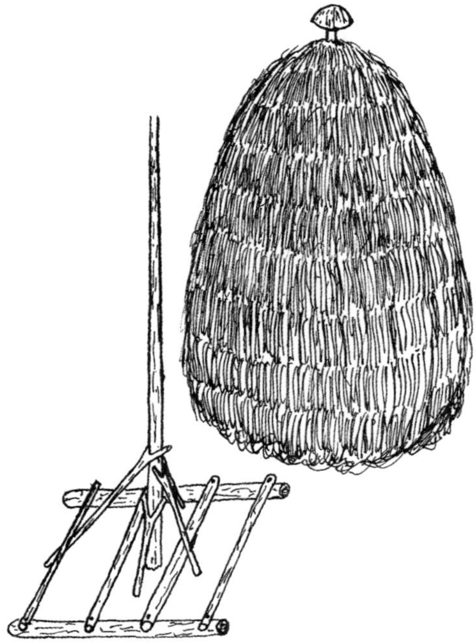

Almiar, balagar o meta de helecho. Junto a los montones semejantes de hierba, tojo o rozo, los almiares de helecho han desaparecido prácticamente de nuestros paisajes.

Elia San Miguel describe el proceso y función en el concejo de Piloña de este *estru, rozo o mullíu*, que allí se segaba en junio y en septiembre u octubre:

> «Antes estrábase»: se cubría el suelo de la cuadra con ramas y hojas, el *estru* o *mullíu*

Helechales junto al hayedo y las antiguas praderas en la sierra navarra de Urbasa.

para que el ganado estuviera caliente y para recoger más fácilmente el *cuchu*. [...] *«antes se traía mullíu, pero no era sólo pa cama, era pa hacer estiércol porque se sembraba muchu pero no había ganau bastante»* [...] Había quien dejaba algún trozo de finca *en rozón*, *«pa rozalu»*, pero la mayor parte del *mullíu* se obtenía de rozar el monte: se segaba con guadaña o con *segote* entre el *felechu*, el *beriezu* (no la *uncia*, que crece mucho y echa *cepu)*, la *cotolla* (cuando está tierna, «no cuando está torpe»), y cualquier otra *yerba* del monte. A partir de mayo y junio, antes de empezar *a la herba*, ya subían a acotar el terreno que cada cual quería rozar: el primero que llegaba, *marcaba asuque*: segaba una o dos franjas de monte *(echaba marallu)* en torno al terreno que quería rozar, y los demás solían respetar este terreno.[3]

En general, se calculaba en aproximadamente 3 carros grandes o leras, la cantidad necesaria de helecho o brozas, por cabeza de ganado mayor, aunque por supuesto esto dependía del tiempo de estabulación, y en las comarcas más altas y frías era necesaria mayor cantidad.

Algunas costumbres de estas regiones atlánticas tenían que ver con esta cosecha, por ejemplo las carreras que un día determinado de otoño corrían los vecinos en algunas comarcas del País Vasco y Navarra, para escoger los mejores helechales. Según Azkue:

> ...en Larraun, la noche de Nuestra Señora de septiembre, en cuanto daban las doce, se empezaba a cortar el helecho, que hasta ese momento estaba prohibido cortar. En Zeanuri, el mismo día, se iba a medianoche al bosque «corriendo a porfía, para coger puestos en que cortar helechos».[4]

En Elizondo existía el dicho *San Jil, ebaki trankil!* (por San Gil, se corta tranquilo) porque a partir del día de San Gil, 1 de septiembre, se permitía ya empezar a cortar el helecho.

Julio Caro Baroja menta también la gestión en Vera de Bidasoa de este importante recurso:

> ...antiguamente cada casa tenía designado su helechal en el monte, y en las escrituras se determinaban sus límites. [...] En las ordenanzas del Baztán se prohíbe la corta antes del primero de setiembre. A ella va la familia en masa muy temprano y no vuelve al caserío sino al término de la jornada. La siega del helecho es trabajo rudo y en el que las guadañas sufren grandes desperfectos, por la resistencia que ofrece el tallo fuerte de la planta, ya algo seco, y por las piedras del terreno en que crece. Luego de cortado se dispone de la misma forma que el heno en almiares o metak».[5]

Es preciso aclarar que, pese a la referencia de las escrituras, normalmente los helechales formaban parte de los terrenos comunales y se administraban en cada zona de distintos modos, unas veces cada caserío tenía asignados sus helechales y otras se hacía esta asignación de año en año. En las ordenanzas del valle de Baztán se especifica que se perdía el derecho de explotación de un helechal si no se segaba durante dos años seguidos.

En muchos casos y desde tiempos antiguos, se han roturado helechales para prado o cultivos diversos, y las familias o los municipios han terminado muchas veces por apropiarse de manera más o menos legal de estos terrenos.

Aún recientemente (30 de marzo de 2001), las ordenanzas de Alsasua, en Navarra, reconocen el usufructo de los helechales para los usufructuarios directos:

> Los vecinos que actualmente tengan concesión de helechales, serán respetados en su disfrute siempre que los aproveche directa y personalmente y con destino de los productos a la explotación ganadera propia, sin que el beneficiario pueda cercar los helechales ni destinarlos a uso distinto del aprovechamiento de helecho.

Es un simple ejemplo sobre la importancia de estos recursos y la necesidad de regularlos en vista de los nuevos usos y abusos que tan a menudo han terminado en expolio y apropiación.

En Sotres, Ana María Moradiellos nos precisaba que el helecho se cortaba en octubre o en noviembre y se guardaba seco para mullir la cuadra, especialmente para las ovejas cuando parían y para camas para los chatos. Se prefería en cambio para los cerdos las *jueyas de caxigu* (hojas de roble) que son más calientes. Aunque también algún vecino usaba con este fin el helecho. Se cortaba con el *ronzón* o con guadañas viejas, que en Sotres llaman *garillas*, que se usaban expresamente para segar felecho o matas. Se hacían *coloños* (como las cargas de hierba para llevar a cuestas con cuerda doble) o *ensabanaos* para llevarlo.

Por otro lado, el helecho verde, recién segado en primavera o verano, se esparcía por el suelo de las cuadras para acabar con las pulgas según testimonio de Luisín de Santianes (en Ribadesella). Como curioso uso mágico, Sèbillot recoge en los Vosgos la creencia de que las cenizas de un pie de helecho cogido la mañana de San Abdón (el 30 de julio) y extendida sobre el suelo de la casa, espanta las pulgas.

DESCASTE DE HELECHOS

Pastorinos de Jian, madre,
asomavos a Entrecuetos
y vereis a los de Xiurbia
desarruciando jelechos.[6]

Con su poderoso y profundo rizoma, el helecho soporta muy bien, como dijimos, las siegas e incendios otoñales, que tanto daño hacen a otras plantas. Cuando los incendios y siegas son constantes en esta época, el helechal se perpetúa y protegerá la tierra con su exuberante brotación primaveral de los rigores del verano.

Por otra parte, el helecho plantea serios problemas por la rápida colonización de las praderas, tanto en los terrenos comunales como en los prados. En este sentido, los paisanos han procurado mantener siempre los prados «limpios» de helechos y toda clase de matos, siguiendo una estrategia particular para el descaste de cada especie. La proliferación del helecho en el monte causa también un problema cuando la falta de pasto, por sequía u otra causa, hace que las vacas se vean obligadas a comerlo y se intoxiquen e incluso mueran. De ahí que en muchos puertos de altura se baje el ganado vacuno hacia septiembre-octubre, para evitar este problema y, por supuesto, las nevadas. Sobre la comarca asturiana del Sueve dice fray Toribio en su *Arte de Grangerías:*

> Para el castreo de felenchos, lo único es esberdugarlos, como van naciendo, para que se desaínen, en el mes de abril. Y por San Juan ir ha arrancar a mano los que ayan prevalecido.[7]

Un buen ejemplo de la pérdida de conocimientos ancestrales en cuanto a gestión de los paisajes lo tenemos en los testimonios de la proliferación de helechales en Gran Bretaña, que se consideran una verdadera plaga difícil de eliminar. Los medios químicos afectan gravemente el sustrato y las aguas subterráneas y, es bien sabido, si se rotura el terreno los rizomas se parten y se multiplica aún más el helecho. Este problema, sin embargo,

Carga, o coloño, de helecho.

Tras el abandono de la gestión tradicional, el helecho coloniza rápidamente las praderas, como puede verse en estas laderas del Sueve.

no ha existido en el ámbito tradicional porque se sabía cómo hacer el tránsito de helechal a castañar, prado, pomarada, o cualquier otro cultivo, o cómo mantener los prados y cultivos libres del helecho invasor. Bastaba segar en junio y, al cabo de un par de años segando repetidamente en esta época y metiendo el ganado en el lugar, el helecho desaparecía.

Traemos algunos otros testimonios sobre el sistema particular de descaste de cada pueblo e incluso de cada paisano:

Ángel Labra, vecino de Loroñe (Colunga), nos contaba que hay que cortarlo sin sol para que se «desangre». Con sol cicatriza la herida y no se descasta. Cuenta también que existe mucha diferencia entre lo que se siega un día y otro, en ocasiones no renace y otras vuelve a nacer con fuerza. En Igena (Cangas de Onís) nos contaron cómo se segaba a primeros de junio, un viernes de menguante y, a ser posible, un día con orbayo pues así «se desangraba antes». En Santianes[8] segaban por San Juan con vinagre en la *cachapa* (recipiente con el agua de mojar la piedra de afilar), en la creencia de que el corte con vinagre debilita mucho al helecho. Muchas veces se daba un segundo corte al poco, cuando volvía a nacer, o se insistía al año siguiente para erradicarlo completamente. En Cantabria se ha utilizado el sistema de segarlos durante los tres últimos días de Junio, o simplemente segarlo continuamente hasta dominarlo.[9]

El problema es tan viejo que, ya en el siglo I, Plinio se ocupaba de este asunto, al igual que lo

En primavera comienzan a desarrollarse las hojas de los helechos. Lo hacen de forma muy característica, como si se estuvieran desenrrollando. Helecho común (arriba), y helecho macho (abajo).

hicieron otros autores clásicos, y en referencia a Catón, escribe en su *Historia Natural* (XVIII, 6):

> He aquí otra sentencia que no cesaba de repetir: El helecho muere al cabo de dos años, si no se le dejan brotar sus hojas; un medio eficaz de conseguirlo es abatir a golpes de bastón las ramas conforme rebrotan. El jugo que se vierte mata las raíces. Se dice también que no vuelve a nacer si se le desenraiza con un arado sobre el cual se ha colocado una caña.

En Sotres se *desaniciaba* con «caldo». Este caldo era la orina de las vacas o el estiércol muy líquido que se usaba así, extendido sobre el terreno, para descastar el helecho.

HELECHO PARA TECHADOS

En la sierra de Urbasa he conocido de niño las últimas bordas con techado de helecho, para resguardar a los cerdos que quedaban en el monte. Antiguamente también las chabolas de los pastores podían tener cubiertas de lajas de piedra o de helechos, ya que la teja era signo de propiedad y estaba prohibido edificar con teja en terrenos del común. Fray Toribio describe el sistema en un apartado que titula *Arte real de techar sin teja* y recomienda techar en agosto:

> …porque la paja larga de centeno se tendrá bien prevenida, y el felecho se hallará bien alto y correudo.
>
> Ahora es de saber que la paja de centeno se ha de tener atada en brazados de cuerpo de muchacho. Y el felecho se ha de segar en luna llena, en medios maranos, y atarse

a chozes con chozes (como la dicha paja) en brazados, y ya algo mustio traerlo al pie de la obra, en mera. Y poner también la paja allí, pero aparte. [...] Síguese ahora poner sobre el dicho maderaje la techada del felencho y paja centena, o si sea de felencho solamente. Pide esto maña y curiosidad, y su gentil arte, porque esta techada debe ir al fil del corriente del agua. Todos los brazados choces abaxo desatarse assí que se pongan, y estendiéndolos a medio abrir, atraparlos bien con las manos. Comiénzase, pues, de los pellobios baxeros y se va subiendo hasta el combral. Y en sus quarteles hasta los aguilones, si los hubiere. Pero se ha de llevar esta techada en facicas de cabo a cabo, al largo de los brazados que se van poniendo. Advirtiendo que con cada tendedura de facica solamente se ha de ganar un palmo para arriba. De suerte que de choces a choces destos materiales, en sus puntas, que se vean, solamente ha de haber un palmo...[10]

Y continúa fray Toribio su explicación sobre cómo rematar los cumbrales y aguilones, colocando los manojos arqueados y sujetando el conjunto, que, como en el caso de los teitos de escoba, se renueva «de quatro a quatro años».

También en Extremadura, dice Emilio Blanco: «se usaba para los sombrajos y los chozos de los hortolanos y los viñaeros».[11]

En el capítulo sobre retamas explicamos con mayor detenimiento cómo se hacen estos techados con escoba y piornos (v. lámina en pág. 159), un sistema muy similar también a los techados con otras materias vegetales como el centeno. El sistema es simple, pero es necesario conocer la técnica para conseguir la impermeabilización de los tejados.

OTROS USOS

El hecho de que fuera un recurso tan abundante y cercano en muchos lugares, ha propiciado por otra parte una gran diversidad de usos. En Somiedo se ponía debajo de la teja para evitar que la *fumia* (ventisca) se colara entre los resquicios de casas y cabañas, y servía así también de aislamiento. También se ponía la última capa de helecho en las carboneras, antes de cubrirlas con tierra, para que ésta no se colara entre las maderas. Los carboneros usaban un simple montón de helecho para su camastro en muchos lugares,[12] y se ha empleado con este fin en Picos de Europa incluso en las casas. Por otro lado ha servido como relleno de colchones o albardas y artilugios de guarnicionería para las caballerías, y para prender el fuego y chamuscar los pelos del cerdo en la matanza se usan haces de helecho. También se hacían los tradicionales *amagüestos*, fiestas al aire libre en las que se asaban castañas, prendiendo simplemente un buen montón de helechos secos sobre las castañas.

Un uso muy extendido que hemos recogido en infinidad de lugares, es el de envolver el pescado, los quesos y otros alimentos con helechos para mantenerlos frescos. Y en Sotres nos cuentan que, aunque los quesos iban envueltos en hojas de *plágano (Acer pseudoplatanus)*, se rellenaban los cestos y los huecos con helechos para amortiguar esta mercancía en los viajes. Emilio Blanco, en su *Etnobotánica de los Montes de Toledo*, menciona el uso de helecho para forrar las fresqueras que se instalaban encima de los fresnos, y servían para guardar los quesos. También en las neveras de Itxina (Gorbea) se ponían capas de helecho entre capa y capa de nieve pisada para hacer el hielo. Se evitaba así la formación de un solo bloque, facilitando la extracción.

La importancia del helecho fue tan grande que en el calendario vasco se le dedicó un mes, *iraila* (septiembre), que se corresponde con la estación de su cosecha.

FORRAJE Y ALIMENTACIÓN

En Picos de Europa Juan José Lastra recoge algunos usos del helecho común como planta forrajera:

> A los caballos y a las vacas les sienta mal (las vacas comen normalmente las hojas cortadas y curadas al sol, pero si lo hacen en cantidad enferman), ocasionándoles trastornos digestivos; las cabras solamente comen los helechos si no tienen otra cosa que comer.[13]

Los jabalíes y los cerdos comen el rizoma. El padre de Ana María Moradiellos, nuestra informante de Sotres, contaba que cogían árgomas y las machacaban en un *cocín* (mortero grande) para dar a los caballos, pero a veces, aunque tuvieran cuidado, iba algo de helecho y si lo comían orinaban sangre.

En la zona de las Améscoas (Navarra):

> Se aprovechaba el helecho, al que llamaban «falaguera» como pienso para los cerdos, y

> con el mismo fin arramplaban todas las ortigas del pueblo y sus alrededores. El helecho crece frondoso en las Aldabas y sólo se aprovechaban las frondas. A la operación de arrancar de los nervios las frondas del helecho se decía: «ordeñar la falaguera». Las ortigas se picaban en el gamellón. La «falaguera» y las ortigas se daban a los cerdos mezcladas con menudillo.[14]

En esta misma sierra de Urbasa, de donde proviene el testimonio anterior recogido por Luciano Lapuente, me decía junto a su chabola un pastor de Aranarache que la *falaguera* [sic] produce a los potros que maman de las yeguas que la han consumido, una intoxicación que llaman morbo. No conocía el uso de la *falaguera* para alimentar cerdos e incluso se extrañaba, por su toxicidad.

Como recurso alimenticio para el ser humano, se han consumido crudos o en conserva los brotes tiernos primaverales e incluso en Japón se enlatan. Pero si ya como planta forrajera su uso plantea dudas, como hemos visto, para alimentación humana es necesario tener en cuenta que toda la planta, incluido el rizoma, contiene taquilósido, un heterósido de demostrada actividad cancerígena, aunque según algunas fuentes, una vez cocido el helecho, la concentración es insignificante. Por otro lado la planta contiene tiaminasas, que inhiben la absorción de la vitamina B1, y otras sustancias que pueden ser tóxicas. Para evitar la toxicidad, en algunos lugares se cuecen los brotes con ceniza de leña, o se hierven y se sumergen en agua salada unas horas. También los rizomas cocidos y triturados se han utilizado como harina que, mezclada con la de cereales, puede comerse.

En muchas regiones del mundo se ha utilizado este recurso, especialmente en tiempos de hambruna, y en las islas de la Palma y Gomera se hacía una especie de gofio con el rizoma y cebada. En Siberia se ha elaborado incluso cerveza a partir del rizoma y malta. En definitiva, nos quedan tantas dudas sobre la idoneidad de este alimento para consumo humano, que en ningún caso lo recomendamos, al menos para uso habitual.

En medicina popular se ha usado el rizoma cocido como antihelmíntico, para «rebajar la sangre» y en otras dolencias. Asimismo se utilizó como planta curtiente y tintórea, y la ceniza de helecho era apreciada para la fabricación del vidrio y de jabones o lejías, por ser muy rica en potasa.

LA ESTACIÓN DEL HELECHO

Caro Baroja sugiere la posible existencia en la mitología vasca de algunos genios del helechal. Viejas divinidades relacionadas con el helecho, que en euskera recibe el nombre de *Iratzia*, mientras los duendes se llaman: *Iretxo, Iratxo, Ireltxu, Irelu*:

> Acaso alguna de las formas con que en el mismo [se refiere al euskera] se designa al duende o trasgo, aluda a la existencia de viejas ideas sobre demonios o espíritus vegetales del helecho en particular (iratzia), planta que, como es sabido, abunda mucho en la región y que ha dado lugar a que un mes del año en que se recoge, para servir de cama al ganado y de abono luego, se llame el mes o la luna del helecho *irailla*.[15]

Existen numerosas tradiciones que hacían de esta planta un símbolo del espíritu de la vegetación, cuyas bendiciones es preciso atraerse para gozar de buenas cosechas y prosperidad. Así se ha usado por San Juan, colgado de puertas y ventanas, a veces formando un ramo con otras hierbas.

Helechales en otoño. Ventaniella, Asturias.

Diego Verástegui, vecino de Ispáster (Vizcaya), me cuenta que todos los años, la víspera de San Juan, un anciano vecino suyo, del barrio Larrinaga, iba a por una carga de helechos al monte y dejaba en los umbrales de todos los caseríos cercanos una brazada de helecho a modo de alfombra. La tradición ha perdurado al menos hasta 2006. Curiosamente, y a diferencia de muchos otros lugares del País Vasco, en Ispáster el helecho no entra en la composición del ramo de San Juan, que se hacía en esta localidad con dos ramitas de espino albar en forma de cruz (para lo cual se hendía el centro de una por la mitad para insertar la otra) y distintas hierbas, normalmente de las que florecen en esta época.

Juan Garmendia refiere la misma tradición relativa al helecho en Aramayona (Álava):

> En la mañana de San Juan o *San Juan goxan* los niños o *umiek* se levantan al amanecer o *egunsentixen*, cogían su correspondiente hoz o *igeteixe* y se trasladaban al monte o *mendire*. Aquí cortaban un montón de helecho o *iri sendor bat*, y atado por medio de una soga o *sokie* lo cargaban al hombro, lo llevaban a sus respectivas casas y delante de la puerta de entrada lo extendían sobre el suelo. Cuando el helecho se secaba o *igertu* lo aprovechaban para hacer la cama o *aspixek* al ganado.[16]

Según recoge el mismo autor por los pueblos de todo el País Vasco, el helecho es uno de los componentes principales del ramo de San Juan, que habrá de servir de amuleto protector del caserío durante todo el año: Beintza-Labayen, Espinal-Auzperri, Goizueta, Orokieta, etc., son algunos de los pueblos donde se hace este ramo con helecho. Casi siempre estos ramos se colocan por pares a ambos lados de la puerta principal, en unas herraduras o argollas colocadas con este fin, o se dejan colgados en un lugar determinado del caserío, y habrán de servir durante todo el año para preservar el caserío del rayo principalmente (se quemaban en la cocina algunos trocitos durante la tormenta) o incluso como remedio medicinal en algunos casos. Sobre este curioso dispositivo, que muchos confunden con las típicas argollas de atar a los animales, hemos podido ver aún en tiempos muy recientes su uso en Eulate (Navarra), para la colocación de los mismos ramos protectores, esta vez de laurel, y los molineros de Canaliegas (Cangas de Onís, Asturias) nos contaban que ellos mismos usan trocitos del ramo bendito de laurel, quemados sobre la chapa, para ahuyentar los rayos cuando hay tormenta, rito que continuaban practicando en 2005.

Pero volviendo al helecho, estos ramilletes solían renovarse anualmente, quemando el viejo de forma más o menos ritual en la hoguera de San Juan. En Irañeta, el día de San Juan se traía un haz de helecho atado con una cuerda y durante la misa mayor de este día se bendecía en el pórtico. Este helecho o *liztorra* se conserva en el desván y servirá para encender la hoguera el año siguiente «de manera más bien simbólica» según precisa Garmendia.

Muy elocuente era la cantinela que recitaban al saltar la hoguera de San Juan en Arantzazu (Oñate):

> *San Juan , San Juan Berde,*
> *artua eta garixa gorde,*
> *txantxikuak eta sapuak erre,*
> *biba San Juan Berde!*

> (¡San Juan; San Juan Verde, —presencia-recuerdo a la naturaleza—, guarda el maíz y el trigo, quema las ranas y los sapos, viva San Juan Verde!)

Nos atrevemos en este caso a hacer una traducción más libre y cambiar la expresión presencia o recuerdo por espíritu o encarnación. Y es que finalmente tanto el ramo como la hoguera, el mayo y otros rituales de esta estación, tenían ante todo una función mágico-protectora que habría de actuar como una bendición durante todo el ciclo del año, preservando el caserío, las cosechas y la hacienda entera de todo mal. Particularmente la tormenta y el pedrisco, el mal de ojo y las temidas plagas y epidemias. La relación del helecho con la noche de San Juan es tan estrecha que en Francia se ha llamado a esta planta «Mano de San Juan».

LA FLOR DEL HELECHO

> No puedo disimular la vana superstición, abuso y grande maldad (no quiero decir herejía) de algunas vejezuelas endemoniadas, las cuales tienen ya persuadido a los populares que la víspera de Sant Juan, en punto de la media noche, florece y grana el helecho; y que si el hombre allí no se halla en aquel momento se cae su simiente y se pierde, la cual alaban para infinitas hechicerías. Yo digo á Dios mi culpa, que, para verla coger, una vez acompañé a cierta vieja lapidaria y barbuda, tras la cual iban otros muchos mancebos y cinco o seis doncelluelas mal avisadas, de las cuales algunas volvieron dueñas a casa. Del resto no puedo testificar otra cosa sino que aquella madre reverenda y honrada, pasando por el helecho las manos, lo cual no nos era a nosotros lícito, nos daba descaradamente a entender que cogía cierta simiente como aquella de la mostaza, la cual (a mi parecer) se había llevado ella misma en la bolsa; dado que ya pudo ser que se desgranase el helecho entonces, pues por todo el mes de Junio y Julio están aquellos fluecos en su fuerza y vigor.[17]

Por toda Europa, desde Rusia hasta la Península Ibérica, se creía en las propiedades mágicas que tienen las flores o semillas del helecho, que tan solo pueden recogerse durante un instante en la medianoche de este día. Frazer, Gubernatis y otros muchos autores, han recopilado testimonios muy similares sobre las virtudes de esa semilla o flor mítica del helecho que servirá para descubrir tesoros ocultos, hacerse invisible, para conocer el pasado y el futuro, viajar de forma instantánea, convertirse en seductor irresistible…

Muy rara vez se puede identificar con seguridad la especie del helecho en cuestión, por lo que nos queda la duda si la planta original del mito es un helecho genérico, el helecho común, el helecho macho o el helecho real. Lo que sí está claro es que ningún helecho da flor ni fruto y por tanto esta flor o grana de helecho es siempre una quimera. En alguna ocasión el mito se extiende a otros vegetales y así en el Sacromonte granadino, junto a la capilla de San Miguel, se decía que de la fuente brotaba en este día de San Juan un gran chorro, al tiempo que el olivo aledaño a la iglesia florecía y fructificaba a lo largo de la jornada.

> En el Puerto hay una hierba
> Que se llama falaguera,
> Y en la noche de San Juan
> Florece, grana y se aseca.[18]

Además de esta copla de la comarca de Beceite, el gran botánico Pío Font Quer recoge otras creencias sobre las virtudes y milagros del helecho. En particular los usos que hacen los romeros mallor-

quines que van al santuario del Lluc y consideran que el helecho que crece en los alrededores (y no cualquier otro) sirve para hacer una tisana que cura una gran diversidad de males. Creencia que según el mismo autor «parece propia de aquellas comarcas en las que, por ser calcáreas y secas, el helecho común es planta rara.»

En Cherta (Tarragona) se cantaba una variante de la copla anterior:

En el puerto hay una hierba
que falaguera se llama
que en la noche de San Juan
s'espolsa, floreix y grana.

Por su parte, Emilio Blanco ha recogido la creencia en los Montes de Toledo:

«El día de San Juan, a las doce de la noche, las brujas cogen una sábana y van donde está

Metas de helecho en la primavera de 2016, caserío Aragos, en Gaztelu, Guipúzcoa.

> la helecha y el helecho, los cercan y les ponen la sábana. Entonces en pocas horas florecen, se secan y echan grana». Su uso lo relacionan con brujería.[19]

Uno de sus informantes aclaraba sin embargo a este autor que no se trata del helecho común.

Según relato de un testigo en el proceso de brujería en la diócesis de Vich (1618-1620) contra tres mujeres de San Feliú: «las brujas tenían grano de falguera y que con pedriscos y tempestades destruían los frutos de la tierra».[20]

Incluso Shakespeare se hacía eco de estas creencias en su *Enrique IV* en el que pone en boca de uno de los personajes: «Robaremos tan seguros como en una fortaleza. Tenemos la receta de la semilla del helecho, seremos invisibles.»

Y Caro Baroja trae una multitud de referencias literarias en diversas obras clásicas españolas[21] y aporta además algunos datos interesantes como el testimonio de un escritor del XVI, fray Martín de Castañega:

> De aquí p(ar)ece tambie(n) la vana sup(er)sticion d(e) algun(n)os eccelsiasticos que se ponene reuestidos / con estolas para coger los granos del elecho que dizen que en la noche de sant Juan florece y viene a granar / y cercan con cruzes el espacio donde ay algunos elechos / y hace(n) ceremonias: leen euangelios y otras oraciones.

Y continúa Julio Caro Baroja en la obra mentada añadiendo esta otra referencia:

> Modernamente se cree también que florece el helecho a las doce en punto de la noche aquélla. Del bosque de Chicoteros que está en el término de Cañete (Cuenca) y donde nace el helecho, se cree que el que lo coja florecido obtendrá la felicidad, pero también se dice que en aquella sazón se oyen ruidos tan terroríficos que pocos tienen la serenidad de cogerlo.

REFRANERO DEL HELECHO

Los refranes dan cuenta también de la importancia cultural del helecho y, precisamente por su omnipresencia en los paisajes, existe en Galicia el dicho o la frase hecha: *Non nacer ao pé d'un fento* (helecho), que quiere decir que hay cosas que no se encuentran fácilmente.

«Tierra de helecho tierra de poco provecho», dice otro refrán que nos recitaron muchas veces en Somiedo, y existen muchas variantes asturianas que señalan la pobreza de los terrenos de helechal. También se dice en el mismo sentido: *Dios lo dé polos felechos que polos artos ya lo da*. Sin embargo no se corresponde esta idea con los tiempos actuales, ya que antaño se dejaban para helechales las peores tierras y hoy han invadido incluso las más fértiles praderas. El diccionario de lengua asturiana de Xosé Lluis García Arias trae también: *Tierra de felechu ye de provechu*, que pese a la contradicción, no deja de indicar la profundidad de los terrenos en los que se asienta comúnmente esta especie, aunque generalmente no son ricos en nitrógeno. Por otra parte, y en un sentido bien distinto, nos contaba Juan del Gametoso, vecino del pueblo somedano de Perlunes, el refrán: *No te fíes del gamón, que ye fillo de un cojón. Fíate del feleito que nace por dereito.* El gamón *(Asphodelus albus)*, nace antes que el helecho de un tubérculo, pero había que esperar a que naciera el helecho para la siembra del maíz en su momento oportuno. También se decía *No te fíes de la llavera* [eléboro] *que é valiente parllotera, ni tampoco del gamón que é un valiente embusterón; fíate del helechu que sale por só derechu.*[22]

En Piloña, Elia San Miguel recoge la variante: *No te fíes del gamón, que sal de roín coyón, fíate del felechu, que vién por su derechu.* Pero, en este caso al menos, la señal era para saber el momento más propicio para subir las vacas al monte. Por otro lado, la misma autora aporta otra versión de Cangas del Narcea: *No te fíes del gamuetu que ye fíu del mal tiempo, fíate de la folguera que ye yerba más verdadera.*[3]

También se dice, para expresar que una comida está muy buena: *Esto no é felechu.*

Notas

1. Hallé, F. *Elogio de la planta.* Libros del Jata. Bilbao, 2016.
2. Santo Tomás y Pumarada, T. de. *Arte General de Grangerías (1711-1714).* Tomo II. Ed. San Esteban y Museo del Pueblo de Asturias. Salamanca, 2006.
3 San Miguel López, E. *Tengo de subir al árbol. Etnobotánica del concejo de Piloña (Asturias).* Red de Museos etnográficos de Asturias. Gijón, 2007.
4. Azkue, R. M. *Euskalerriaren Yakintza.* Tomo I, Espasa Calpe. Madrid, 1959, p. 90.
5. Caro Baroja, J. *De la vida rural vasca. (Vera de Bidasoa).* Ed. Txertoa. San Sebastián, 1974.
6. Fernández González, A. R. *El habla y la cultura popular de Oseja de Sajambre.* 1959.
7. Santo Tomás y Pumarada, T. de. Ob. cit. p. 786.
8. Informaciones estas de Luisín de Santianes, vecino de Santianes, Ribadesella.
9. Pardo de Santayana, M. *Guía de las Plantas Medicinales de Cantabria.* Ed. Stvdio. Santander, 2004.
10. Santo Tomás y Pumarada, T de. Ob. cit. p. 958.
11. Blanco Castro, E. y Cuadrado, C. *Etnobotánica en Extremadura. Estudio de la Calabria y la Siberia Extremeñas.* Ed. E. Blanco y CPR de Alcoba de los Montes. Madrid, 2000.
12. Sébillot, P: *Légendes et curiosités des métiers.* Ed. Flammarion. París, 1893-1894.
13. Lastra Menéndez, J. J. *Etnobotánica en el Parque Nacional de Picos de Europa.* Org. Aut. Parques Nacionales. Madrid, 2003.
14. Lapuente Martínez, L. *Las Améscoas.* Pamplona, 1972.
15. Caro Baroja, J. *Ritos y mitos equívocos.* Ed. Istmo. 1989. p. 349.
16. Garmendia Larrañaga, J. *Ritos de Solsticio de Verano (I) Festividad de San Juan Bautista.* Ed. Kriselu. San Sebastián, 1987.
17. Laguna, A. de. *Pedacio Dioscórides Anazarbeo, acerca de la materia medicinal y de los venenos mortíferos.* Tomo I. Salamanca, 1570, pp. 83-84.
18. Font Quer, P. *Plantas medicinales. El Dioscórides renovado.* Ed. Labor. 1961.
19. Blanco Castro, E. *Etnobotánica de los Montes de Toledo.* Toledo, 2002.
20. Menéndez Pelayo, M. *Historia de los Heterodoxos españoles* [1880-1881]. Ed. CSIC, v. 2. Madrid, 1992.
21. Caro Baroja, J. *La estación del amor (Fiestas populares de mayo a San Juan).* Ed. Taurus. Madrid, 1979.
22. García Arias, X. L. *Diccionario general de la lengua asturiana.* Voz gamón. Ed. Prensa Asturiana. Oviedo, 2002-2004.

Argomales favorecidos por incendios recurrentes.

4. Tojales o argomales, los paisajes del fuego

Erizado de púas que sobresalen en todas las direcciones, el tojo o árgoma es uno de esos arbustos o matas «indeseables» en nuestros montes que invade los mejores pastos, cierra los senderos y forma marañas impenetrables, que parecen siempre a punto de arder. Esta es al menos la imagen del tojo más común hoy en día, formando parte de nuestro moderno concepto de «maleza» aunque hasta ayer mismo, como veremos, el argomal era sinónimo de riquezas ingentes y diversas. Parece increíble que solo hace unas décadas nuestros abuelos sembraran y utilizaran este arbusto como una fuente inagotable de recursos, resultando insustituible como forraje, abono y combustible, entre otras múltiples funciones. Traemos como ejemplo la crónica de algunos de sus usos en Villaviciosa (Asturias) en el siglo XIX:

> Nuestros aldeanos las llaman árgomas y hacen buen uso de ellas, pues las dan a sus ganados majándoselas primeramente y cortándolas menudamente con un hierro que tienen. También las dan a los caballos por la primavera, porque para ellos es un excelente purgante y refrigerante. Si están crecidas les queman la flora y las espinas y les sirven de gran recurso para atizar, y la gente pobre las trae en cargas a Villaviciosa y las vende para los hornos, o para las casas, de las que sacan muy buen producto.[1]

Izquierda: en los terrenos más pobres, los argomales consiguen establecerse y mejoran el suelo. A la derecha, un cortafuegos en el argomal: el continuo pastoreo, con ayuda de pastores y ganaderos, lo mantiene abierto.

No es extraño que los concejos o las juntas vecinales regularan y administraran los usos de los argomales, vitales para la subsistencia de los campesinos en general y de las familias más pobres en particular. De la forma en que una riqueza y recurso imprescindible ha pasado a convertirse en el enemigo público número uno de ganaderos y forestales, trataremos en este capítulo.

El árgoma es madre e hija del fuego; cuando contemplamos un argomal estamos viendo un fuego en el pasado y con gran probabilidad, si no se pone remedio, un incendio futuro. En efecto, los tojales se han convertido en una verdadera maldición para paisanos y forestales en toda el área del Arco Atlántico europeo que ocupan. Se dedican grandes esfuerzos y recursos económicos para erradicarlos mediante desbroces mecánicos o quemas controladas. Pero en términos generales, al menos en nuestro entorno geográfico, el argomal continúa ganando terreno.

La increíble capacidad colonizadora de esta planta se explica en parte por su extraordinaria vitalidad y capacidad de rebrote, que le ha permitido conquistar, con o sin ayuda del hombre, inmensos territorios, hasta el punto de convertirse en un grave problema en regiones ajenas como la pampa argentina, Bolivia, Brasil, la India, Australia o Nueva Zelanda. Hoy se considera una de las 100 plantas más invasoras del planeta por su formidable capacidad de reproducirse. Los frutos que contienen sus semillas estallan con el calor, diseminándose eficazmente. También contribuyen las hormigas a la diseminación, al igual que ocurre con algunas retamas. Cada planta puede producir hasta 20 000 semillas anuales que mantienen su poder germinativo durante muchas décadas.

A las árgomas se las conoce bajo diferentes nombres comunes, como árgoma, argoma, tojo, aulaga, aliaga, *cotolla*, en euskera *otaka, otia, otea*… Son plantas muy características que ocupan enormes extensiones de las costas atlánticas europeas.

Algunas de las especies más comunes en nuestro entorno geográfico son:

El árgoma, tojo arnal o tojo asnal, *Ulex europaeus*, es la más grande, de uno a tres metros de altura. Está presente en casi toda la Europa occidental, florece de febrero a junio, y en esta época se distingue muy bien por ello de las otras especies de floración estival.

Tojo: *Ulex europaeus*

El tojo cantábrico, o toxo femia, *Ulex gallii*, está presente en toda Galicia y área cantábrica. Florece de junio a diciembre.

Tojo cantábrico: *Ulex gallii*

El tojo gateño o toxo mouro, *Ulex minor*, es el tojo más pequeño, de hasta un metro de altura. Está presente en Inglaterra, Francia, España y Portugal y florece de julio a septiembre.

La aulaga morisca, *Ulex parviflorus*, mide hasta dos metros y está presente en la península desde la baja cuenca del Tajo hasta Cataluña, donde la llaman gatosa. Resistente a la sequía, crece en terrenos calcáreos, normalmente en terrenos de encinar degradados. Florece a finales del invierno.

En definitiva, la distribución de los tojos abarca toda la Europa occidental, desde el suroeste escandinavo hasta el suroeste de la península ibérica, con una presencia a veces tan notoria que se ha dado en llamar *Côte des Ajoncs* (Costa de las árgomas) a la región bretona del Tréguier.

Históricamente, el uso del fuego más o menos controlado para favorecer los pastos o la caza, o «limpiar» simplemente los montes, ha sido siempre una cuestión demográfica. A mayor presión demográfica sobre el terreno, mayor era el uso de estos matorrales como recursos básicos y menor el número de incendios. Pero las poblaciones han fluctuado a tenor de las guerras y conquistas, epidemias y otros muchos factores, y el argomal y los propios incendios son un problema recurrente.

El peligro de los incendios en los argomales y su extensión a otros terrenos se refleja ya en el antiguo Fuero de Guipúzcoa de 1696, que castigaba con 6 años de destierro, más los gastos y perjuicios, a los que incendiaran aulagares y argomales. Era una medida para proteger los bosques y el arbolado, que tantas veces terminaban, como sucede hoy mismo, afectados por los fuegos provocados para obtener pastos. Veamos el texto literal:

Título XXXVIII capítulo VI

De la pena en que incurren los que ponen fuego en los aulagales, y argomales.

> Por quanto también resulta la falta de árboles, de que algunas personas por particulares fines, dan fuego, y ponen incendio en los argomales, y aulagales. Ordenamos, y mandamos, que ninguna persona ponga fuego a ningún aulagal, ó argomal, pena de los daños, y de seis años de destierro, y que las casas vezinas, donde sucediere el dicho incendio, cuyden de apagarle brevemente, y de mirar quien lo causó, con apercivimiento, que si no acudieren a lo vno y a lo otro, se procederá contra ellos con todo rigor, quedando en su fuerza, y ser las Leyes del Título treinta y nueve de las Ordenanzas de esta Provincia contra los incendiarios.[2]

Estos incendiarios en último término podían acabar pagando con su vida, tal como se desprende en los mismos fueros, de las subsiguientes disposiciones (Título XXXXIX, capítulo I).

Las campañas de prevención de incendios y el necesario control del matorral para cualquier actividad forestal, ganadera o agrícola, son las razones para la auténtica guerra que se libra en los montes en un intento de «erradicar» los argomales. Una tarea titánica en la que casi siempre llevamos la peor parte. Este arbusto se ha especializado en la supervivencia en las peores condiciones imaginables. Resiste el intenso sobrepastoreo, el fuego o las cortas periódicas, y rebrota incesantemente haciendo muy difícil su erradicación.

Si el eléboro, el acónito o el tejo se defienden del asalto de los herbívoros mediante los venenos más o menos activos, el acebo, la zarza y el tojo hacen lo propio mediante las espinas. Precisamente esta adaptación les permite vivir y convivir con aquellos herbívoros salvajes o domésticos que eliminan toda competencia de otras plantas que se defienden peor, favoreciendo la presencia de estas especies capaces de soportar la herbivoría. Podemos decir lo mismo en el sentido contrario ya que los herbívoros que mejor se adaptan al consumo de estas plantas, tienen una innegable ventaja. Con frecuencia, el veneno o las espinas no impedirán el ramoneo de forma absoluta, especialmente por el ganado caprino y equino, que comen los brotes más tiernos del tojo a pesar de las espinas, e incluso los prefieren en ocasiones al pasto o a otros árboles y arbustos forrajeros. En cualquier caso, estas defensas son una elocuente

Argomales en flor en la costa del Cantábrico. El árgoma vive en suelos ácidos, o calizos, como en este caso, pero muy lavados por las frecuentes lluvias.

expresión del paisaje, hasta el punto de que, si encontramos espinas, podemos deducir que hay alguien de quien defenderse.

Actualmente el control de estas comunidades, que han proliferado por el abandono de los montes, se está haciendo mediante desbroces, incendios controlados o herbicidas. Parece absurdo en tiempos de cambio climático incendiar los montes (aunque sea como mal menor para evitar otros incendios), o envenenar la tierra y las aguas con el uso irresponsable de productos químicos. Se impone una reflexión sobre estos modelos de gestión en tiempos de crisis económica y cambio climático en los que resulta anacrónico quemar la biomasa, despilfarrar recursos, materia orgánica y energía, empobrecer el suelo o contaminar la atmósfera, la tierra y las aguas. Por el contrario, parece este el momento oportuno de gestionar con fórmulas renovadas esta increíble riqueza que puede obtenerse de los suelos más pobres, para su conversión en fuentes de energía, forrajes o fertilizantes naturales. O, en su caso, para su reconversión en ecosistemas de bosque, pastizal, etc., con menor peligro potencial de incendios. Con este fin, los paisanos sabían que es posible erradicar el argomal con la sencilla (aunque laboriosa) fórmula de desbroce y abonado inmediato, con entrada intensiva de ganado que pisotea y ramonea los rebrotes.

Hoy como ayer, el secreto es la planificación bajo las premisas de una comprensión del paisaje inclusiva de todas sus funcionalidades e integradora de los recursos y los agentes que habitan y protagonizan cada ecosistema.

Desde una perspectiva ecológica, la capacidad del tojo y otras leguminosas de fijar y asimilar el nitrógeno atmosférico constituye un recurso interesante para enriquecer la tierra, por un lado desde la propia raíz de la planta y por otro con el aporte al terreno de su materia orgánica, en las distintas formas de abono que iremos viendo. Frente a las políticas de incendios que tratan de mantener «limpios» los montes, es preciso explicar que, en efecto, es necesario controlar los matorrales como medida preventiva, pero al mismo tiempo es preciso preservar una proporción de estas comunidades en cada lugar y comarca, por su papel insustituible como refugio y vivero de una ingente cantidad y diversidad de especies que se refugian, anidan, germinan y arraigan gracias a la «facilitación» que proporcionan los argomales y otras matas. Del mismo modo, conviene evitar en épocas primaverales de cría los desbroces e incendios más que en ninguna otra época.

FORRAJE DE TOJO

El gran botánico ruso Vavílov, que emprendió su viaje de investigaciones por España en 1927, escribió:

> En el norte se siembra la original afreita, el tojo como planta forrajera *(Ulex europaeus)* y una especie original de trigo...[3]

Un poco más adelante, a su paso por Galicia, volverá a hablar de este cultivo:

> Aquí todo es original y diferente de la España interior y meridional. En cantidades ingentes se cultiva tojo, una leguminosa subarbustiva espinosa, con flores amarillas y cuyas ramas, astilladas con martillos de madera, sirven de valioso forraje para el ganado bovino. Periódicamente, las ramas de tojo se queman para abonar los campos, lo que implica una mejora radical de la fertilidad del terreno.[4]

En su magnífico estudio *Los árboles forrajeros en los climas templados*, Marc Bonfils hace todo un alegato de este singular forraje:

> Desde tiempo inmemorial y tras la prehistoria, se alimentaba en Bretaña y País de Gales a todo el ganado, ya se tratara de ovino, caprino, équidos o bovino, con los brotes de tojo triturados durante el invierno.
>
> Se lo cortaba entonces a ras del suelo y no se cortaba en la misma parcela sino cada dos años. Los brotes se utilizan como forraje y la parte leñosa de cama para el ganado o leña. Además, el potencial de rendimiento del tojo es enorme, si se sabe cultivarlo intensivamente, permite pulverizar todos los récord de producción forrajera europeos, con rendimientos del orden de 50 a 100 toneladas de materia seca por hectárea y año.
>
> Así, en las regiones indicadas podría constituir un eslabón esencial de relevo en la cadena forrajera, en la medida que ofrece el máximo de su producción en pleno invierno, justo en el momento en que las praderas no dan nada. En fin, el tojo, como la *Robinia* es

> una leguminosa muy eficaz para enmendar los suelos arenosos ácidos. Es muy interesante para fertilizar las landas ácidas, arenosas, incultas que no forman parte de la superficie agrícola útil, y en las que da una producción media de 15 toneladas de materia seca/ha/año.
>
> Nota: 12 kg de tojo equivalen a 8 de heno o 4,5 de avena.[5]

Alimentar al ganado y alimentar la tierra, tal parece ser la función primordial del tojo en el paisaje tradicional de sus países de origen. Domina la idea de que se daba exclusivamente a las caballerías, pero en realidad también se ponía en el pesebre de vacas, cabras y ovejas e incluso sirvió, al menos en Normandía, para alimentar a los conejos. En muchos lugares se usaba solo en épocas de penuria pero en regiones como Galicia, Bretaña o Baja Normandía, era un recurso habitual. Se le ha llamado la alfalfa de los pobres. En la Bretaña francesa los argomales se han considerado tradicionalmente terrenos de gran valor, y aún hoy están clasificados en el catastro como terrenos laborables.

En el monte es sin duda el ganado equino el que más se beneficia de este alimento y el que mejor controla su crecimiento desmedido. En cambio el ovino, mucho más adaptado al pasto que al ramoneo, apenas consume el tojo. El caprino, por el contrario, tiene una preferencia marcada por el ramoneo del matorral y es muy interesante por el aprovechamiento máximo y su control de esta especie, además de la efectiva reducción de biomasa, que evita los incendios. Es bien conocido, sin embargo, su papel negativo para la regeneración de los bosques.

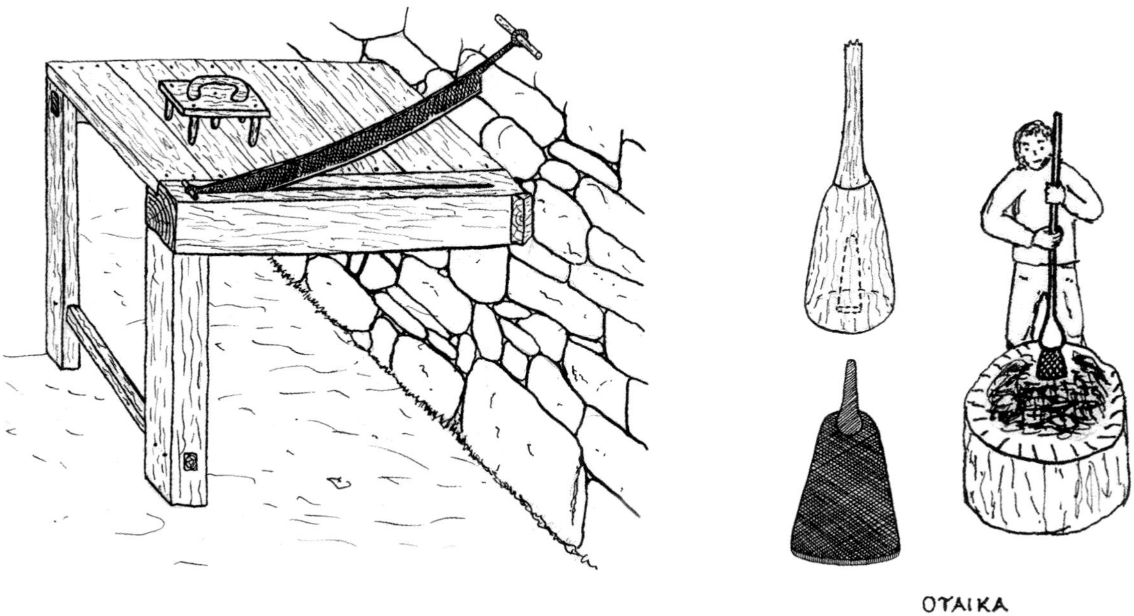

Herramientas para picar el tojo. A la izquierda, el sistema utilizado en el occidente asturiano: una cuchilla batiente corta el tojo; la tablilla dentada sirve para manejarlo sin pincharse. A la derecha, el sistema utilizado en toda el área cantábrica: una cuchilla, engarzada sobre un mango vertical, corta el tojo sobre una gamella o tocón de madera vaciado.

Para usarlo como forraje, el tojo, ya fuera sembrado o nacido de forma natural, se segaba con una guadaña especial, más corta y fuerte, llamada *rozón* en Asturias, *gadaño* en el Caurel u *ota kodañe* en euskera (entre otros mil nombres locales). También se usaba una especie de hoz o «tajamatas» de mango largo y se recogía con una horca especial para este cometido, que también servía para acarrear al hombro la carga de tojos. En este caso era preciso ponerse ropa gruesa sobre la espalda para no pincharse y con frecuencia se usaban sacos de arpillera abiertos en uno de sus lados y colocados sobre la cabeza. Esta carga se llamaba en Asturias *gayada*, o *gavela* en Galicia, entre otros muchos nombres tradicionales.

Una vez en la cuadra, se picaba el tojo con una cuchilla llamada *picadeira* en el Caurel, *(otaika o tregatza* en euskera). Esta cuchilla se montaba sobre un mango con la parte inferior más gruesa para que la herramienta trabajara por su propio peso; se manejaba cortando el árgoma sobre un tocón. El mismo sistema se usaba también para picar los nabos, el acebo o *xardón* y otros forrajes que se daban generalmente en invierno.

Molino de tojo en Bretaña [cortesía de Lucien Pouëdras].

Es curioso que el músico vasco Juan Mari Beltrán relaciona esta labor, que hasta hace poco era bien frecuente por todas las regiones cantábricas y atlánticas, con la *txalaparta*, el arcaico instrumento de percusión que se toca con palos manejados verticalmente para golpear unos tablones. Este músico e investigador pudo ver a unos paisanos de Oiartzun haciendo música mientras picaban el árgoma del mismo modo en que debió hacerse en parecidas situaciones, como el mayado de la manzana para sidra en los caseríos o la molienda del mijo en África. Un modo de convertir el pesado trabajo en ritmo sonoro y lúdico.

> Hay también una danza bretona practicada llamada *Dañs piler-lann*, la danza del picador de tojo [...] la explicación de este nombre vendría del sonido que hacen los pies de los danzantes sobre el suelo, que recuerda el de los mazos moliendo el tojo.[6]

También se han usado artilugios como la espada (llamada *pica do toxo* en el occidente asturiano), una cuchilla para picar tojo, nabos, etc., que se colocaba sobre una mesa o superficie de madera. Una tablilla con asa y espigas de madera puntiagudas servía para arrastrar la árgoma hacia el corte sin pincharse ni cortarse (v. página 107). Más modernamente, sobre todo en Bretaña, se utilizaron máquinas de manivela y molinos de piedra (algunos movidos por caballerías, como una especie de noria llamada en Bretaña *Pil al land)* que picaban y machacaban el tojo para hacerlo comestible para el ganado.

Hasta que comenzaron a utilizarse estos artilugios, la cosecha y preparación del tojo eran uno de los trabajos más laboriosos de las granjas.

Pero así como los animales comen los brotes tiernos de la propia mata en el monte en cualquier época, se restringía su uso como forraje de pesebre al invierno, a causa del peligro de intoxicación por el contenido de citisina de las semillas. En cambio, este alimento no produce el temido meteorismo, tan frecuente con el cambio de alimentación cuando, después de pastar en el prado o en el monte, el ganado pasa a ser estabulado. También se decía que el tojo cura la tos de las caballerías e incluso previene otras enfermedades respiratorias. Este hecho nos lo han señalado repetidamente en Somiedo.[7]

A partir de la primavera el tojo se dejaba de usar como forraje, porque comenzaba ya a crecer el nuevo pasto, y el tojo pasaba a usarse solo como cama para ganado.

Máquina de manivela para picar tojo antes de dárselo a comer al ganado. Doncos, Lugo.

CULTIVO Y RECOLECCIÓN

Aún hoy pueden recogerse testimonios sobre la siembra de tojo, como este que nos facilitaba nuestro amigo y colaborador Ignacio Abrao (lo recoge de Josefa Vázquez en Piñeira-Baralla):

> Ahora ya nadie sabe tratar los toxos, era un trabajo muy laborioso, había que ir al monte, escoger la semilla en los toxos más altos que este techo (aproximadamente dos metros y medio) y sementarlos en tierra gobernada, solo así nacerían toxos con ley y sazón. Se hacía la siembra espesa para que saliesen tiernos. Hacían falta dos cestos de semilla para sembrar una fanega.

En Caurel y otros lugares de Galicia se recuerda aún cómo se compraba la semilla, y se pagaba por ella buen precio, del *toxo da mariña (Ulex europaeus)*, que no se cría allí de forma espontánea, aunque sí crece el *toxo bravo (Ulex gallii)*.[8]

Por citar otros testimonios concretos, nos contaba Luisín de Santianes (en Ribadesella, Asturias) que antiguamente daban también *cotolla* a las vacas, las partes más tiernas que ellas mismas comen también en el monte. Se daba al ganado picada y se echaba en el pesebre, mientras las partes leñosas se apartaban para los hornos.

La semilla se recogía hacia San Juan y se sembraba a voleo mezclada con arena —en primavera con la avena, o en junio con el trigo sarraceno— sobre el terreno arado y se enterraba con una rastra. Para una hectárea hacen falta 12 a 15 kilos de semilla. Germina así bajo la cobertura del cereal y, cuando se cosecha este, se desarrolla el tojo, que al año siguiente alcanza ya un metro y en el otoño del segundo año se empieza a recoger. No requiere otros cuidados. En Bretaña se sembraba incluso para mejorar suelos pobres e introducir luego otros cultivos que de otro modo no hubieran prosperado.

> La semilla, a veces vendida por los comerciantes, la recogían los más pobres, en general eran ancianas que iban a las landas con el permiso tácito de los propietarios. Era la cosecha de mi abuela, me decía una mujer de Plourivo. Este trabajo se hacía en verano,

preferentemente por la mañana porque había que tener cuidado con las víboras. Se ponían enseguida a secar las vainas en una tela o un paraguas y se las escuchaba estallar al sol. Se aplastaban también estas vainas con un mazo o una vara. En Pleumeur-Gautier, durante la procesión de las Rogativas en 1930, uno de mis informantes recuerda haber visto a un cura bendecir las semillas de árgoma que un pobre había extendido ante su casa…[9]

La cosecha se hace de septiembre a marzo, cortando a ras de suelo la cantidad necesaria para el consumo diario, o para unos cuantos días si se prevé mal tiempo. Para cada caballo de tiro se calculaba una ración de 30-35 kilos como mínimo, esto es, en los días que no trabajaba. A partir del cuarto año se consigue la mayor producción, hasta el octavo o noveno y luego disminuye hasta el duodécimo. Se consideraba entonces que era necesario cambiar de cultivo y no volver a cultivar árgoma en otros doce años.[6]

Para los usos del tojo como combustible se cosechan las plantas cada tres o cuatro años.

Para hacer cerramientos o setos de árgoma, se hacía un surco y se sembraba en el caballón.

CAMA DEL GANADO Y ABONO

En cuanto a su uso como cama en las cuadras, se extendía en el suelo para mantener a vacas, cerdos y demás ganados en seco, especialmente a la noche; para ello se esparcía tojo tierno (mez-

Argomales colonizando las praderas ancestrales, pese al fuego y al diente del ganado.

clado o no con helechos, hojarasca...) y se ponía un poco de paja por encima. Por las mañanas se sacaba y apilaba este material que formaba, con los excrementos, el estiércol excelente que, una vez fermentado, servía para abonar tierras, prados y huertos. El tojo es muy rico en materias nitrogenadas, potasa, etc., de modo que aporta al suelo estos elementos y mejora su estructura.

Luisín de Santianes nos habló también de este uso del tojo como cama para el ganado (se llama *mullido* en esta comarca de Ribadesella o *estro* en otras zonas de Asturias). Se *mullía*, es decir, se colocaba esta cama de la mitad del cuerpo de los animales para atrás. Las vacas no lo quieren por delante y lo arrastran. Algunos paisanos llegaban a mirar varias veces para retirar las boñigas y *mullir* la cama, que al día siguiente se cambiaba. El rozo que empleaban era muy buscado y cada uno tenía una franja asignada en el monte en la que recogía todo lo que sirviera para tal fin: hojas de castaño, helechos, tojo... Se traían grandes fardos de mullido y a veces se mandaba a por ello a los niños, y había que ir lejos.

Este mismo informante nos comunica otra curiosa práctica, en la zona de Friol, en la misma provincia de Lugo, que consistía en utilizar para forraje todas las puntas y brotes tiernos del tojo y extender el resto de las matas por los caminos. Aunque recién echado se hacía incómodo el tránsito, al parecer con el paso de personas, carros y animales, enseguida quedaba aplastado y formaba un magnífico pavimento. Cuando se hacía espeso por el añadido de muchas capas, se retiraba y utilizaba como abono para las fincas.

Según testimonio de Ignacio Gómez Abrao, en Castelo (Lugo), donde la tierra es caliza y «digiere» todo rápidamente, se abonaba en octubre enterrando el tojo segado en los surcos y volteando la tierra encima para hacer un abono verde que en primavera ya se había desintegrado dejando la tierra mucho más suelta. Claro está, en este caso se segaban las *toxeiras* jóvenes o se separaban las partes más leñosas. Este abono era muy útil cuando no se disponía de suficiente estiércol, y a veces se añadía al tojo un poco de paja y cal.

También en Normandía, para la plantación de manzanos de sidra se ponían en el fondo del agujero ramitas de tojo cubiertas con tierra y cuando los manzanos estaban ya en producción se extendía al pie un acolchado de árgoma para que el suelo permaneciera libre de hierbas y mejorase tanto su estructura como su composición química.[6]

COMERCIALIZACIÓN DEL COMPOST, UN RECURSO REINVENTADO DE LOS ARGOMALES

> *Calquera galego sabe o bó que é o toxo. Ou ven dunha aldea o ten familia nela e saben que é o mellor abono que hai. O toxo foi de sempre o gasoil das aldeas.*[10]

Actualmente tenemos noticias de una empresa gallega dedicada desde hace más de una década a la conversión de tojo en compost. Con maquinaria especialmente diseñada siegan los montes comunales y desmenuzan todo el material vegetal para convertirlo en abono. Mediante acuerdos con los vecinos propietarios de montes comunales, desbrozan aquellos terrenos donde se trata de evitar incendios, favorecer el pasto o plantar árboles. Lo que cuesta a las administraciones o propietarios mucho dinero, se hace, como antaño, de manera gratuita. Utilizan de este modo el enorme volumen de biomasa que produce el tojo en la región para la comercialización de un compost ecológico que publicitan de este modo:

> Nuestros antepasados consideraban esta planta una joya, por representar la base de su sustento: con la que, según su estado vegetativo, alimentaban el ganado, fertilizaban las tierras o calentaban los hornos y lareiras.
>
> [...] desde esta aldea de Rebordechán, en Pontevedra, intentamos que aquellos que quieran, puedan gozar de sus cualidades y calidades. Tanto en las huertas de la aldea, como en los jardines y balcones de las ciudades; tanto contemplando la belleza de las flores que de ella se alimentan, como saboreando los frutos y hortalizas que, con ella, se crían. [...] Sin productos químicos ni lodos de depuradoras. A través de un proceso de fermentación que dura de 8 meses a un año, del toxo que recogemos en el monte, obtenemos varios productos naturales y ecológicos, con características comunes: pH 5-6.5; textura fina; olor a tierra de monte; alto contenido en flora microbiana...[11]

En una entrevista al periódico *La Voz de Galicia*, el responsable de la empresa desvelaba su secreto inspirado en los usos ancestrales:

> Ramón Lourido, descubrió hace una década, y sin saberlo, uno de los usos con más proyección de la biomasa. Recoge de los montes pontevedreses 20 000 metros cúbicos de tojo al año y los transforma en abono en su planta de Rebordechán, Crecente. Es una simbiosis perfecta, él se lleva los restos de poda y los comuneros obtienen el desbroce gratis. Múltiples comunidades de montes quieren ahora copiar su iniciativa. «*Eu non inventei nada. Eso da biomasa non me gusta nada. Nas aldeas sempre houbo pasto para gando, leña e estrume, e iso é o que é a biomasa. O que eu fago é estrume aínda que agora se chame compost. Sempre se usou o toxo para facer as camas dos animais e despois usábase para abonar as hortas*», explica Lourido.
>
> Los ingredientes son exactamente los mismos que siempre se utilizaron en el campo; *toxo* mezclado con excrementos de oveja, cabra y conejo. «*Fun aprendendo sobre a marcha, son autodidacta total*». [...] A las instalaciones [...] llega el tojo triturado previamente en el propio monte. Allí se selecciona se agrupa en grandes montones y se cubre con lonas para protegerlo de la lluvia. Allí comienza la fermentación bacteriológica, en la que el tojo alcanzará los 75 grados de temperatura. El compost pasa después a una nave donde termina su proceso de maduración.[10]

EL MÁS ANTIGUO BIOCOMBUSTIBLE

El tojo fue combustible preferido para un gran número de hornos de distinto tipo en los que se cocía desde el pan, hasta las tejas y cerámicas diversas. Además de la disponibilidad y su gran poder calorífico tenía otra cualidad, la facilidad para controlar la temperatura. Para la cocción de grandes pucheros de comida para los cerdos o para las potas en la cocina de la casa, es la leña perfecta. La combustión rápida y viva del árgoma permitía alcanzar altas temperaturas, aunque no es la leña más adecuada para mantenerlas largo tiempo y se hacía preciso alimentar continuamente el fuego.

El pan cocido en horno calentado con tojo tenía un sabor característico, y también se usaba esta leña para quemar los pelillos del cerdo durante la matanza. Por supuesto, lo usaban los pastores en el monte para calentarse y poner la olla.

Por otra parte, la fabricación de las tejas se hacía allá donde se encontraban las materias primas necesarias: la arcilla que se amasaba con agua *in situ* y el *rozu* de los combustibles que se encontraban más a mano y se usaba para cocer también en el mismo lugar. Otro tanto podríamos decir de la cerámica, aunque en este caso la infraestructura solía ser más importante y estable. A este respecto podemos contar prácticamente lo mismo del tojo que de otros arbustos similares para estos fines como los brezos, las retamas…

Por otra parte es de gran interés, por sus implicaciones en el paisaje, la economía y la sociedad tradicional, la relación entre los hornos de cal y su combustible primordial, el tojo (el nombre en euskera de estos hornos era precisamente *ota karabidxe*, «horno calero de árgoma»), y las costumbres que se forjaron alrededor de esta industria.

MADERA DE TOJO

La madera de tojo se utilizó para hacer cuñas de todo tipo (por ejemplo las de guadaña) por su dureza y resistencia para soportar los golpes. El palo de tojo, por otra parte, ha sido muy buscado tradicionalmente para hacer bastones, muy hermosos por la propia estructura de la madera, que se utilizaban especialmente en algunas comarcas asturianas los días de fiesta. Ciertamente no es muy fácil encontrar palos rectos y largos de este material, por ello había que ir a buscarlos a los lugares boscosos menos soleados, donde la falta de luz determina un mayor crecimiento en altura.

Nuestro amigo e informante Ignacio Gómez Abrao recoge, en la zona de los Ancares lucenses, el uso de los ganchos de tojo, que se llamaban *chambaricos* o *chambariles* (en asturiano *gabitos*), para colgar el cerdo durante la matanza. Al parecer resultaba muy resistente la horquilla hecha con este material.

LA FLOR DE TOJO

Se ha resaltado la paradoja que existe entre la mata pinchosa y el paisaje inhóspito que crea el argomal, con la belleza de la flor con la que se identifican de algún modo bretones y gallegos. En Galicia esta flor de intenso amarillo que llena de color los montes, tiene los sonoros nombres de *chorima* y *alecrín:*

Alecrín, alecrín dourado, que naceu no monte, sin ser sementado, dice la canción.

Montones de estiércol de *toxo* (comarca de Baleira, Lugo). Aunque cada vez es más raro verlos, el tojo ha servido por todo el arco atlántico europeo para cama de ganado y preparación de un excelente abono.

HORNOS DE CERÁMICA

Las industrias de la cerámica, que surtían de cazuelas y recipientes de toda índole a nuestros abuelos, tuvieron como combustible principal a los diversos tojos, brezos o retamas de cada zona, capaces de dar el fuego vivo necesario para la cocción de estas piezas. Veamos la descripción que hace José Manuel Feito[12] sobre el uso de este combustible en los hornos de cerámica de Miranda de Avilés:

> …sabemos que se gastaban dos carros de rozo por cocción. El rozo lo cultivaban como si fuera alcacer: primero, cavando el monte y luego procediendo a sembrarlo. Lo dejaban crecer dos años hasta que alcanzaba una altura de 110 centímetros aproximadamente. Abundaba en Teboyas (Castrillón), a unos 4 ó 5 Km, en el lugar denominado Las Barrosas. Aún vive uno de los carreteros que transportó los últimos carros: Luis Campa, de 77 años. Tenía él entonces 8 ó 10, y aún recuerda «los pinchazos que llevaba al encarrarlo, sobre todo cuando taba tan crespo después de seco…» Acompañaba a su padre y lo dejaban en el horno de Flora. Al final llegaron a pagarle a duro el carro.
>
> Flora se desplazaba a voltearlo por la mañana, para que ellos pudieran acarrearlo por la tarde. Lo cortaba y amontonaba en manojos hasta que estaba seco, operación que duraba entre quince y veinte días. Le daba vuelta unas horas antes de encarrarlo, incluso un día antes. Era entonces cuando había que impedir a todo trance que lo cogiera la lluvia. Si la tormenta lo mojaba una vez volteado, como ya no podían suspender la cochura, la loza cocida con ese rozo mojado salía malísima.
>
> Se empezaba a atizar lentamente en las primeras horas del día. La cochura duraba doce o catorce horas. Y aprovechaban las horas de la noche para observar por la mirilla del horno —una simple escotilla en la pared— cómo iba subiendo el calor hasta ver todos los cacharros al rojo.
>
> Sobre la obra ponían una especie de grandes tortillas hechas con artos, llamadas mielgas, que recubrían con ceniza o cisco, asentándolo bien con una pala. En Faro y Llamas se usan tapines (trozos de césped con tierra) para esta operación. El horno se enciende con árgomas, rozo, ganzos, uces o carroubas, que así se denominan estos arbustos en los distintos alfares asturianos, hasta templarlo. Luego se usan astillas, durante siete u ocho horas, terminando con rozo para que la loza no adquiera otro color.

Como el propio José Manuel Feito indica, Jovellanos a su paso por esta localidad dio cuenta de esta importante industria, y la falta de combustible para aumentar la producción:

> Cuanto se trabaja se arrebata de las manos de los fabricantes; consúmese en Asturias y en toda nuestra costa septentrional desde Vizcaya a Galicia. Pudiera por lo mismo aumentarse mucho esta manufactura, si no fuera escaseando el rozo que se gasta en los hornos.[13]

Pocas actividades humanas han tenido una influencia tan grande y persistente en el paisaje como los hornos de cal, que consumían regularmente grandes cantidades de combustible, casi siempre tojo, brezos, etc., para calcinar las piedras calizas que producen la cal viva. Con esta se encalaban casas y cuadras para blanquear y desinfectar, también se hacían los morteros, cementos antiguos para construcción cuyos ingredientes básicos son la cal y la arena, y por último se echaba cal a las tierras para enmendarlas. El enorme consumo de este material, y la necesidad de proveer los hornos con un buen combustible, han propiciado incluso el cultivo y uso masivo del tojo a lo largo, al menos, de los dos últimos milenios.

Julio Caro Baroja describe estos caleros comunales, en ocasiones familiares, que se encontraban un poco por todas partes, en cada pueblo, incluso en cada barrio donde había piedra caliza y servían para autoconsumo, pero también en ocasiones se vendían e incluso exportaban los excedentes:

> Un acontecimiento importante de cada barriada o grupo de caseríos lo constituye la quema del calero para proporcionarse cal. Antes era mucho más frecuente que ahora, porque los prados, etc., se abonaban con cal abundantemente, cosa que hoy día no se hace. […] Generalmente, los hornos están a la orilla de algún camino, en sitio resguardado. Son unas construcciones de piedra circulares. […] La quema del calero —«kisu labia»— tiene lugar primero en abril, luego durante la segunda quincena de agosto y primera de septiembre. Los hombres de la barriada, antes, se dedicaban a cortar aliagas durante los días que precedían al señalado para la quema, que debía ser un día claro y sin amenaza de lluvia. La segunda operación era la de la extracción y transporte de la piedra caliza. Una vez reunidos los dos elementos necesarios, se comenzaba a construir dentro del horno con la piedra una especie de bóveda, sobre la que se echaba más piedra. El hueco que la bóveda dejaba se rellenaba con aliagas, a las que se prendía fuego, sin dejar que este se extinguiera, pero procurando que no fuera demasiado violento durante la primera noche; al cabo de tres días, la calcinación se había llevado a término y la cal se repartía entre las familias que habían contribuido…
>
> La costumbre de hacer una pequeña fiesta durante la quema del calero, o al final de esta, no se ha perdido.[14]

El relato del funcionamiento de los caleros es muy similar donde quiera que preguntemos. Varían las tradiciones y los combustibles (en zonas donde no hay tojo se usan otras leñas similares), pero el ir y venir de carros cargados con piedra por un lado y carros cargados de leña por otro, fue el mismo en todas partes y así nos lo han relatado los más mayores en la aldea de San Juan de Duz (Colunga) donde aún queda un horno derruido y el recuerdo de su uso. En Asturias la cal se exportaba a las regiones del sur a través de los puertos de mar y esta industria genera-

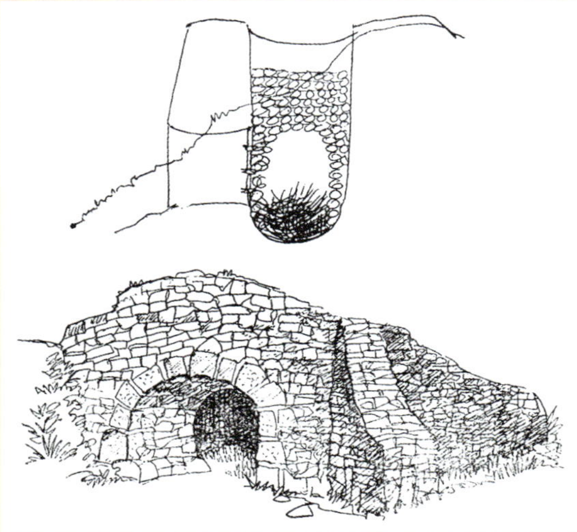

Calero, en ilustración de J. Caro Baroja.

Calero en San Juan de Duz, Asturias.

ba pequeñas «empresas» en las que incluso se compraba la piedra y se explotaban pequeñas canteras de caliza.

Pero también se obtenían del calero, por un lado, las cenizas, que se usaron como abono, además de la propia cal que, como decíamos, se usa para enmendar los terrenos demasiado ácidos, lo cual resultaba indispensable para determinados cultivos. De esta forma, también el tojo obraba el milagro de reducir a polvo la dura piedra hasta hacerla digerible para la tierra. De uno u otro modo estos caleros tuvieron un influjo muy importante en los paisajes, desde los pueblos blancos, con sus casas encaladas por dentro y por fuera, hasta los montes cubiertos de árgomas para alimentar los hornos, o las propias canteras que como una caries imparable han ido minando las entrañas de las montañas.

He aquí el relato del padre Lizarralde sobre la construcción de los caleros, que merece la pena por su minuciosidad:

> Cuando varios vecinos toman la determinación de quemar una hornada, el proyecto suele envolver caracteres de singular acontecimiento. Las dueñas, las etxekoandras, hacen provisiones de comida y bebida para esos días. Con alguna anticipación hombres y mujeres van al monte a cortar árgoma, labor que se toma como diversión, como una verdadera juerga, pues durante ella se gasta buen humor, refiriendo cuentos alegres, inventando chistes para fomento de compañerismo. Más tarde los hombres se dedican a arrancar piedra caliza y a traerla al lugar donde se encuentra el horno. Para cargar ésta debidamente, se requiere un diestro que sepa armar la bóveda arqueada, lo que se consigue colo-

cando las primeras piedras en círculos sobrepuestos cada vez de menor diámetro, hasta que por fin se cierre la media naranja con la clave central. Sobre ésta se carga el resto de piedra que ha de colmar la cavidad del horno. El hueco interior de la media naranja se llena de troncos y leña gruesa y los intersticios de ellos, de paja y ramaje. Al atardecer de un día seco, con predicciones meteorológicas favorables, esto es, cuando el viento gallego no amenaza lluvia, se prende fuego al horno procurando mantenerlo en una intensidad moderada durante la primera noche, a fin de que así se evapore primero la humedad del horno y de la piedra; de lo contrario, corre el riesgo de que se calcine prematuramente la bóveda de la media naranja y se venga abajo antes de tiempo. Se requiere tacto especial en esta labor inicial. A la mañana siguiente, puede avivarse el fuego hasta el mayor grado de intensidad y débese conservarlo así durante tres días con sus noches. Para el relevo de fogoneros son menester los hombres de cinco o seis familias. Cuando las piedras encimeras del horno han tomado color verde, color de lagarto, es señal de que está perfectamente calcinado. Ahora, cerrada la portezuela del atake, se le abandona durante veinticuatro horas. La cal se distribuye entre los vecinos a partes iguales, lo que se hace pesándola sobre un balancín en uno de cuyos extremos se coloca una piedra crecida, y en el otro la cesta llena de cal. Varias causas suelen intervenir en el fracaso vergonzoso de una mala calcinación; además de las meteorológicas, se cuentan otras de orden supersticioso: una culebra que corrió a ocultarse en el horno durante el periodo de su preparación, una herradura que un maléfico arrojó al horno durante la quema del mismo. La medida usual de la cal es el carro. Cada carro contiene 36 arrobas y su precio corriente es de 25 pesetas. A los que ayudan en el turno de fogoneros se les gratifica con una cantidad discrecional para lechada. Tratándose de pequeñas cantidades, la necesaria para el enlucido de la casa, para la desinfección de la semilla de trigo, etc., nunca se exige paga alguna por ello.[15]

A su belleza, la flor de tojo añade una agradable fragancia que recuerda a miel y a flores o frutas exóticas y es más intensa cuando le da el sol.

También se dice que *O toxo sempre está en flor en Galicia* y la misma observación existe en Bretaña, donde la leyenda cuenta que Dios hizo las flores del tojo y, para fastidiarle, el diablo creó las espinas. En compensación Dios permitió que florecieran todo el año tal como puede verse aún en las landas litorales y los montes de la región de Arrée. Cuentos aparte, podremos comprobar en muchas comarcas que las distintas especies de tojo florecen en épocas diferentes, y es preciso resaltar la importancia que tiene para las abejas y abejorros esta floración casi perpetua, que proporciona abundante polen y algo de néctar incluso en las épocas más difíciles.

Algunos refranes asturianos relacionan la abundancia de la floración con otros fenómenos y así se dice: *Añu de flor de cotolla, añu de mucha boroña* y también *L'árgoma engalanada espera grande ñevada*. En Bretaña se pensaba que cuanto más espléndida fuera la floración del tojo mejor sería la cosecha de trigo de ese año.

En cuanto a las propiedades de la flor se decía en Burbia (León): *Hay que darle o flor do toxo pra que le pase o anoxo.*[16] Es decir que la infusión era remedio tradicional contra el empacho o indigestión.

Esta flor se usó popularmente en forma de infusión para «limpiar el hígado», como diurética, contra diarreas y enfermedades reumáticas y para calmar la tos. La dosis es de una cucharada de flores por taza, tres veces al día.[17] Con estas mismas flores se hicieron también tintes, e incluso en Galicia se utilizaron para hacer un licor, mezclando un kilo de azúcar por tres litros de aguardiente y añadiendo unas mil flores de toxo recolectadas y puestas a secar previamente durante un mes. Se dejan macerar unos meses y ya se puede tomar. Emilio Blanco[18] recoge en el Caurel la convicción de los vecinos de los pueblos de que el cercano monasterio de Samos elabora con este ingrediente su licor secreto llamado PAX y compra para ello por kilos la flor en las aldeas.[19]

Por último, un curioso remedio popular: según testimonio del naturalista e ilustrador Fernando Fueyo, quien lo vio hacer a su abuela en la aldea asturiana de Parres de Llanes, se preparaba una infusión de flores de tojo y se ponía en un vaso especial que reservaban para este uso porque se ajustaba a la cuenca ocular. Así se inclinaba el vaso para que el líquido actuara sobre el ojo infectado.

OTROS USOS

Además de los usos y funciones ya vistos, el tojo se ha utilizado para crear barreras o setos prácticamente infranqueables para la gente o el ganado. También lo hemos visto defendiendo los tiestos de los ataques de los gatos que vienen a hacer sus necesidades en la tierra y arruinan las plantas. Nada mejor en este caso que unas ramas de punzante tojo alrededor.

Del mismo modo se defendían las cuerrias en las que se depositaban las castañas recién recogi-

Flor y fruto del árgoma, *Ulex europaeus*. Las distintas especies producen una floración continua en muchas comarcas.

das para evitar el «pillaje» del jabalí («el jabalí es bandolero» nos decían en Somiedo aludiendo a estos y otros asaltos), y de otros animales.

También tiene gran interés en las repoblaciones, especialmente si se hacen en argomales. Las matas de árgoma, amontonadas y atadas alrededor de los plantones, se han usado tradicionalmente para defenderlos. De esta forma, ejerce artificialmente las funciones que realiza ya en la naturaleza como planta nodriza capaz de crear sombra y un pequeño microclima y de defender con sus espinas del ataque de los herbívoros.

Emilio Blanco recoge en el Caurel el uso del tojo para ahuyentar a los ratones: «*…colocábase forrando as vigas das pallozas para que non se acerquen os ratos.*»[18]

Del mismo modo, se utilizaba para proteger los injertos de los árboles frutales, impidiendo que se posaran los pájaros y los malograran.

Plinio[20] menciona con el nombre de *«ulex»* cierto arbusto con el que los romanos extraían el oro en Hispania mediante el sistema de *ruina montium*. Hacían circular la tierra disuelta en agua a través de canales de lavado en los que las matas de este arbusto tenían la función de retener la materia más pesada, es decir, el oro. Sin embargo, no parece que se trataba del árgoma y, de hecho, la identificación de este *«ulex»* continúa siendo enigmática hoy en día. Para algunos autores como Ginés López González (com. pers.), se trataría más bien de la brecina *(Calluna vulgaris)*.

VIEJOS CUENTOS Y CREENCIAS DEL PAÍS DE LAS LANDAS

Los cuentos bretones, recogidos por Paul Sébillot[21] y otros autores, hablan de la Landa de los Muertos, donde las almas de los difuntos se demoran eternamente y hacen sus apariciones fantasmales. A veces caminan con cuerpo humano sobre los brezos y los tojos sin aplastarlos, o merodean en forma de mariposas, cada una en torno a su propia mata de árgoma o espino albar… Algunas almas en pena cumplen su penitencia de cortar tojos para alimentar los fuegos perpetuos del purgatorio… pero entre todas las incontables fábulas y creencias de Bretaña, sin duda la *Leyenda de la Muerte*, de Anatole le Braz, es nuestra compilación favorita:[22]

EL HOGAR DE ANAÓN

El pueblo inmenso de almas en pena se llama el Anaón.

… Cuando se va a atravesar un talud plantado de árgomas, hay que tener cuidado previamente de hacer algún ruido, toser por ejemplo, para advertir a las almas que hacen allí penitencia y permitirles alejarse. Antes de comenzar a cortar un campo de trigo, se ha de decir: ¡Si el Anaón está ahí, paz a su alma!

… M. Dollo paseaba un día por el campo, en compañía de un señor de la ciudad. El camino que seguían estaba bordeado por un doble seto de árgomas. El señor, mientras caminaba, se divertía descabezando a bastonazos los brotes que sobresalían del resto. El venerable Dollo le cogió bruscamente del brazo y le dijo:

—Deje este juego; piense que miles de almas cumplen su purgatorio, entre las árgomas y que usted turba su penitencia…

… Otras almas son condenadas a hacer cepellones de turba en cantidad suficiente para calentar durante 3 años el purgatorio; otras aún, a cortar árgoma, durante un número de años estipulado, para calentar el fuego del purgatorio.

EL VIEJO DE LA LUNA

Un poco por todas partes, los robos de árgoma sucedían con cierta frecuencia en tiempos de penuria tal como hemos recogido en diferentes relatos reales y legendarios.

Ya lo cuenta Emilia Pardo Bazán *(La Compaña):*

> Porque puede pasar el esquilmo de la rama y del tojo, y hasta el apañar hierba en linderos que no tienen dueño; pero arrancar la patata ya en sazón o desvalijar un panel del hórreo..., eso son palabras mayores, y como le pillasen...

Existe incluso una hermosa historia que podemos encontrar en distintas versiones por gran parte de Europa y podría tener su origen en un tabú preventivo de este tipo de hurtos, que en parte por necesidad y en parte porque no podían considerarse una falta tan grave como el robo de dinero, alimentos…, debieron de ser muy frecuentes. Se trata de una extendida leyenda que explica el origen de las manchas de la luna, en las que, si te fijas bien, verás la figura de un viejo cargado con un haz de árgomas o espinos (hace falta buena vista y viva imaginación). Cuando empecé a escuchar los primeros relatos de Xinxinos, el viejo de la luna, me acerqué a visitar a los viejos molineros de Canaliegas, que saben y recuerdan lo que verdaderamente importa. Los encontré como de costumbre en el porche de su casa, sentados a la mesa en perpetua tertulia mientras el gallo escarbaba por los alrededores y, al preguntarles por Xinxinos, se les iluminaron los ojos y me contaron que ellos lo llamaban Llonxinos y cuando eran pequeños, solía decirse al ver la luna. «Allá está Llonxinos con la gayada de espinos». Tuvieron que explicarme también que la gayada es la carga de tojos que se cogía con el gayón, un tipo especial de horca para acarrear el tojo.[23] Enseguida la conversación discurrió por otros derroteros y empezaron a contar encantos como el de las cabras de la Tía Xuana, una piedras blancas en el monte de Santianes que, según la leyenda, son todo un rebaño y su pastora, que fueron convertidos en piedra… Pero eso es ya otra historia. Las leyendas del viejo de la luna se cuentan en la versión recogida por Xesús Taboada:

> *Pra espricar as manchas hai un conto portugués, tamen recollido por Cabal en Asturias, que refire andaba un home a traballar en domingo, apañando silvas. Mostrouse Deus e díxole:*
>
> *—Entâo andas a trabalhar ao domingo.*
> *—Señor aquí ninguém me vê neste canto.*
> *—Pois deixza estar que toda a gente te há-de ver.*
>
> *Depois Deus colocou na Lua o homem con o molho de silvas ás costas. E de que andando lá, produz as manchas. Istas ou parellas credinces alcóntranse en moitos sitios.*[24]

Las leyendas navarras recogidas en Urdiain (Navarra) por José María Satrústegui explican el imaginario cósmico vasco navarro:

> …coinciden en que el Sol no sale del fondo de la tierra, sino del espacio, mejor dicho, del firmamento —*zerutik*— que es su sitio. La luna, en cambio se mete entre las montañas y tiene secuestrado al hombre cargado con el fajo de árgoma —*otasoina*—, que no fue respetuoso con ella. Aseguran haberlo visto muchas veces. [25]

Por su parte, Azkue[26] y Emeterio Sorazu[27] cuentan la leyenda del leñador que, despreciando a la luna su luz, se dedicó de noche a recoger una carga de árgoma. Esta leyenda es reveladora del culto que merecía la luna en el ámbito rural: *Geroztik han dago gizon hori ilargian bertan, ota-sendorra bizkarrean duela* («desde entonces allí está ese hombre en la misma luna, llevando al hombro su carga de árgoma»), dice Sorazu, quien más tarde nos aclara que el árgoma era robada.

Pero posiblemente sea Berto Peña quien más ha ahondado en las distintas versiones de este cuento, recogiéndolo de muy diversas fuentes:

> Se dice que en la superficie lunar puede verse a Longines, un hombre al que absorbió la luna, cargado con un haz de espinos. Otros dicen que es una vieja así castigada por haber robado leña. En algunos concejos asturianos este personaje se llama Xinxinos y está castigado allí por desobedecer a su madre que le mandó traer una carga de espinos. Después de mucho refunfuñar los trajo y, al preguntarle donde los ponía, ésta le dijo: «*¡En los cuernos de la luna!*» y allí se quedó para siempre. En el Ripollés catalán se le llama *L'home dels arços* y se trata de un montañés que se puso a hacer un cierre de espinos *(arços)* mientras sonaba el ángelus. En Couserans (Ariège) es «Bernat l'Espierrasatch» y su castigo es el mismo por no haber ido a misa el domingo. En Gascuña el personaje se llama «Herré» (nombre que también se le da al mes de febrero). En Euskadi existe una versión menos cristianizada (al igual que la asturiana y la cántabra). Allí el condenado se llama Piarrés y está en la luna por insultar al viento del Norte que lo mandó allí de un soplido y ahora se halla forzado a girar la luna caminando sobre ella.[28]

Aurelio de Llano y Constantino Cabal encontraron a su vez parecidas historias en Asturias; en Murcia el viejo se llama Juan Alpargata y en la tradición bretona se cuenta que un tal Yann, fue raptado por la luna por haber robado un haz de aulagas para encender la hoguera de San Juan.[29]

Las leyendas cuentan la historia de Xinxinos, el Viejo de la Luna, condenado a llevar por toda la eternidad una carga de tojo robado. Se dice que en las manchas lunares puede vislumbrarse su figura.

Es en este punto donde nos parece oportuna la comparación con otro personaje aparentemente diferente, pero cuya iconografía, como veremos, es muy similar. Se trata del Olentzero vasco, un carbonero que encarna el espíritu del año viejo y también hace las funciones de Papá Noel, trayendo regalos en Nochebuena.

Las leyendas hablan de un Olentzero, tripero y borrachín, que viene a anunciar el nuevo año o el nacimiento de Jesús en diferentes versiones del mito. José María Satrústegui lo describe así: «El personaje desaliñado y glotón que cada año, por Navidad, abandona la fronda espesa de no sé qué bosques inmemoriales...». Es el heraldo de un nuevo tiempo y por eso hace su aparición a las doce en punto de la noche. En Beruete, se conmemoraba el mito con un diálogo que se representaba en este preciso momento y en el que se preguntaba al viejo Olentzero en dónde había estado empinando el codo: *Itxasoko portaletan, bert, gabeko amabitan* —«En los zaguanes del mar, anoche a las doce»—, es su lacónica respuesta. Y en otros muchos lugares, como Goizueta, Olentzero es un muñeco o una persona disfrazada y hasta el propio tronco o trashoguero, el *Olentzaro enbor*, que como una encarnación del propio bosque, se trae a casa para ser quemado en un ritual de renovación del fuego del hogar. Como espíritu del bosque y del propio fuego, Olentzero trae también al hombro en Berástegui una carga de árgoma y una hoz en la mano. Se cuenta que cuando todos duermen, entra por las chimeneas, que deben estar bien deshollinadas para la ocasión, y si encuentra el tronco apagado lo avivará dando fuego a su fardo. En Leiza y Araquil era un gigante de ojos rojos, sanguinolentos, y aire fiero, armado de una hoz y con un haz de árgoma en la mano, que bajaba del monte por Nochebuena y, rugiendo, entraba en las casas por la chimenea, cortando la cabeza de sus habitantes si la encontraba sucia. Y es que la Nochebuena es precisamente el tiempo sagrado de la renovación del fuego y la chimenea debe estar perfectamente limpia para recibir el gran tronco que ritualmente ha de arder ese día para preservar el caserío de rayos y maleficios durante todo el año. Es precisamente con un atado de tojos o árgomas como se limpiaba la chimenea de hollín para evitar los incendios que podían causar estos restos en los edificios de madera. Para ello, nos contaban en Somiedo, se descolgaba el atado de esta planta desde arriba del tejado con una cuerda, y una piedra atada por abajo permitía subir y bajar esta «escoba» que deshollinaba perfectamente gracias a los pinchos.

Gayón, o traenta, para cargar y manejar el tojo en el oriente asturiano. Las modalidades más antiguas de esta herramienta eran de una sola pieza de madera.

Pero como iremos viendo, esta relación entre el tojo y el fuego ha tenido una explicación al mismo tiempo que económica y utilitaria, mágica o ceremonial.

HOGUERAS DE FIESTA Y RITUAL

¡Qué buena la lumbre de aliaga,
si como calienta durara![30]

Muchas de las hogueras sagradas y (o) festivas que se encendían en las fechas señaladas en todos los campos, en las plazas y lugares de romería, tuvieron como combustible un gran montón de árgoma o *rozu*. La combustión era rápida pero daba enormes llamas que se veían de un pueblo a otro y servían para dar comienzo al baile, el ritual, la fiesta, los saltos en torno al fuego…

Como muestra, la pira de tojos o *cotollas* que ardía el 7 de septiembre, «la noche de la foguera», en el santuario de La Virgen de Llugás (Villaviciosa). Según el investigador José Ramón García, los peregrinos que acuden a Llugás llegan tradicionalmente desde todos los puntos de una amplia comarca que se corresponde con el antiguo territorio de los *lugones*, que poblaban la región hace más de dos mil años. Alrededor de esta hoguera se hacían el baile y la fiesta a la luz y al calor de la crepitante árgoma. Madoz describe en estos términos el festejo en torno a la foguera que debió presenciar a mediados del XIX:

> Al que en la referida noche sube al prado que corona el sitio donde está la iglesia, se le ofrece una perspectiva verdaderamente sorprendente; saliendo del bosque de espesos robles que le circundan, se le presenta la torre y pórtico perfectamente iluminados con faroles de vivos colores… En el medio se levanta la gran hoguera de haces de árgoma, en torno de la cual se agita una alegre y bulliciosa muchedumbre…[31]

En Abaltzisketa (Guipúzcoa) refiere Juan Garmendia la tradicional hoguera de San Juan que se hacía en la plaza de la villa:

> Para el encendido de la hoguera se valen de la árgoma que años atrás transportaban en un carro rural, *gurdikada bat otea*, previamente cortada y seca. De esta labor se encargaba el alguacil o *amabie*. Últimamente los responsables de este menester son uno o varios vecinos contratados por el Ayuntamiento, quienes prescinden de la carreta rural. […] El fuego de esta noche aleja las culebras, sapos, comadrejas o *erbinoriak*, etc.[32]

Entre otros ejemplos mentaremos también el recogido por Xurxo Ayán en Castrolandín (Pontevedra):

> Según los viejos del lugar, en otros tiempos solía encenderse antes de la medianoche de San Juan una pequeña hoguera para que los de la aldea vecina prendieran la suya y cuando ésta estaba en su apogeo, los de Castrolandín encendían la gran pira de tojo que habría de eclipsar a la vecina.[33]

Otras muchas hogueras de San Juan se hicieron con montones de tojo que juntaban los mozos del pueblo, o bien cada familia aportaba su correspondiente carga.

En el terreno de la literatura costumbrista, Palacio Valdés describe una de estas hogueras en un pueblo asturiano de Entralgo, Laviana, en el que nació en 1853:

> Linón de Mardana, uno de los criados del capitán, acababa de traer la última carga de tojo y árgoma. El montón, situado en uno de los ángulos de la plazoleta, era en verdad enorme, imponente. En torno de él saltaba y voceaba un enjambre de chiquillos. […] Cuando el grupo de gente de la Pola, en cuyo centro venían el gaitero y el tamborilero, desembocaron en la plazuela, se hallaba ya ésta poblada de hombres, de mujeres y niños, aunque todavía predominasen éstos. Linón de Mardana se dirigió con su tridente a la gran pirámide de árgoma, tomó de ella una razonable cantidad, la colocó en el centro y dio fuego. Una inmensa hoguera se produjo instantáneamente. Sus chispas volaron por el aire como estrellas filantes. Un grito de entusiasmo se escapó de todos los pechos.[34]

SANTUARIOS DEL TOJO

Llegaba hasta mí
el salvaje perfume de árgoma
y el grito neandertal de los pastores.
Y una madrugada
encontré en mi jardín
el peine de oro de Mari
y creí escuchar su voz.

Eusebio Abásolo

Justo en el centro geográfico de Portugal, en el Concello de Abrantes, existe una capilla dedicada a *Nossa Senhora do Tojo*. Se cuenta que fue construida para albergar la imagen de la Virgen que un pastor encontró entre los tojos, y regresaba siempre a su lugar de origen. Se celebra una gran romería a este santuario que data al menos de 1139.

Un poco más al oeste, se venera a *Nossa Senhora da Tojeirinha*, en el Concello de Porto de Mós. El origen de este culto lo explica una leyenda, según la cual un campesino de Alqueidão da Serra se encontraba arando el campo y de pronto la yunta quedó clavada en el sitio. Al parecer habían topado con las raíces de un pequeño tojo. El hombre picó a los bueyes para que continuaran, pero el arado estaba clavado en aquel sitio y era imposible moverse. Cuando se puso a cavar encontró la imagen de la virgen y, como había aparecido al pie de un tojo y en el lugar llamado *Os Tojeiros*, la llamaron *Nossa Señora da Tojeirinha*. La tradición manda llevar los animales al santuario el día de San Silvestre (último día del año), para que sean bendecidos y a continuación se dan tres vueltas a la capilla. Una vez más, el rito de circunvalación dará fin a la ceremonia.

Notas

1. Caveda y Solares, Francisco de Paula. *Descripción geográfica e histórica de Villaviciosa*. [1818]. Ed. Elviro Martínez. Gijón, 1988.
2. *Nueva Recopilacion de los fuers [fueros], privilegios, buenos usos, y costumbres leyes y ordens [ordenanzas] de la ... Provincia de Guipuzcoa (confirmados ... por el Rey Don Phelipe Quinto)*. Título XXXVIII, capítulo VI. 1696.
3. Vavílov, N. I. *Cinco continentes*. Libros del Jata. Bilbao, 2015, pp. 266-267.
4. Vavílov, ob. cit., p. 280.
5. Bonfils, M. *Les arbres fourragers en climats tempérés*. <https://seedzen.files.wordpress.com/2012/03/bonfils-les-arbres-fourragers.pdf> [v. nota 7, p. 81]
6. Chevalier, A. Les *Ulex* comme engrais verts et plantes fourragères. *Revue de botanique appliquée et d'agriculture coloniale*, n° 239-240, 1941, pp. 407-425. <http://www.persee.fr/doc/jatba_0370-3681_1941_num_21_239_2137>

7. Aunque nos preguntamos si es el tojo el que cura la tos o es simplemente que se curan cuando dejan de comer el heno viejo y polvoriento que normalmente se deja para las caballerías, que lo comen durante todo el invierno.
8. Blanco Castro, E. *El Caurel, las plantas y sus habitantes*. Fundación Caixa Galicia. La Coruña, 1996, p. 106.
9. Giraudon, D. L'ajonc sur le bout de la lande. En Ph. Jarnoux. *La lande : un paysage au gré des hommes*. Feb 2007, Châteaulin, France. Centre de Recherche Bretonne et Celtique / Parc naturel regional d'Armorique, pp.167-179, 2008. <http://hal.univ-brest.fr/hal-00469688>
10. Velázquez, J. El tojo abandona la aldea para servir de alimento a los jardines de la ciudad. *La Voz de Galicia*, 9/12/2007 <http://www.lavozdegalicia.es/pontevedra/2007/12/09/0003_6387874.htm>
11. <http://abonoslourido.com/es/index.html>
12. Feito, J. M. *La artesanía popular asturiana*. Ed. Ayalga. Gijón, 1977, pp. 197-199.
13. Jovellanos, G. M. de. *Los viajes por Asturias (1790-1801)*. Alsa, 2010.
14. Caro Baroja, J. *De la vida rural vasca*. Txertoa. San Sebastián, 1974, pp. 149-151.
15. Lizarralde, J. A. de. *Villa de Oñate* [Anuario de Eusko Folklore 1927, p. 97]. En Echegaray, B. *La vecindad. Relaciones que engendra en el País Vasco*. Ed. Eusko-Ikaskuntza. San Sebastián, 1933, p. 39.
16. Tomado de la grabación que nos facilita la Fonoteca de la Fundación Joaquín Díaz (Centro etnográfico de Urueña, Valladolid; con nº de referencia 299–K). Lo cuenta la señora Clotilde Abella Rellán de 64 años, curandera de Burbia.
17. Lastra, J. J. y Bachiller, L. I. *Plantas medicinales en Asturias y la Cornisa Cantábrica*. Ed. Trea. 1997, p. 259.
18. Blanco Castro, E. *El Caurel, las plantas y sus habitantes*. Fundación Caixa Galicia. 1996.
19. Tras unos años en los que la destilería de este monasterio permaneció cerrada, la fabricación de licor se ha reanudado en 2013.
20. Plinio. *Historia Natural* XXXIII, 76-78.
21. Sébillot, P. *Les arbres dans les traditions populaires*. Arbre d'Or. Ginebra, 2005.
22. le Braz, A. *La Légende de la Mort*. Ed. Jeanne Laffitte/ Coop Breizh. Marsella, 1994.
23. *Fourche à prendre l'ajonc* (en *La Légende de la Mort)*. El gayón o gaya se hacía antiguamente de madera, trabajando en vivo un pie de fresno para obtener los tres dientes con la forma adecuada para llevar la carga de leña o rozo. El nombre viene probablemente del «espino gallero», que es como llaman al tojo en algunos lugares de Asturias
24. Taboada Chivite, X. *Ritos y creencias gallegas. O culto da Lua no Noroeste Hispanico*. Ed. Salvora, 1982, p. 103.
25. Satrústegui, J. M. *Mitos y creencias*. Ed. Orain S. A. 1984.
26. Azkue, R. M. *Euskalerriaren yakintza*, II. Espasa-Calpe. 1942, p. 110.
27. Sorazu, E. *Antropología y religión en el pueblo vasco*. Caja de Ahorros de Guipúzcoa. San Sebastián, 1979.
28. Álvarez Peña, A. *Mitología cántabra*. Ed. Picu Urriellu. Gijón, 2006.
29. Hernández Fernández, Á. *El rapto de la luna: cuentos, leyendas y mitos sobre el origen de las manchas lunares*. Culturas Populares. Revista Electrónica 2 (mayo-agosto). 2006. <http://www.culturaspopulares.org/textos2/articulos/hernandezf.htm>
30. Este refrán alavés lo trae José Íñigo Irigoyen en su *Folklore Alavés* (Vitoria, 1949). Se explica por el gran poder calorífico de este combustible y su poca duración. Aquí no queda claro si «aliaga» se refiere al tojo o a la genista, ambas conocidas en Álava con este nombre y ambas con cualidades similares en cuanto a su utilización como leñas.
31. Madoz, P. *Asturias*, en *Diccionario GeográficoEstadístico-Histórico de España*. 1845-1850. Facsímil Ed. Maxtor. Valladolid, 2010.
32. Garmendia Larrañaga, J. *Ritos de Solsticio de Verano (I) Festividad de San Juan Bautista*. Ed. Kriselu. San Sebastián, 1987, p. 17.
33. Ayán Vila, X. M. (Coord.). *Pasado e futuro de Castrolandín (Cuntis, Pontevedra). Unha proposta de recuperación e revalorización*. TAPA (Traballos en Arqueoloxía da Paisaxe) 29. Santiago: IEGPS (CSIC-XuGa). 2003, pp. 143-168.
34. Palacio Valdés, A. *La aldea perdida* [Cap. II, La lumbrada]. Obras Completas. Ed. Aguilar. Madrid, 1959, pp. 929-932.

Brezales de *Erica australis*, entre el hayedo y los pastizales. Braña de El Rasón, Aller, Asturias.

5. Brezales, mitos, culturas y paisajes

Con arbustos y árboles tan conocidos como el madroño, el rododendro o el arándano, la gran familia de las ericáceas se encuentra repartida por las regiones frías y templadas de todos los continentes, ocupando casi siempre terrenos pobres y ácidos. La austeridad que presentan muchas de estas plantas en relación con el sustrato nos permite verlas como epífitas ocasionales en las horcaduras de los viejos árboles, junto a helechos y otras especies adaptadas a estas curiosas situaciones. Es el caso de distintos arándanos y más ocasionalmente algunos brezos. Estos últimos forman un grupo diverso y de gran importancia para las culturas tradicionales. Los brezales ocupan grandes extensiones, con especies que van desde pequeñas matas rastreras hasta brezos de porte arbóreo que pueden formar verdaderos bosques; desde las formaciones arbustivas en fases finales de turberas, hasta el sotobosque de pinares y eucaliptales. Pero sobre todo se conocen como brezales las inmensas extensiones de brezos ligadas a los usos antrópicos del fuego y el pastoreo, que perpetúan estas landas de suelos pobres. La génesis de estos paisajes se encuentra con frecuencia en los bosques degradados cuyos suelos han perdido gran parte de la materia orgánica y se han acidificado. En definitiva, los brezos son arbustos perennes que se adaptan a las condiciones más difíciles, tanto ambientales como de sustrato, y tienen una gran importancia para la conservación y la formación de los suelos. Se diría que hay un brezo para cada paisaje, y entre ellos encontramos los que soportan la sequía y los que toleran los terrenos encharcados, los adaptados a los sustratos más ácidos, a la salinidad, el frío o el calor extremos, la plena luz o la umbría…

De ahí la gran importancia que tuvieron y tienen estas matas humildes en los lugares más pobres, en los que proporcionan recursos imprescindibles para la supervivencia de los habitantes de muchas comarcas. De ahí también que los brezos tengan tanta importancia en jardinería, ya que podemos encontrar un brezo para cada situación, y en general florecen con profusión.

En cuanto a las propiedades medicinales, no solo de los brezos sino de gran parte de las ericáceas, destaca la capacidad antiséptica de muchas especies, por su contenido en arbutósido, en el tratamiento de enfermedades del sistema renal y tracto urinario. Por ello han sido utilizadas en medicina popular y tradicional y rescatadas en medicinas alternativas con gran número de «recetas» en las que la gayuba, los arándanos o los brezos continúan utilizándose en la prevención y curación de dolencias tan comunes como la cistitis y otras infecciones.

UN ECOSISTEMA SINGULAR, LOS HABITANTES DEL BREZAL

> Allí se diría que uno vuelve a una época muy anterior al reinado de Cristián VII. Como entonces, ahora en Jutlandia los rojizos brezales se extienden millas y millas, con sus dólmenes, sus espejismos, sus caminos entrecruzados, llenos de piedras y arena. Al oeste, donde grandes

Morrena glaciar colonizada por abedules, brezo *(Erica arborea)* y acebos. Somiedo.

barrancos se precipitan en fiordos, los prados y los pantanos se extienden rodeados por altas dunas…

…Aquí en el brezal todo ofrecía una abundancia diferente, estaba invadido de flores de brezo, y los arándanos crecían tan gruesos y tan dulces que se los podía estrujar perfectamente con el pie, hasta que el brezo goteaba con el zumo purpúreo.

Aquí se alzaba un dolmen, allá otro. Columnas de humo se elevaban en el aire inmóvil; era que quemaban el brezal, decían, y el fuego brillaba espléndidamente al anochecer…

Hans Christian Andersen,
Una historia de las dunas.[1]

El brezal es la última frontera del bosque, allá donde la tierra está tan gastada que difícilmente puede soportar algunos árboles y arbustos como el abedul u otros pioneros, cuando el fuego y el ramoneo lo permiten… La presencia de landas de brezo es sin embargo muchas veces la expresión de la máxima aspiración vegetal de los terrenos más pobres o erosionados, y no es extraño que algunos brezos como *Erica arborea* se utilicen para repoblar zonas erosionadas; no deja de ser un modo de imitar la labor que hacen estos arbustos en la naturaleza, cubriendo y protegiendo rápidamente los suelos desnudos y posibilitando con el tiempo la llegada de otros árboles o arbustos más exigentes. Este brezo en concreto indica con frecuencia la regeneración del bosque y se sitúa en las orlas y los claros, incluso en los lugares más áridos, ácidos y umbríos, con tal de que disponga de suficiente humedad ambiental y edáfica.

Los brezos tienen en común unas relaciones intensas y diversas con su entorno, que se traducen en beneficios mutuos, por ejemplo en el caso de las habituales asociaciones entre las raíces de estas plantas y los hongos con los que forman micorrizas, o en una intensa floración que produce polen suficiente para la fecundación por medio del viento (muy común en las comunidades monoespecíficas que suelen formar estas plantas), pero que también recurre a los insectos, que obtienen una gran fuente de alimentación (néctar y polen) como demuestran las distintas y apreciadas mieles de brezo. Por otro lado, con sus semillas alimentarán a las perdices y otras aves granívoras, con sus brotes tiernos y flores al urogallo *(coq de bruyère*, «gallo de brezal», es uno de sus nombres franceses más comunes) y a un gran número de herbívoros salvajes y domésticos. El lobo es otro asiduo habitante de estos paisajes en los que los cérvidos encuentran los mejores pastizales. El interés ecológico indudable de los brezales ha hecho que algunas comunidades fitosociológicas integradas por distintas especies de esta familia, se hayan protegido en el marco legal europeo de la Directiva Hábitats.

Los aprovechamientos tradicionales de los brezales son múltiples, y van desde el forraje o pasto hasta la fabricación de escobas y teas para el alumbrado, la confección de distintos objetos y utensilios, o su uso como leña o carbón. Los brezos y otras especies arbustivas han alimentado hornos de distinta índole y en las herrerías su carbón era muy apreciado, debido a que la cepa de algunas especies es muy densa y tiene gran poder calorífico. La tierra de brezo o sus cenizas se han utilizado asimismo como sustrato o abono, y aún encontraremos otros mil usos de estas plantas que incluso han proporcionado otros productos secundarios como las flores, muy utilizadas tanto en ramos secos como en los arriates de jardinería, los cañizos de brezo para sombrajos y cerramientos, los setos vivos…

DISTRIBUCIÓN DE LOS BREZOS MÁS COMUNES

Brezos de gran porte:

Erica arborea, brezo blanco o urce. De hasta cuatro metros de altura (hasta los 20 m en Canarias), florece entre febrero y agosto, con flores blancas. Se cría en suelos sin cal de gran parte de la Europa mediterránea y montañas del África oriental. Presente en casi toda la Península, especialmente al norte y al oeste, y en Canarias y Baleares. Es una de las especies que más se ha utilizado por su apreciada madera para hacer pipas, escobas… y como combustible, tanto en forma de leña como de carbón.

Bosques de *Erica arborea* en el fayal-brezal de Anaga, Tenerife.

Erica lusitanica, brezo portugués. Hasta 3 m de altura, florece de octubre a mayo. Vive en la mitad oeste de la Península y suroeste de Francia y tiene los mismos usos que la anterior.

Erica australis, brezo rubio o español. Hasta dos metros de altura, florece casi todo el año y vive en las tierras sin cal del norte, centro y occidente de la Península y al norte de África.

E. scoparia, brezo de escobas. Hasta dos metros de altura, florece de abril a octubre. En terrenos sin cal de la mitad occidental de la región mediterránea, prácticamente por toda la Península. Mismos usos que *E. arborea*.

Brezos de porte pequeño:

Calluna vulgaris, brecina. Hasta 1 m de altura. Florece de junio a septiembre. Vive en terrenos húmedos, sobre suelos pobres y ácidos de gran parte de Europa, Asia occidental, Norte de África y América boreal. Se encuentra por casi toda la Península, sobre todo en el norte y oeste. Es uno de los brezos más utilizados tanto como forraje, cama y combustible, como para tés, e incluso por sus propiedades medicinales.

Erica cinerea, biércol, brezo nazareno. Hasta 80 cm de altura, florece de mayo a septiembre. Vive en suelos secos y silíceos de la mitad norte de la Península, y oeste de Europa.

Erica tetralix, brezo de turbera. Hasta 60 cm de altura, florece de mayo a octubre. Vive en suelos ácidos y húmedos en toda la Europa atlántica, desde Portugal hasta Noruega. Como otros congéneres, se ha utilizado como combustible y para hacer carbón, también para hacer escobas y cepillos, y como curtiente.

Erica ciliaris, argaña. Hasta 70 cm de altura, florece de junio a octubre y vive en suelos ácidos y húmedos del NO y S de la Península, y en gran parte de Europa Occidental.

Erica vagans, uz. Hasta 80 cm de altura. Florece de junio a octubre. Vive en terrenos soleados y húmedos, ya sean calizos, neutros o ácidos de España, Francia y sudoeste de Inglaterra. Al norte y oeste de la Península. Excelente melífera y apreciado pasto.

Erica mackaiana, carroncha. Hasta 60 cm de altura, florece entre julio y noviembre. En suelos permanentemente húmedos, ácidos o básicos, desde Portugal hasta Francia, y también en Irlanda.

Erica umbellata, quiruela. Hasta un metro de altura, florece de abril a junio. Suelos ácidos de la mitad occidental de la Península.

Daboecia cantabrica, brezo vizcaíno. Hasta 70 cm de altura. Florece de abril a octubre. Suelos acidificados por toda el área cantábrica de la Península. Presente en Portugal, Francia e Irlanda.

Erica arborea crece como un árbol en el piso de nieblas de las montañas canarias, en donde forma el bosque denominado fayal-brezal.

En resumen, podemos avanzar que en las tierras pobres y los climas más desabridos y extremos, el brezal engendra incontables riquezas: carne, leche y lana, leña y carbón, luz y umbría, miel y floración, la escoba y el mullido jergón del pastor, tierra rica y viva, paisaje y biodiversidad, cuentos y leyendas, literatura y poesía... De todo ello iremos viendo un poco.

EL BREZAL PASTIZAL

> En el brezal grande y silencioso, el pastor recorre su solitario camino mientras el perro fiel guarda su ganado blanco y lanoso.[2]

Las grandes praderas de brezos y gramíneas son un lugar común en nuestras montañas. Desde las comarcas pirenaicas hasta las sierras de Aralar y Urbasa, los macizos de Gorbea o el Sueve, o los páramos desolados de una gran parte de las colinas y cordilleras de toda la Península, se diría que son los mismos parajes transitados por los lobos, y alimentan razas milenarias de caballos y ovejas desde tiempos inmemoriales. En los años 80 del pasado siglo vimos con horror a los bulldozers en algunas zonas de Urbasa, levantando la pradera secular y sus brezales para abonar y resembrar un césped «más productivo». Se trataba de aprovechar aquellas subvenciones europeas, olvidando que estos pastizales habían alimentado el ganado de incontables generaciones de vecinos de los pueblos coterráneos, y que aquellos suelos fértiles que retiraban las máquinas suministraban agua abundante, y hasta entonces libre de la

En primer término, brezal pastizal de *Calluna vulgaris.* Sobre este, escobales de *Genista obtusiramea*, en el Alto Campoo.

contaminación de fertilizantes químicos, a toda la comarca. Cierto que el brezo puede colonizar todo el espacio en detrimento de la pradera, pero para impedirlo recurrían nuestros abuelos a las rozas o, tal como nos recomendaban en Somiedo, se echaba sobre la mata un poco de estiércol de oveja y de esta forma la planta «se quema».

El ganado come los brotes nuevos de distintos tipos de brezo, especialmente *Calluna vulgaris, Erica cinerea, E. umbellata, E. vagans, E. arborea*… Otros como *E. australis* o *E. scoparia* son poco o nada apreciados por los animales. Tradicionalmente los pastores queman en muchas comarcas los brezales para favorecer el rebrote del brezo y la germinación de las gramíneas asociadas. Así alimentan sobre todo al ganado caprino y lanar, aunque también los caballos y las vacas se benefician en cierta medida de este alimento. Sin embargo, la baja digestibilidad y la pobreza en nutrientes, especialmente proteínas, de los brezos, hacen que sean los rumiantes de menor tamaño y más rústicos los que mejor aprovechan estos pastizales. Las razas mejor adaptadas suelen ser las autóctonas.

En Picos de Europa se considera a la *E. arborea* un buen pasto y se usaba como «mullido», es decir, para la cama del ganado:

> Los brotes sirven de alimento a las vacas, pero si su dieta es muy abundante en ellos, éstas enferman, se llama la enfermedad de «embreamiento», se atribuye a una deficiencia en oligoelementos, tal vez de cobalto. Las ovejas devoran los brotes tiernos que salen de las cepas quemadas. Las cabras comen muy bien las ramas.[3]

La especie *E. vagans* es muy apreciada como forraje y cama del ganado, la consumen principalmente las cabras, pero también ovejas, caballos y vacas, especialmente en invierno.

LUZ DE BREZO

Al menos en una amplia comarca astur-leonesa, los *gabuzos* o *aguzos* (teas), principalmente de *uz* o *urce* (brezo), fueron la principal fuente de luz de las casas. Tal como nos contaba un paisano de Degaña (Asturias), en esta zona se buscaban ramas de uz o de acebo de un dedo de gruesas y secas en la misma mata (en muchos lugares las buscan tras los incendios del brezal). Se prendían por una punta y se colocaban inclinadas, colgadas de las paredes o de la propia *pregancia* (la cadena de la que se cuelga el caldero sobre el fuego). También hemos oído del uso de palos de piorno untados de grasa o incluso palos de roble. Pero parece que el brezo tuvo un uso más extendido, quizá por simple disponibilidad, porque funcionaba mejor para este cometido o porque se prefería la calidad de la luz, de llama muy blanca. En Sanabria, a los tallos de *urz* usados para alumbrado se les llamaba *lumbreiros*, *llumbreiros* o *gancios*. En Caurel, «Los *ardentes* o *gancios* eran las ramas secas quemadas y peladas de la *uz rubia*».[4] El famoso padre Sarmiento ya recoge algunos vocablos gallegos que designan estas arcaicas bujías:

> *Lumbreros: velas de orzo* (urce)*, ardentes, gabuzos, gabozos, gancios.*
> *Ardentes: Chaman así cara a Samos ó que noutras partes chaman chamizos, e son os paus que quedan das urces ou brezos despois de ter queimado montes. E serven de teas para alumarse cando ben secos.*[5]

Y en otro texto, el mismo autor insiste en este tema:

> *...os pobres [...] usan de pouca cera, pouco aceite, pouco sebo e pouca manteiga para alumearse. As pólas das urces, que co tempo se secan no monte, ou quedan secos depois que algún monte se quimou, son moi inflamábeis e de tanta durabilidade que una vara dura moito tempo como se fose una vela.*[6]

COMBUSTIBLES

Los distintos brezos se han usado como yesca para iniciar los fuegos y como sarmiento para socarrar el cerdo o asar todo tipo de viandas. Pero además, los hornos de pan, los caleros y tejeros y otros hornos de diferentes industrias locales, se alimentaron en muchos lugares con los distintos brezos y matorrales asociados. Las *cozas*, así llaman en el Caurel a las cepas gruesas y densas de la *uz rubia (E. australis)*, eran muy apreciadas para las cocinas y por su color tostado existía la expresión, recogida por Emilio Blanco, *que cara de coza teis*, que se decía a las personas de piel muy morena. El mismo autor recogía en Villafranca del Bierzo el dicho «tienes cabeza de coza», que expresa cabezonería.

En Salamanca, como en el resto de los «países del brezo», los caleros se alimentaban con este combustible. Incluimos algunas citas interesantes y aún podemos recoger testimonios en el mismo sentido por toda nuestra geografía:

> En Navarredonda la leña utilizada era brezo y jara que obtenían en terrenos municipales. Para cortarla se utilizaba el *calabozo*, especie de hoz de hoja más ancha y fuerte.
> En Linares se conseguían las escobas y el brezo en subastas o comprándolas en fincas.[7]

Los tejeros utilizaban todo el combustible que tenían a mano y, previamente a la cocción, amontonaban alrededor del horno los brezos, jaras, retamas y hasta tomillos que encontraban por los alrededores. En la comarca de Aliste (Zamora) se calculaba que hacían falta unas 900 gavillas de esta leña para cocer una hornada (unas 12 000 a 17 000 tejas), y cada persona dedicada a ello podía coger 100 gavillas al día.[8] Esto nos da una idea de la intensa explotación que sufrían estos parajes en los que se asentaban las tejeras. Ana María Moradiellos, desde Sotres (Picos de Europa), nos cuenta que para reflejar la máxima desolación y miseria usan en el pueblo un dicho: «Quedó como la era de los *teyeros*». De esta forma tan gráfica se referían a una casa asolada, una familia arruinada o cualquier situación en la que, como en la era de los tejeros, no había quedado ni una mísera brizna de hierba.

A diferencia de las carboneras tradicionales de montón de leña apilada, que se usaban con troncos y ramas de árboles, en muchos lugares se utilizó una carbonera de hoyo cuando la materia prima eran matas y arbustos de distinto tipo, principalmente cepas de brezo que proporcionaban uno de los carbones más apreciados por los herreros. Las especies más indicadas son *E. arborea*, *E. australis* y otras que tienen una cepa grande y densa.

Tal como nos lo contaron en Perlunes (Somiedo), el carbón de brezo se hacía sacando con pico o azadón las cepas hasta reunir un gran montón que se colocaba alrededor de un hoyo cónico de un metro de profundidad y dos de diámetro en el que se echaban las primeras raíces hendidas. Se prendía fuego y una vez que comenzaba a arder no se paraba de echar cepas hasta hacer un gran montón y cuando ya había buena brasa se cubría con tepes colocados con la hierba boca abajo (en

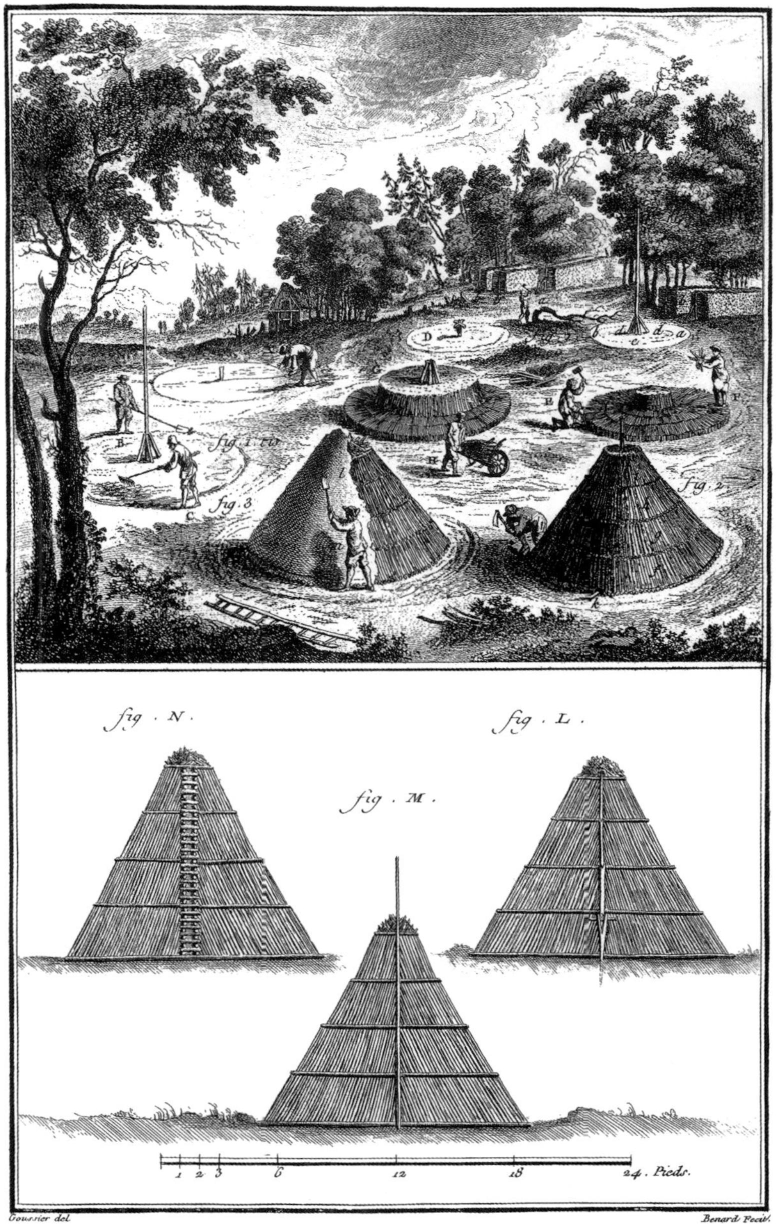

Lámina de la *Enciclopedia* de D'Alembert y Diderot, ilustrando las técnicas para la construcción de carboneras.

Pila de raíces de *uz (Erica* sp.) para hacer carbón vegetal, en Taramundi, Asturias. Este combustible era apreciado de manera especial para la fragua.

vez de estos cepellones se ponían también a veces ramas con hojas y ramillas). Luego se echaba tierra encima y al día siguiente podía sacarse ya el carbón recién hecho.

Este carbón se ha hecho también por el mismo método a base de retamas, tojo, jaras y otras muchas maderas, incluso de las leñas o ramas de distintos árboles.

En toda la comarca de la Sierra de la Demanda, al carbón de brezo se le llamaba «carbón de palanca» por lo que había que sudar para sacar la cepa. El aprovechamiento era total, ya que la madera se usaba para carbón y pipas, y la *cimuja* para cama de ganado. La importancia del recurso era muy grande y, como en otros lugares, los carboneros tenían sus chozos en el monte para estar más cerca y vigilar las carboneras. El sistema era de «hoyas», agujeros de 1,5 m de diámetro y una profundidad variable, según la cantidad. Se ponían unas teas de pino encendidas en el centro y sobre ellas se apilaba la leña bien ordenada y apretada para dejar los mínimos resquicios y hacer que la combustión se realizara sin oxígeno. Se rellenaban los huecos aplastando, conforme se iba quemando y echando más cepas, hasta que el ascua estaba ya arriba y se tapaba entonces con piedras o tepes y tierra al final. Al cabo de un par de días, cuando se apagaba, se quitaba con cuidado la cubierta y se sacaba el carbón lo más limpio posible. Una vez cribado para eliminar la ceniza y las impurezas, se envasaba en sacos y se llevaba a las fraguas. Otra modalidad era la llamada de «carbón a plaza», que se hacía sin cavar el hoyo, sobre la tierra que se despejaba en una «plaza» donde se montaba la carbonera de un modo muy similar.[9]

LOS ÚLTIMOS ESCOBEROS Y SUS ESCOBAS DE BREZO

> Se llamaban Adrianne, Aimée, Jeanne. Vivían con sus familias a las afueras del pueblo en el camino del Orée. En las granjas, cuando la escoba de la cuadra estaba gastada, se esperaba el paso de las escoberas o los vendedores de escobas. En Livarot llevaban a la casa del farmacéutico las víboras que capturaban. Se las vio por última vez en los años 40, detenidas por los alemanes en la plaza de Billot.[10]

El relato anterior, situado en la Normandía de la Francia ocupada por los nazis, habla de una realidad muy común en el mundo rural de antaño, los oficios marginales como los cesteros o escoberos que, desde las humildes cabañas o en un continuo viaje de pueblo en pueblo, confeccionaban útiles imprescindibles a partir de los recursos naturales a su alcance.

Para las escobas de brezo se recogía el material en cualquier época, aunque es mejor el recogido en invierno, cuando el brezo no tiene flores, y también se trabaja mejor. Se cortaba con azada la parte aérea sin dañar las raíces para que volviera a rebrotar la planta. Se deja secar en haces a los que se da de cuando en cuando vuelta para que vayan cayendo la hoja y la flor (que también tienen uso en jardinería, como acolchado que conserva la humedad).

Una vez seco, se va escogiendo y juntando la cantidad para hacer una escoba y se empieza a enrollar alambre en el extremo superior del haz, tensando mediante el rodillo en el que está el alambre enrollado. Se usa, una vez atado, un mazo para dar forma e igualar la escoba y un hacha para recortarla sobre un tocón. Se termina espetando el mango, una vara previamente aguzada, que se hinca, bien centrada, en la mitad superior.

Hasta no hace tanto tiempo se usaba también, en vez del alambre, zarza para atar. Para ello se cogía la zarza *(Rubus sp.)* en los matorrales, se despojaban los largos tallos de sus pinchos y hojas y se partían por la mitad para vaciar el interior. Se dejaban secar al sol unos días hasta que adquirían un color dorado y ya podían usarse igual que el alambre.

MADERA DE BREZO

La madera de las viejas cepas es dura y muy compacta. Por su resistencia al fuego, especialmente las gruesas cepas han sido muy apreciadas para hacer pipas y para torneados y pequeñas tallas. Una vez recogida la cepa, solía hervirse (durante 24 horas) y dejarse secar, si era para pipas, durante al menos 3 años. José Luis Larrucea, un cura aficionado a la etnografía y a esta artesanía, me contaba la anécdota de la visita que hizo a una de las tiendas del ramo más importantes en

Los últimos artesanos de la confección de escobas de brezo: el artesano y su bancada de trabajo. El rollo de alambre sirve para tensar y atar el haz.

—¿Usted cómo trata las pipas?
—Yo muy bien —contestó este—, ¿y ustedes?
—También —le respondieron.
Y así terminó tan reveladora charla.

La madera de brezo, de grano fino y bello veteado, solo tiene el inconveniente de que el pequeño porte del arbusto no proporciona habitualmente piezas de gran tamaño. Por lo demás se han elaborado con este material toda clase de instrumentos y utensilios, especialmente en las comarcas leonesas en las que era muy apreciado para hacer flautas y castañuelas, badajos de campanos para el ganado, punzones que se endurecían al fuego, cucharas y cachas de navaja (las famosas navajas asturianas de Taramundi suelen tener cachas de este material), tazones, cuencos...

En Sanabria se utilizó para hacer bolos, gaitas y mangos.

La recogida de las cepas era una labor dura que se hacía con ayuda de azadones y picos, se elegían los ejemplares más viejos y desarrollados y la tierra removida era enseguida ocupada de forma natural por otros brezos. En ocasiones se obtienen cepas de enorme tamaño que pueden pesar más de 100 kilos.

Pipas de brezo. Tras un largo proceso de secado, este material resiste muy bien el calor y tiene un veteado muy hermoso.

Madrid, en donde se dio cuenta de que las pipas más o menos terminadas que se hacen en España van a Inglaterra, y de allí regresan con el sello de una famosa marca y el precio elevado a la enésima potencia. Pero quizá más que en otros oficios, los secretos de fabricación de las buenas pipas son inconfesables y así, durante la conversación, los dueños de aquella tienda preguntaron al cura:

TECHADOS Y CIERRES DE BREZO

Las techumbres de los tradicionales corrales del ganado y los remates de los muros de adobe se hacían en Sanabria con ramas de brezo que protegen de la acción devastadora del sol y la lluvia.[11]

Casi todos los brezos se han utilizado para la construcción de techados, generalmente como base del centeno o las retamas que verdaderamente impermeabilizaban, pero en los corrales o pariciones de la Sierra de la Culebra, las techumbres son de brezo e incluso hoy día se usa para la cobertura de cenadores y sombrajos de todo tipo. Por otro lado, se continúan usando los brezos de gran porte para cerramientos visuales entre parcelas de urbanizaciones y fincas, y en este sentido nos resultan sin duda preferibles a las pantallas sintéticas que se usan con el mismo fin.

PROPIEDADES MEDICINALES

El gran brezo medicinal es la llamada brecina *(Calluna vulgaris)*. En Alemania se hace una infusión con las sumidades floridas que se toma por puro placer como un agradable té, que además tiene efectos astringentes y antisépticos de las vías urinarias. También se ha usado con fines medicinales esta infusión, indicada en casos de diarrea, cistitis…

El famoso curandero francés Maurice Mességué recomendaba encarecidamente este remedio:

> Encontrarán ustedes todo el brezo que quieran en el borde de los caminos, lindes de los bosques y en las landas inmensas, a finales de otoño. Corten los extremos floridos cuando estén todavía en botón. Se conservarán perfectamente durante meses, en manojos colgados en el granero.
> Un día recibí la visita de un hombre, baldado por el reúma, al que ya nada aliviaba. Yo lo sometí literalmente al brezo. Durante tres semanas, estuvo tomando dos baños de brezo al día. Y se curó… En realidad esta planta es el mejor de los remedios para eliminar el exceso de ácido úrico, ya sea por mal funcionamiento del riñón, por cálculos o porque las articulaciones estén ya afectadas. Pero además de su acción diurética y depurativa, el brezo posee gran eficacia para el tratamiento de todas las infecciones de las vías urinarias (orina turbia, cistitis, blenorragias, dolores, flujos sospechosos…).[12]

MIEL DE BREZO

> La oveja que mordisquea todos los tallos jóvenes y así reserva el brezal, que de otro modo se perdería en el bosque. Y a principios de otoño, cuando está florecido el brezo el zumbido de las abejas que vienen a festejar la miel, volando de aquí para allá por entre las colmenas que el apicultor ha puesto justo al borde del brezal durante la noche. El sol, el silencio, el zumbido.[13]

Muy famosa por su sabor intenso y sus propiedades, la miel de brezo se obtiene de todas las especies, pero es especialmente apreciada la miel de *Erica vagans* y la de *E. australis* y *E. umbellata*. La miel de brecina es más densa y se extrae de los panales con mayor dificultad. Tradicionalmente se ha practicado, para aprovechar al máximo este recurso, el traslado de colmenas a las inmediaciones de los brezales.

CERVEZA DE BREZO

En una leyenda irlandesa un campesino encuentra en un seto a un *cluricaune* (especie de gnomo) con un jarro repleto de cerveza. El duende confesará que se trata de cerveza de brezo, cuya fabricación se la habían enseñado a sus retatarabuelos los daneses cuando estuvieron en Irlanda, y cuyo secreto se había conservado en la familia.[14] La legendaria historia de la cerveza de brezo ha pervivido hasta nuestros días y, bajo el nombre genérico de *Heather Ale*, existen hoy algunas cervezas que incluyen la brecina entre sus ingredientes, quizá simplemente para aportar un sabor singular. Pero aún persisten los rumores de una arcaica cerveza de brezo que tenía propiedades maravillosas.

OTROS USOS

Los camastros de los pastores de la sierra de Urbasa (Navarra) en sus bordas o cabañas, se hacían comúnmente de brezo. Se evitaba en lo posible la hoja de haya según nos contaron los vecinos de Eulate, tanto para este uso como para la cama de ganado, porque tenía fama de criar pulgas.

Uno de los brezos de utilidades más diversas es, como hemos ido viendo, la *Calluna* o brecina: se ha usado, al igual que otras especies, como forraje y combustible, como aislante y para camas de ganado… también para techar y teñir (las raíces dan un tinte amarillo-naranja), para hacer brochas, cestas y sogas… Emilio Blanco recoge en Sanabria, en 2005, testimonios del uso entre los sastres de Sanabria, de una ramita seca de *Calluna* para deshilvanar. «Era muy brillante y no arañaba la tela» —le dijeron.[11]

También la *uz* o *Erica arborea* y especies afines han tenido otros usos diversos, incluso para curtir por su contenido en tanino, y en medicina popular como diuréticas.

Otro recurso que proporciona el brezal, en este caso por la descomposición de sus hojas, flores y ramillas, es la llamada tierra de brezo, un sustrato ácido muy apreciado por los jardineros, utilizado para el cultivo de una gran cantidad de especies delicadas que solo pueden vivir en este tipo de suelos: brezos, azaleas, gardenias, camelias, rododendros… tan solo algunos tipos de brezo soportan terrenos neutros o básicos.

ARTE, POESÍA Y LITERATURA EN EL PAÍS DE LAS LANDAS

He cogido esta brizna de brezo
El otoño está muerto, acuérdate
No volveremos a vernos sobre la tierra
Aroma del tiempo. Brizna de brezo
Y recuerda que yo te espero.[15]

Guillaume Apollinaire, *El adiós.*

Y cuando llegue pondré sobre tu tumba
Un ramillete de acebo verde y de brezo en flor.[16]

Víctor Hugo, *Mañana, rayando el alba.*

Entre la prolífica literatura del país de los brezos, hemos escogido dos desgarradores poemas de despedida, el primero dedicado a la amiga de Apollinaire, el segundo a la hija de Víctor Hugo, ambos tienen en común la desolación absoluta y un ramito de brezo en flor. Sin más preámbulos nos internamos en el silencio de las inmensas landas de brezo, roto tan solo por el zumbido de las abejas y el aleteo de algún ave de paso…

Y es precisamente en la literatura donde creemos poder encontrar las claves para ahondar en el mundo sobrio y misterioso del brezal, un paisaje cuyo carácter describía magistralmente Thomas Hardy en *The Withered Arm*. En esta obra se diría que el paisaje es una entidad plenamente consciente, de humor cambiante como las estaciones que transcurren sobre los brezos tornando los ánimos y las tonalidades. Se diría que las landas encendidas en plena floración o apagadas en su letargo invernal, conversan con el cielo enorme que las cubre y amaga o descarga terribles tormentas o levanta un viento constante que moldea los suaves arbustos. Tal como lo hiciera Shakespeare en *Macbeth*, cuyo protagonista encontrará a las brujas que han de señalarle su destino en mitad del brezal, Hardy coloca en el escenario del antiguo e inmenso país de los brezos al viejo Trendle, sabio y reservado, que posee los secretos de las plantas y remedios ancestrales. El enorme influjo que el brezal ejerce en sus habitantes se deja traslucir de mil modos, no en vano es un

reino aparte de todos los caminos y sucesos del mundo exterior. Se diría que los páramos y las tierras pantanosas que cubre el brezo guardan los secretos de tiempos inmemoriales en los que el hombre y la tierra hablaron un mismo idioma y se entendieron más allá de la ineludible relación de huésped y anfitrión. Por ello, quizá, los mismos vocablos han servido para designar en numerosos idiomas europeos al brezo y al brezal y al pagano o gentil y al paganismo.[17] La conversión o conquista de estas tierras siempre fue difícil e incompleta, y aún hoy en la soledad de sus páramos es posible sentirse salvaje y recobrar parte de la perenne memoria del brezo.

El imaginario del brezal es tan extenso que el gran folclorista Paul Sébillot tuvo que dedicar a estas regiones todo un libro *(Contes des landes et des grèves)*. Seguramente cada país hubiera podido recopilar un grueso tomo de los cuentos nacidos entre brezos e inspirados por la soledad y la sobriedad de estas tierras.

La fuerza de este particular paisaje fue hondamente sentida por Vincent van Gogh, quien encontró la inspiración y algunos momentos de paz en su turbulenta vida en los brezales, que son uno de sus temas pictóricos y a los que se refiere continuamente en sus cartas:

> Querido Theo, llevo aquí unos días y he vagado mucho por todos lados, así que ahora puedo hablarte más ampliamente de esta región. Te envío un bosquejo de mi primer apunte de pintura en esta vecindad —una choza en el brezal—. Una choza hecha con trozos de brezo y ramas …
>
> […] En invierno, cuando tenga más tiempo, haré algunos dibujos con los siguientes motivos: la nidada y los nidos. Es una idea que me interesa mucho: especialmente los nidos habitados por hombres, las chozas del brezal y sus habitantes.
>
> […] Pronto llegas a encontrar serias las realidades del arte y consideras graznidos todo lo que dicen de ellas los demás mortales. El brezal te habla y tú escuchas esa voz silenciosa de la naturaleza, que va mostrándose poco a poco menos hostil, y acabas siendo su amigo. A partir de ese momento tu obra es hermosa y serena.
>
> […] Y todo lo que te escribo está lleno de eso que este triste y apacible brezal produce en mí.[18]

Esa relación del pintor y el brezal se resume en una excelente biografía:

> Pocos días después de ver la muerte en todas partes, redescubrió en su cabeza su visión del paraíso: «mi pequeño reino», la llamaba. «Es total y absolutamente bello […] el brezal te habla… la tranquila voz de la naturaleza… bella y calmada». Otras veces, el brezal reverberaba con la sinfonía de una música «que llega al corazón»
>
> […] los días pasaban como en un sueño y todo era tan «inexpresablemente bello» que era imposible que solo asombrara; Vincent prometía que tenía poderes curativos. Alegando como prueba su propia tranquilidad, tentaba a su nervioso y enfermizo hermano con los poderes reparadores del brezal. Lo único que podía salvar a Theo del agotamiento nervioso («tu enemigo y también el mío») era la serenidad. Tras varios años de denunciar furiosamente toda religión, Vincent invitaba a su hermano a emprender cierta forma de renovación espiritual en el brezal, incitándole a hacer algo más importante que la naturaleza, que el arte, algo «inconcebible» e «indefinible».[19]

Podemos concluir que la extrema sensibilidad de Vincent van Gogh encontró al mismo tiempo un dios y un templo en la soledad inmensa de los brezales. Y el destino parece haberse confabulado con su anhelo supremo en un camposanto acorde con su genialidad. Sus días terminaron en una tumba en mitad del brezal de Auvers-sur-Oise (Francia).

DIOSES Y SANTUARIOS EN EL BREZAL

> Afrodita Urania («reina de la montaña») o Ericina («del brezo») era la ninfa-diosa del solsticio de verano. Destruyó al rey sagrado, que copuló con ella en la cima de una montaña, del mismo modo en que una abeja reina destruye al zángano: arrancándole los órganos sexuales. De ahí las abejas amantes del brezo y la túnica roja en su aventura amorosa de la cima de la montaña con Anquises; y de ahí también el culto de Cibeles, la Afrodita frigia del monte Ida, como una abeja reina, y la extática auto-castración de sus sacerdotes en memoria de su amante Atis.[20]

En la mitología romana, Venus recibe entre otros el epíteto «Ericina» («del brezo»), más, al parecer, por el monte Erice (Sicilia), uno de los centros de su culto, que por la relación con el brezal. Sin embargo el mito de Osiris sí que podría tener su origen en este arbusto. En efecto, la leyenda de Osiris, que en gran parte debemos al relato de Plutarco,[21] cuenta cómo el esplendor de este dios de la vegetación y los árboles frutales despertó las envidias de su hermano Seth, Señor de la tierra estéril, que ideó una argucia para terminar con Osiris. En secreto consiguió las medidas de su cuerpo y construyó un lujoso cofre-sarcófago del tamaño exacto. Organizó entonces un banquete en el que reunió a 72 conjurados, prometiendo que regalaría aquel ataúd a quien cupiera con mayor exactitud. Fueron así probando uno a uno y cuando llegó el turno de Osiris, nada más acostarse este, se apresuraron a encerrarlo clavando y sellando firmemente la tapa. Luego lo arrojaron al Nilo, y Hapi, el dios del río, lo llevó flotando al mar y continuó arrastrándolo hasta la costa fenicia. Un día quedó varado en Byblos, al pie de un brezo que creció milagrosamente, absorbiendo el cofre en su tronco. El rey Malcandro, al ver aquel portentoso árbol, lo usó para hacer la columna que sostendría el tejado de su palacio. Pero mientras tanto, Isis, la inconsolable esposa de Osiris, ha estado buscándolo, y al llegar a Byblos reclama la maravillosa columna. Tras serle entregada rescata el cofre y regresa a Egipto, donde aún continúan las aventuras de Osiris hasta convertirse en Rey de los muertos.

Se ha puesto en duda que la planta original sea la que identifica Plutarco como erica-brezo, los eruditos hablan también de otras posibilidades, como el tamarisco o el cedro (más acorde con su uso como columna del templo), que podrían haber formado parte del mito original. Sin embargo es curiosa la referencia al crecimiento portentoso, que necesariamente parece referirse a un arbusto tal como los describe este autor. En este punto hemos de recordar que *Erica arborea* cumpliría incluso los requisitos de ser normalmente un arbusto que apenas pasa de los 3 metros y llegar excepcionalmente a portes mucho más elevados. También su área geográfica se extiende hasta el extremo oriental del Mediterráneo.

Frazer trae en su *Rama dorada*[22] las ceremonias descritas por Firmicus Maternus (autor siciliano del siglo IV) en las que parecen conmemorarse los

Brezal de *Erica arborea* colonizando canchales en la montaña somedana, junto con abedules (en primer término, piornal).

hechos descritos: se cortaba un pino y se extraía una porción del centro para tallar una imagen de Osiris que habría de ser depositada en el hueco del árbol. Sobre la identidad de las especies utilizadas para este tipo de representaciones dice el mismo autor:

> Es posible que sea el duplicado del ritual del descubrimiento mítico del cuerpo de Osiris encerrado en el árbol erica. [...] Las modificaciones locales y quizá personales del mito imprecisan el árbol, columna sagrada o fetiche Zed, representativo de Osiris. El árbol fetiche Sez del que deriva Zed, tan pronto es un abeto (ash) como un cedro (sib), ya un enebro (uan), un ciprés o una acacia (sez), hasta un sicómoro en los textos de las pirámides. Vail dice que el árbol que el rey Maleander mandó cortar para columna era un tamarisco.

De aquí a las representaciones fálicas protectoras, tan presentes en el mundo antiguo, tan solo hay un paso, que en el mito de Osiris se justifica, además, por cuanto es precisamente su pene la única parte del cuerpo que no podrá encontrarse después de que Set encontrara de nuevo el ataúd, desmembrara el cadáver y esparciera sus partes.

A partir de aquí podemos establecer mil relaciones entre estos mitos y los antiguos conceptos de árboles habitados por espíritus que incluso podían continuar habitando la madera tras la tala y traslado del árbol, con las implicaciones artísticas, estéticas y simbólicas de la leyenda, o con la propia imagen del árbol-poste central que significaba al mismo tiempo la representación del árbol y el bosque, el espíritu o dios de la vegetación y el eje y sostén, el templo en sí mismo. De algún modo, como en el árbol nórdico Yggdrassil o el Irminsul germano, el poste se hace continente y contenido, santuario e ídolo al mismo tiempo. Con frecuencia se repite la relación entre árbol-madera y estatua de santo o dios. Un ejemplo significativo es el que trae Robert Graves, quien señala que, en hebreo, 'estatua' y 'terebinto' son homónimos.

Una perspectiva complementaria en las tradiciones célticas implicaría la visión del brezal como expresión o encarnación de la Tierra Madre que brota y florece, al menos esta es la idea que nos sugiere el comentario de Graves en su *Diosa Blanca:*

> La existencia de la diosa del brezo gala, Ureica, es atestiguada por inscripciones encontradas en la Suiza romana; su nombre está a medio camino entre *Ura* y el del brezo en griego, *ereice.*[23]

Pero aún más apasionante es el relato que precede a este comentario:

> Winslow, el anticuario del siglo XVIII, llevó al deán Swift a Lough Crew para que recogiera leyendas locales acerca de la Diosa Triple irlandesa. Entre las que recogió había una sobre la muerte de la Garbh Ogh, antigua giganta sin edad cuyo carro era tirado por alces, cuyo alimento era leche de venado y pechugas de águilas y que cazaba ciervos monteses con una jauría de setenta perros que tenían nombres de aves. Recogía piedras para hacerse un triple túmulo y «se sentó en una caverna de las montañas en la estación que florece el brezo», y luego expiró.

Graves habla de esta giganta como una especie de diosa o espíritu del brezal, incluyéndola en el apartado dedicado al brezo («U por Ura»).

Por otro lado, conocemos algunas historias cristianas o cristianizadas, relacionadas con brezos o brezales y Vírgenes aparecidas a humildes pastores; cuando se las quiere trasladar, las propias imágenes parecen impedir su remoción o, si esta se produce, vuelven de noche ellas solas al lugar original donde aconteció el milagro. Por poner algunos ejemplos recordaremos las historias de la Virgen del Henar (Segovia) y la de Nuestra Señora del Brezo (Palencia).

La primera, aparecida según la tradición en un lugar cercano a donde ya existía una imagen milagrosa llamada de la Armedilla, fue descubierta por unos pastores, padre e hijo, quienes, pretendiendo dejar libre de piedras y losas el sitio donde se hallaba, contemplaron un abundante y rico manantial que se denominó, a partir de ese instante, «Fuente del cirio», ya que la Virgen se mostró con una vela encendida a su lado. Cuando un vecino de Torregutiérrez quiso aprovechar la ausencia de los pastores (que habían ido a Cuéllar a dar cuenta del suceso) cargando la imagen en un carro para llevársela, al querer atravesar el puentecillo existente sobre el arroyo del Henar, los animales que tiraban se negaron a cruzar.

La segunda, Nuestra Señora del Brezo, instó en sueños a dos pastores cacereños, de nombres Pedro y Diego, a que fuesen a buscar una imagen suya a un manantial cercano a Cervera de Pisuerga, denominado Fuente del Brezo. A partir del descubrimiento fue tal su fama, que en el siglo XVI unos pescadores catalanes hallaron el icono de una Virgen dentro de una caja con un escrito que decía «Voy en romería a Nuestra Señora del Brezo».

Coza o cepa de brezo.

Notas

1. Andersen, H. Ch. *La sombra y otros cuentos*. Alianza Ed. Madrid, 1973.
2. Antigua canción holandesa. En U. Mellie. *Esoterismo de las plantas*. Edaf. Madrid, 1982.
3. Lastra Menéndez, J. J. *Etnobotánica en el Parque Nacional de Picos de Europa*. Org. Aut. Parques Nacionales. Madrid, 2003.
4. Blanco Castro, E. *El Caurel, las plantas y sus habitantes*. Fundación Caixa Galicia, 1996.
5. Sarmiento, M. *Catálogo de voces vulgares y en especial voces gallegas de diferentes vegetales*. Edición de J. L. Pensado. Univ. de Salamanca. 1986.
6. *Os camiños do Padre Sarmiento. O patrimonio natural e cultural da comarca de Pontevedra.* Concello de Pontevedra, 2005.
7. Martínez Rossy, I. *et al*. *Caleros y Canteros*. Diputación de Salamanca. 1986.
8. *Los tejeros de Ceadea*. <www.aliste.info/>
9. Martín Chicote, A. (Coord.). *En Sierra viva. Los pueblos pinariegos burgaleses y sus montes*. Amábardos, S.L. Burgos, 2012, pp. 81 y ss.
10. Relato sobre una familia de artesanos de escobas en Normandía: Assoc. Montviette Nature. *D'Arbre en Arbres à Montviette*. Montviette, 2000.
11. Blanco, E. y Díez, J. *Guía de Flora de Sanabria, Carballeda y Los Valles*. Adisat-La Voz. Zamora, 2005.
12. Mességué, M. *Mi herbario de salud*. Ed. Plaza & Janés. Barcelona, 1975.
13. Mellie, U., ob. cit. nota 2.
14. Arrowsmith, N. *Guía de campo de las hadas y demás elfos*. José J. Olañeta, ed. Barcelona, 1984, p. 203.
15. *J'ai cueilli ce brin de bruyère / L'automne est morte souviens-t'en / Nous ne nous verrons plus sur terre / Odeur du temps brin de bruyère / Et souviens-toi que je t'attends.*
16. *Triste, et le jour pour moi sera comme la nuit. / Je ne regarderai ni l'or du soir que tombe, / Ni les voiles au loin descendant vers Harfleur, / Et quand j'arriverai, je mettrai sur ta tombe / Un bouquet de houx vert et de bruyère en fleur.*
17. Así, en inglés *heath* y *heather* son respectivamente brezal y brezo, y *heathen*, pagano, y en alemán *Heide* puede traducirse como landa, brezal, brezo o pagano.
18. van Gogh, V. *Las Cartas* (2 vols.). Ed. Akal. Madrid, 2007.
19. Naifeh, S. y Smith, G. W. *Van Gogh. La vida*. Taurus. Madrid, 2012.
20. Graves, R. *Los mitos griegos*. Alianza Ed. Madrid, 1985.
21. Plutarco. *Isis y Osiris*, I, 13-16. En *Obras Morales y de Costumbres (Moralia)*. Vol VI. Ed. Gredos. Madrid, 1995, pp. 83-90.
22. Frazer, J. G. *La rama dorada*. Fondo de Cultura Económica. México D. F., 1951 (2ª ed.), p. 437.
23. Graves, R. *La diosa blanca*. Vol. I. Alianza Ed. Madrid, 1986, pp. 252-253.

Escobal de *Genista florida* y *Cytisus cantabricus*. El Haya, Cantabria.

6. Retamas, piornos y escobas

Bajo estos y otros muchos nombres genéricos encontramos diferentes especies de arbustos leñosos de la familia de las fabáceas, de aspecto, funciones y utilidades en el paisaje muy semejantes. Casi todas tienen flores amarillas de color intenso. Se trata de leguminosas y, por tanto, contribuyen notablemente a aumentar la fertilidad del suelo. Además, por su capacidad de fijar el terreno se usan también para la contención de taludes y laderas pendientes. Por otra parte tienen la capacidad de sobrevivir en terrenos pobres. El etnobotánico Emilio Blanco, que tanto ha escrito sobre estos géneros y sus utilidades en las distintas comarcas de la Península, nos señala que nos encontramos precisamente en el centro mundial para este grupo botánico que se extiende por una inmensa porción de nuestra geografía. Cubren los paisajes poniendo un traje a medida a los páramos y las montañas, sobre los que se adivinan las diferentes especies con sus respectivas tonalidades, ocupando los distintos suelos y repartiéndose por franjas las diferentes cotas altitudinales.

Con frecuencia la diseminación tiene lugar por la apertura explosiva de las legumbres, que se abren con el calor y estallan, lanzando lejos las semillas. Las hormigas contribuyen también a la diseminación transportando y enterrando estas semillas.

ESPECIES, HÁBITATS Y DISTRIBUCIÓN

Aparte de la escoba *(Cytisus scoparius),* que tratamos de manera más pormenorizada, y de los tojos a los que dedicamos otro capítulo, enumeramos algunas de las especies de este grupo de leguminosas arbustivas más importantes o características en nuestros paisajes. Todas ellas pertenecen a la tribu de las citiseas:

Codeso

Retama común (fruto)

Cytisus multiflorus

Cytisus cantabricus

Cytisus balansae

Plantas no espinosas:

Adenocarpus complicatus, codeso. Es una especie ligada a matorrales y piornales sobre suelos silíceos, que vive desde la mitad sur de Francia hasta el norte de África, y se encuentra en gran parte de la Península. Tiene usos muy similares para confección de escobas, como planta forrajera, en cestería…

Retama sphaerocarpa, retama común. Lugares secos, terrenos pobres en bosques mediterráneos degradados. Gran parte de la Península y norte de África.

Cytisus multiflorus, escoba blanca. Flores blancas muy numerosas y vistosas que la hacen muy adecuada como ornamental. Principalmente sobre suelos ácidos en zonas de encinar y melojar. Desde el noroeste de la península ibérica hasta Castilla y León y Castilla-La Mancha.

Cytisus grandiflorus, escobón. Una de las especies de porte más elevado. Hasta tres metros. Prefiere los suelos profundos en zonas bajas y montanas, sur de la península ibérica y norte de África.

Cytisus cantabricus, retama negral. Brezales y praderas del norte de la Península y suroeste de Francia.

Cytisus balansae (C. oromediterraneus, C. purgans), piorno serrano, calabón. Flores con olor muy intenso y característico. Terrenos silíceos de montaña. Muy amplia distribución. Gran parte de la península ibérica hasta el norte de Francia.

Cytisus patens, ginesta borda. Prefiere suelos con cal y temperaturas suaves, por lo que no se aleja mucho del litoral mediterráneo. Desde Cataluña hasta Andalucía.

Genista cinerea, hiniesta. Terrenos deforestados, secos y soleados, con o sin cal. Levante y mitad meridional de la Península.

Genista florida, piorno. Bosques degradados, suelos secos y ácidos. Casi toda la Península y norte de África. Se usa en jardinería por su abundante y persistente floración.

Genista florida

Genista hispanica

Plantas espinosas:

Genista scorpius, aulaga. Sobre suelos calizos o poco ácidos. Es la genista más abundante en la Península, pero falta en Portugal; presente también en Francia y norte de África.

Genista hispanica, cascaula, abrojos. Mata baja presente en pastizales soleados sobre suelos generalmente calizos, en la mitad norte de la Península. Se usa como ornamental por la abundante floración. Según nos contaron en el pueblo, con esta genista que en Sotres llaman *enabios*, se calentaban los hornos de teja.

Genista hirsuta, abulaga merina. Vive en encinares y alcornocales aclarados, sobre suelos ácidos. Centro y suroeste de la Península.

Genista scorpius

Genista hirsuta

Genista falcata. Sobre suelos no excesivamente secos, matorrales de degradación de alcornocales y melojares. Centro y oeste de la Península.

Genista anglica, gatuña, gatiña. Habitante de turberas, brezales y pastizales encharcados. Gran parte de Europa y de la península ibérica y norte de África.

Genista triacanthos, aulaga morisca. Suelos frescos sin cal, bosques degradados. Norte de África y mitad occidental de la Península, más rara hacia el interior.

Genista triacanthos

Genista anglica

Terneros al refugio de los escobales. «Debajo de cada retama se cría un cordero», dice el antiguo refrán en referencia al pasto fresco y nutritivo que crece al pie de estos arbustos.

USOS Y FUNCIONES EN LOS PAISAJES TRADICIONALES

La función de las retamas es muy interesante para la conservación y restauración de bosques y ecosistemas degradados, ya que naturalmente los retamares crecen en lugares donde el bosque retrocede, y al mismo tiempo, como plantas pioneras, representan la avanzadilla del bosque creando las condiciones para su recuperación.

Alrededor de los bosques de montaña aparecen formando una orla característica. Es la zona preferida por los herbívoros domésticos y salvajes en las horas de mayor calor, cuando se refugian del sol y de las moscas a la sombra tenue de las retamas, y aprovechan el pasto nutritivo. «Debajo de cada retama se cría un cordero» reza el dicho extremeño, en referencia al interés de estos pastizales enriquecidos por el nitrógeno y la frescura que aportan estos arbustos. El gusto amargo de muchas de estas matas y el contenido en materias más o menos tóxicas es en general un factor limitante para el ramoneo, que no impide que los animales coman cierta cantidad.

Algunas especies se han utilizado para hacer escobas y en cestería, y son en general un combustible excelente de gran poder calorífico, muy utilizado para alimentar los hornos y cocinas tradicionales en toda su área de distribución. Como forraje o cama para el ganado han tenido

Chozo de piorno en la Sierra de Guadarrama. Hasta hace unas décadas, estos techados eran frecuentes en las cabañas de montaña.

también importancia en muchos lugares, e incluso para los camastros de los pastores que pueden quedar muy mullidos con estas retamas. La madera se ha usado a veces para badajos, pequeñas piezas o cachavas.

Por su austeridad y la espectacular floración, hay muchas especies y variedades que se utilizan como ornamentales en jardinería, o al borde de autovías, y esta misma floración abundante atrae abejas y otros polinizadores, aunque la miel de algunas especies tiene fama de ser un tanto amarga. Y como veremos, también han proporcionado remedios populares para veterinaria o medicina, que en algunos casos se han demostrado eficaces. Sería interminable el relato de las peculiaridades de los usos de cada una de las retamas en sus respectivas comarcas y regiones, donde reciben nombres locales diferentes y casi siempre tienen un marcado protagonismo en el paisaje y la cultura.

LA «CULTURA DEL PIORNO»

En su *Etnobotánica abulense*, Emilio Blanco refleja muy bien las culturas y los paisajes ligados a estas plantas (piornos, ramos, escobas, calabones) en las distintas comarcas de Ávila:

> Con el nombre genérico de ramos o piornos se incluyen varios arbustos pertenecientes a los géneros *Cytisus* y *Genista*. Es tal la importancia que han tenido los ramos y piornos en las zonas montañosas de Ávila que la gente de campo distingue las diferentes especies que existen y cada una tiene su nombre espe-

Arriba: piornal de *Genista florida* en contacto con brezal de *Erica aragonensis*. Abajo: aliagar calcícola de *Genista hispanica*.

cífico, aunque varían de pueblo en pueblo. Se utilizan de forma genérica los nombres de «ramos» y «piornos» (según pueblos y zonas) y mucho más raramente el nombre de «escobas».

> Podemos hablar en toda la zona montañosa de Ávila de una cultura del piorno o ramo, incluso hay pueblos situados a gran altitud (San Martín de la Vega, la Herguijuela, Villanueva) que no tenían prácticamente acceso a otra leña para calentarse que no fuera el piorno, les resultaba imprescindible.
>
> [...] Ocupan un área tan extensa y fueron tan importantes en la supervivencia de los pueblos serranos que incluso llegó a estar regulada su corta (Villatoro). Era a últimos de septiembre o en otoño la época de «ir a ramos» antiguamente, con los carros y más tarde con los tractores.[1]

Gran parte de estos usos y costumbres pueden hacerse extensivos a otras regiones de la extensa patria de las retamas, que ocupa una inmensa región mediterránea. El mismo autor aporta otras informaciones sobre los usos y la gestión de las *xesteiras* o retamares en la tradición del Caurel:

> Las *xesteiras* a veces se podaban para mantenerlas y extenderlas; incluso se sembraban, sobre todo la *xesta blancal (Cytisus multiflorus)*. [...] Para que se mantuviera la *xesteira* y no desapareciera la *xesta blancal*, se podaban en creciente de luna de primavera.[2]

En un interesante apartado relata también los usos para la cama de ganado y preparación del estiércol a partir de las *xestas:*

> *Estrume:* puede ser sinónimo de *xesta* cuando se refiere a su uso como cama de ganado.

> Escuchamos *traer estrume*, por traer *xesta* para cama de ganado.

Y a renglón seguido explica que es el uso más importante de las retamas y que todas ellas se utilizan indistintamente para esto o incluso, a falta de *xestas*, se utilizan otras plantas, aunque la preferida es la mentada *xesta blancal*.

> Para «estrar» se extienden manojos atados de *xesta* que han sido preparados durante la primavera anterior. La operación de estrar se realiza 1 o 2 veces al día, o cada dos días, según lo que manchen las vacas.

Del mismo modo que hemos visto al tojo como un recurso antaño tan apreciado que se llegaba a robar, segándolo a hurtadillas del campo del vecino, las retamas han sido cortadas en los montes de manera fraudulenta también en Bretaña, tal como se desprende del relato de Anatole Le Braz, sin que se especifique para cuál de sus múltiples usos se realizaba el hurto:

> Teníamos un hermoso retamar, situado en la pendiente de la colina, bastante lejos de la casa. No faltaba quien viniera a cortar la retama sin nuestro permiso, de forma que mi hermano mayor decidió montar guardia para tratar de capturar al ladrón…[3]

Las ordenanzas de 1538 de Tordesillas penalizaban al que «cortare o arrancare retamas» con 100 maravedíes si se hacía por el día y 200 si por la noche. Del mismo modo en la ciudad de Valladolid, a finales del XV y principios del XVI, se regula la extracción de retamas y escobas. Tal como explica José María Ramos:

> Esto se explica por el elevado interés de esta planta, aprovechada durante todo el año: Se utiliza como material de construcción, para los hornos de pan, para adornar los puentes y para los hogares de la gente más necesitada. Además del elevado interés tuvo que ser una planta ampliamente presente en los montes citados, que se explotaba y se protegía, pues siempre se advierte en relación a su corta, que se «corte por la cruz», es decir por la parte alta, de forma que se conserve el tallo. Más aún, la presencia de la retama en el monte constituye una garantía para la buena conservación del monte, de tal forma que se fija una vigilancia sobre la corta de las retamas: «dar en limosna diez carretadas de retama del monte duero en que lo corten por

Piornales de *Cytisus balansae* en la Sierra de Gredos.

la cruz porque no se arranque y dañe el dicho monte».[4]

El mismo autor menciona también la prohibición y las penas impuestas por la corta de retamas en las ordenanzas de 1739, que regulaban los usos del monte La Ventosilla (Burgos), cercano a Aranda de Duero:

> La corta de cada pie de encina se castigaba con 600 maravedíes, mientras que el carro de escoba, retama o leña baja se penalizaba con 300 maravedíes por cada carro.[4]

Las retamas protagonizan el paisaje diurno con sus tonos y olores tan característicos, pero al caer la noche, la hoguera del pastor o la chimenea producían otro paisaje, alimentado también muchas veces por estas matas, que además daban el cisco o carbón menudo para los braseros. También la ciudad de Madrid consumía grandes cantidades de retama, como se desprende de diversos testimonios. En su continuación a la *Flora española* de Quer, Gómez Ortega aclara que se sembraban retamas para estos usos:

> ...solo tiene uso para calentar los hornos de las tahonas y otros: para lo cual se siembran aprovechando los arenales, que apenas podrían producir otra cosa.[5]

Son muy elocuentes asimismo las noticias y anuncios de los diarios de época. El primer diario del país, llamado *Diario de Madrid*, publicaba un reportaje en 1804, reflexionando sobre la aridez y el abandono de los cerros deforestados de los alrededores de la ciudad:

> ...es lástima no se utilicen á lo menos para la plantificación de retama, tan necesaria en Madrid y aun en pueblos de sus inmediaciones, como que de su escasez resulta el uso del despojo de caballerizas para cocer el pan en varias tahonas: uso que, además de originar una minoración de abono quantiosa y sensible a la labranza y huertas, es indecente y pestífero para cocer el pan...[6]

En los anuncios del *Diario de Avisos de Madrid* de 1830 podemos leer numerosos anuncios de venta de cisco de retama. Hemos escogido un par de ellos como muestra:

> Quien quiera tomar por su cuenta el arranque y descuajo de una porción de retamas en la extensión de unas 80 fanegas de tierra, situadas en la casa de Campo, sitio real, acuda al portero de...
>
> ...una porción de cisco seco de retama, limpio y cribado, propio para braseros por no tener tufo ni cosa que pueda incomodar. Se vende por espuertas, y se darán con equidad.[7]

ALGUNAS MANIFESTACIONES CULTURALES LIGADAS A LAS RETAMAS

Por supuesto, los retamares forman parte también de ese patrimonio intangible e inmaterial que se manifiesta de formas muy diversas en las culturas populares.

La Virgen de la Hiniesta de Sevilla y la de Zamora del mismo nombre (con santuario en el pueblo de la Hiniesta) comparten la leyenda de la milagrosa aparición de una imagen de la Virgen sobre una hiniesta o retama. También, según cuenta Emilio Blanco, la Virgen de la Alcobilla, en el santuario de Sanabria, tendría un origen parecido y su nombre original es, al parecer, «Virgen de la Escobilla». En general las flores de estas retamas han tenido, por su vistosidad, muchos usos más o menos rituales u ornamentales en procesiones y

LA RETAMA, UNA LEYENDA ANDALUZA[8]

En un camino cerca de la mole del Castillejo crecía una retama cuyas ramas estaban anudadas, pues cada vecino que pasaba por allí, rezaba un padrenuestro y hacía un nuevo nudo. El caso es que nadie se atrevía a pasar por allí por la noche, pues existía la creencia de que un fantasma vagaba por el lugar cuando oscurecía. Hasta que una vez, un soldado que, para volver a su pueblo, tenía que pasar por el camino de la retama, decidió hacerlo de noche a pesar de las advertencias de los lugareños. Al llegar al lugar de la retama empezó a oír ruidos y lamentos y vio una sombra avanzar hacia él, pero no se asustó. Sacando una reliquia, conjuró al espíritu a explicarle quién era y qué hacía allí. La sombra le dijo que era un clérigo que había muerto allí por caerse del caballo, y que, al haber muerto sin confesar, estaba en pecado, y ahora penaba en el purgatorio. También le dijo que únicamente se aparecía a la gente para pedirles el favor de rezar por él, porque solo eso podía ayudarle a salir del purgatorio: no quería hacer daño a nadie, pues no era más que un ánima doliente. Después de decir eso, desapareció para no volver a aparecerse nunca más.

El soldado contó al pueblo lo que había visto y oído, y desapareció el temor nocturno a aquel lugar. Desde entonces, cada vez que alguien pasa por ahí, reza un padrenuestro y como testigo de ello, hace un nudo en las hojas de la retama.

actos religiosos, y tenemos noticias a tal efecto en la comarca leonesa de Las Salas y en San Pedro de Bedoya (Cantabria) donde se alfombraban las calles el día del Corpus con estas flores.[9]

En el contexto de la medicina mágica, entre otros mil rituales para desembarazarse de las verrugas, se practicaba uno que consistía en hacer tantos nudos como verrugas se tuvieran sobre una rama de xesta negral *(Cytisus scoparius)*. Los hace el paciente o la curandera y a continuación hay que quemar la xesta.[10]

ESCOBA O RETAMA NEGRA

> Es la extraña habitante de terrenos silíceos y landas invadidas por el brezo, donde corren las negras nubes de tormenta… Se encuentra en los lugares incultos y desolados, en las proximidades de bosques apartados o en los calveros que parecen destinados a eternos aquelarres…[11]

La escoba *(Cytisus scoparius)* se diferencia muy bien de otras retamas porque las ramitas del año son muy angulosas. Pero el paisano o el botánico la distinguen fácilmente también, incluso desde la lejanía, por ser una de las retamas más ramificadas y tener un verde intenso característico. Se encuentra silvestre en las montañas desde Galicia y Asturias hasta Extremadura, formando parte de la orla de los bosques o colonizando praderas o campos abandonados. Sin embargo, su uso ornamental la ha convertido en una planta invasora en Canarias y en muchas regiones de América, Asia, África, Australia y Nueva Zelanda.

En los paisajes tradicionales su importancia radica en esa notable presencia, con su envergadura que sobrepasa los dos metros y su proliferación en las etapas intermedias de «regreso al bosque». En los sistemas agrosilvopastoriles, su relevancia queda muy bien reflejada en este texto del siglo XIX, del abate Rozier:

> Este arbusto pasa generalmente por inútil en la agricultura: pero a mí no me parece tal, pues es muy apreciable en los terrenos endebles e incultos, y sobre todo para impedir que las lluvias se lleven la poca buena tierra que tienen: sin él, la mayor parte de los parajes que tienen mucha pendiente estarían reducidos a peñascos secos, áridos y descarnados. Estos arbustos crían en semejantes terrenos la tierra vegetal o humus; sus raíces mezcladas con la tierra forman otras tantas trabas, y sus hojas y sus granas atraen a los pájaros y los insectos…[12]

Escobal de *Cytisus scoparius*.

El mismo autor nos da diferentes consejos para el uso de esta retama como fertilizante de tierras, ya sea enterrando directamente la fronda o quemando todo el arbusto y utilizando sus cenizas. También ofrece curiosas técnicas de siembra de escoba junto al cereal para retener y mejorar la tierra en laderas pendientes y aporta otros datos interesantes sobre la extracción de fibra vegetal para cordelería e hilazas, y otros usos (cama de ganado y estiércol, escobas de barrer…) que aquí veremos con mayor detenimiento.

TECHADOS DE ESCOBA

En algunas comarcas de la península ibérica ha servido además para hacer techados en todo tipo de construcciones, impermeabilizando eficazmente los edificios. Seguramente Somiedo es la zona donde más y mejor se han conservado estos edificios de techados vegetales que, aparte de su bajo costo, presentan otras ventajas frente a la pizarra, la teja y otros sistemas, sobre todo su gran capacidad de aislamiento, pues siempre conserva una temperatura de varios grados por encima o por debajo del exterior, según la época. Pese a que podría pensarse que estas construcciones han de arder con facilidad, en realidad el peligro de incendio no es tan elevado. Hemos llegado a ver aún hace 30 años estas *cabanas de teito* utilizadas como vivienda, con el fuego sobre el suelo para cocinar y calentarse. Durante siglos, seguramente milenios, este mismo modelo ha servido para la edificación de poblados cuyas casas o cuadras siguen un mismo esquema: un círculo o cuatro paredes de piedra, el armazón de madera con la necesaria inclinación de 60 a 75 grados que requieren estas techumbres vegetales, el pajar en el desván y, a nivel del suelo, la cuadra separada

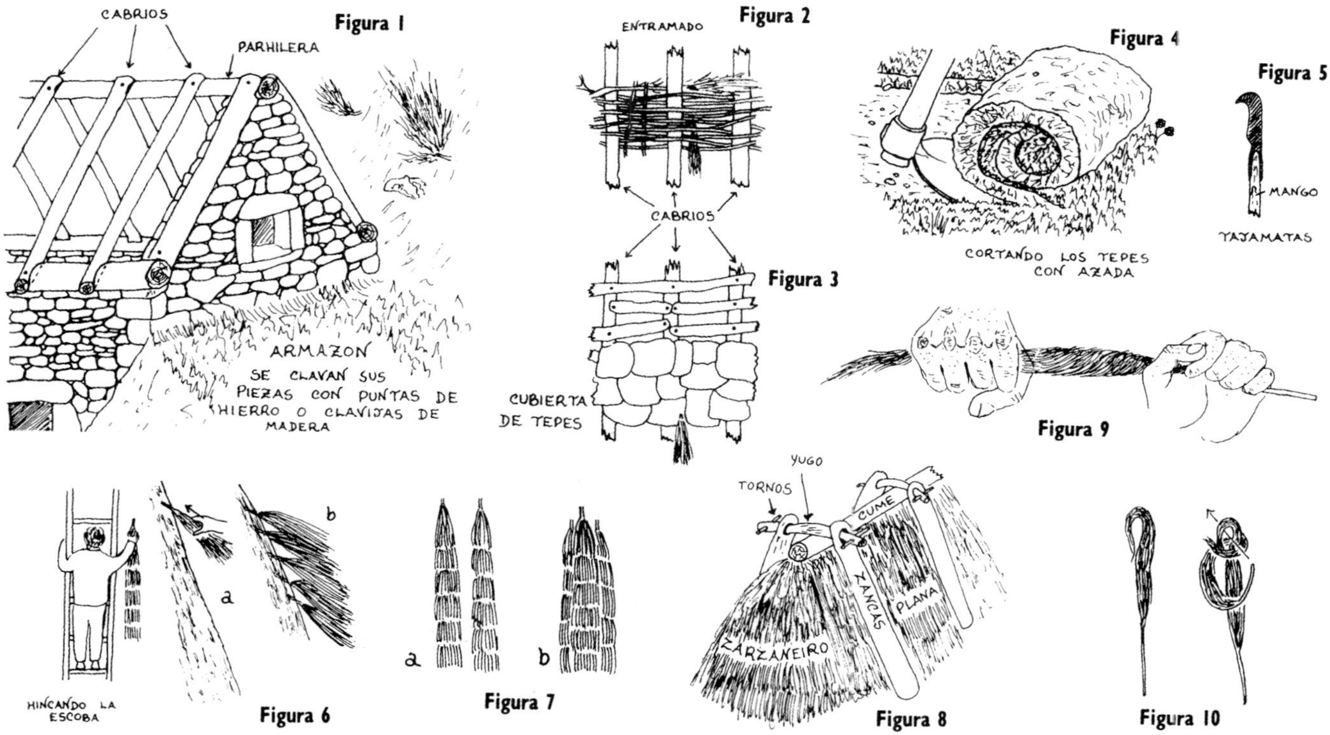

Técnicas para *teitar* con escobas, piornos o retamas. En las figuras 9 y 10, preparación de una *civietsa* para atar.

de la vivienda tan solo por una tablazón, mientras el fuego se hace sobre lajas de piedra, sin ningún tipo de chimenea, de modo que el humo escapa por los resquicios que puede encontrar.

El sistema es un entramado a base de varas de avellano sobre las vigas principales que sirve de soporte para ir hincando las ramas de escoba. A veces, previamente se entrelazan ramas largas de escoba para obtener una superficie más tupida sobre la que trabajar. También se hacía tradicionalmente este entramado con tablillas sobre las vigas o cabrios, cubiertas por tepes o tapines de césped que sirven también de eficaz aislamiento. En Asturias se suele *reteitar* por partes dividiendo las cuatro aguas tradicionales del tejado de cada *cabana*, para *teitar* una cada año, entre septiembre y octubre. La escoba se recogía en menguante. Se cortan las ramas con una hoz o tajamatas escogiendo ramas o tallos con una base leñosa para hincarla y ramificaciones frondosas y erectas.

Siempre recordaré cómo, al primer intento para construir una de estas cabañas, hincábamos las ramas sin ton ni son, y pronto descubrimos que por mucha capa que se ponga, no sirve de mucho si no se hace con el método adecuado. Tal y como puede verse en la imagen, hay que ir hincando las ramas en hileras verticales, siempre empezando de abajo hacia arriba y colocando cada una justo

Cabanas de teito en las brañas somedanas, en la década de 1980. Los piornos, las escobas y la paja de centeno han sido los materiales preferidos para techados vegetales, y aún pueden verse en algunas comarcas del noroeste peninsular.

encima de la anterior de modo que el agua siempre vaya goteando hacia el exterior. Cada hilera debe colocarse de forma paralela a la anterior a una distancia aproximada de 15-20 cm, y a caballo entre cada pareja de hileras se coloca otra. Como remate se coloca en la cumbrera un tronco bien amarrado con las llamadas zancas que sujetaban la techumbre.

Además de esta retama puede utilizarse el piorno, *Genista florida*, más duradero pero menos frondoso, por lo que se necesita más cantidad, o el brezo *(Erica arborea)*, muy utilizado en Francia, donde lo dejan secar dos meses antes de colocarlo. En Somiedo la retama y el piorno se ponen recién cogidos. Por supuesto estas construcciones pueden hacerse actualmente recuperando aquellas imágenes de nuestros paisajes tradicionales, con fines tan diversos como se quiera: pajar, comedor, taller, cobertizo para aperos, letrinas, sala de reunión, quiosco o parada del autobús…

ESCOBAS Y CUERDAS DE ESCOBA

> En el campo haraganea y en la casa se menea.
> (Adivinanza: la retama y la escoba)

En los pueblos de Somiedo hemos visto utilizar preferentemente esta planta frente a cualquier otra para hacer las escobas de barrer suelos o limpiar las ascuas del horno de pan. En este caso se usan ramas verdes para que no prendan y se tiene cuidado de que no tengan flores o frutos que se peguen al pan. También se utilizaban para hacer brochas de encalar.

Las escobas se hacen en un momento, a partir de un haz de ramas frondosas de escoba que se ata con una *civietsa*. La *civietsa* es una ramita de la propia planta verde, larga y fina, se escoge con poco leño y se retuerce para que sus fibras doblen sin cascarse. Con esta ramita se hace un aro, enrollando la parte más flexible alrededor del propio círculo y este aro se embute en el haz de escobas de modo que quede sujeto al mismo a presión, empujando hacia la parte más ancha. Así queda hecha la escoba y se puede utilizar sin más, poniéndole como mango un simple palo afilado que se mete desde la parte superior a presión. Con el hacha sobre un tocón se pueden igualar las puntas y si se quiere que quede más firme se puede poner un segundo aro.

Uniendo dos *civietsas* o más nos enseñaron a hacer también cuerdas para atar haces de leña o lo que sea menester. Se hacen retorciendo las ramitas y uniéndolas según el modelo de la imagen (v. pág. 159, fig. 10). Del mismo modo se hacían también cuerdas o lías para atar, utilizando pequeños haces de paja de cereal y en este caso les llamaban *vencetsas*.

Aunque no sabemos muy bien a cuál de las especies se refiere, pensamos que Columela, el famoso agrónomo del siglo I, trata sobre esta escoba en el siguiente texto:

> De la retama
> Los lugares muy secos en los que no se cría esta clase de árboles, quieren retamas: las ataduras que se hacen con ellas son al mismo tiempo bastante firmes y muy flexibles. Se multiplica por semillas y dos años dspués de que nace se trasplanta o se deja en su lugar y se puede segar todos los años junto á la tierra como las mieses. Las otras especies de ligaduras, como por ejemplo, las de zarza, requieren mayor trabajo pero indispensable cuando es preciso.[13]

OTROS USOS

Se utilizan también los ramos de escoba para prender el fuego o incluso para alumbrarse en las viejas cocinas *llariegas*, encendiendo un pequeño haz cuya llama dura poco pero alumbra mucho. En un momento dado, si se pretendía freír u obtener más calor, se metía esta leña fina pero de gran poder calorífico. Con este fin siempre había junto a la leña una buena carga de piornos o escobas.

Con fines medicinales se utiliza por su contenido en esparteína, un alcaloide que actúa sobre el corazón. Su toxicidad hace aconsejable el control médico de la planta como remedio y, por supuesto, de los medicamentos que llevan este principio activo.

Emilio Blanco recoge para el Caurel el uso de pequeños cestos hechos con esta retama por un artesano de Ferreirós de Arriba, y añade que eran más comunes en el Bierzo donde se llaman *megos*.

Como planta forrajera, Emilio Blanco recoge también su uso en Sanabria:

> El principal uso de las xestas es como forraje de mediana calidad, excepto para las cabras. [...] gustan mucho a las cabras, sobre todo la legumbre, que amarga mucho.[14]

Al parecer, el contenido en esparteína de la escoba, responsable del sabor amargo y la toxicidad, es mayor en primavera y decae hasta la mitad a partir de julio, conforme termina la floración, momento en el que los paisanos bretones hacían la cosecha de esta «retama forrajera». A partir de octubre de nuevo suben los niveles de esparteína. Aparte del ramoneo y consumo que pueden hacer los propios animales en el monte, en la Bretaña francesa se llegaba a incluir esta retama en las rotaciones de cultivos, sirviendo como forraje y para alimentar los hornos. Seguramente se apreciaba también la mejora del suelo que hacen estas plantas. Incluso se usó como forraje en seco para lo cual se recogían las ramas menudas en junio-julio, cuando ya habían caído las semillas. Se dejaban secar al sol y se hacían manojos que se guardaban en establos o graneros y servían como provisión de forraje invernal para ovejas y otros animales.[15]

Por otro lado, el etnógrafo Alberto Álvarez Peña nos contaba que se usó en Santibáñez de Murias (Asturias) la flor de escoba esparcida por la cuadra para ahuyentar las pulgas.

De usos muy similares, el escobón *(Cytisus striatus)* se sembraba en los campos de centeno del occidente de Salamanca. Se utilizó como combustible y para hacer escobas y se usa para techar chozos, cuadras y los típicos chiviteros.[16]

Antiguo corral, con sus chiviteros, pequeñas cabañas para resguardar a los chivos recién nacidos. Se han reconstruido los techados tradicionales de escoba (Torregamones, Zamora).

Fruto aún verde de la escoba *(Cytisus scoparius)*.

Notas

1. Blanco Castro, E. *Etnobotánica abulense*. Jolube Ed. Jaca, 2015.
2. Blanco Castro, E. *El Caurel, las plantas y sus habitantes*. Fundación Caixa Galicia. La Coruña, 1996.
3. Le Braz, A. *La Légende de la Mort*. Ed. Jeanne Laffite. 1994, p. 119.
4. Ramos Santos, J. M. Intervención humana y transformación de los Paisajes forestales en la cuenca del Duero durante la Edad Moderna. *Papeles de Geografía*, núm. 41-42. Univ. de Murcia, 2005.
5. Gómez Ortega, C. *Continuación a la Flora española ó Historia de las plantas de España...*, Vol. 6. Joachin Ibarra Ed. Madrid, 1784.
6. *Diario de Madrid*, 16 de octubre de 1804, p. 1278.
7. *Diario de Avisos de Madrid*, 4 de julio de 1830, pp.743 y 1273 respectivamente.
8. Lorenzo Cadarso, P. L. y Martos Núñez, E. *La casa encantada. Estudios sobre cuentos, mitos y leyendas de España y Portugal*. Editora Regional de Extremadura. Mérida, 1997.
9. Pardo de Santayana, M. *Guía de las plantas medicinales de Cantabria*. Ed. Estvdio, Santander, 2004.
10. Fernández Alvarez, Mª D. y Breux, J. *Medicina popular, magia y religión en el Bierzo*. Museo del Bierzo. Ponferrada, 1988. Emilio Blanco recoge el mismo uso en Ávila.
11. Mességué, M. *Mi herbario de salud*. Plaza & Janes. Barcelona, 1975.
12. *Nuevo Diccionario de Agricultura del Abate Rozier*. Ignacio Boix, ed. Madrid, 1845.
13. Columela. *De re rustica*. (Libro IV, capitulo XXXI).
14. Blanco, E. y Díez, J. *Guía de Flora de Sanabria, Carballeda y Los Valles*. Adisat-La Voz. Zamora, 2005.
15. Chevalier, A. Les *Ulex* comme engrais verts et plantes fourragères. *Revue de botanique appliquée et d'agriculture coloniale*, n° 239-240, 1941, pp. 407-425. <http://www.persee.fr/doc/jatba_0370-3681_1941_num_21_239_2137>
16. Oria de Rueda, J. A. y Díez, J. *Guía de árboles y arbustos de Castilla y León*. Cálamo. Palencia, 2003.

7. Setos y alineaciones, la urdimbre de los campos

> Soy partidario de los setos, no puedo negarlo, y de los setos muy elevados; y si algún día los viese en el Condado, en la baja Provenza y en el bajo Languedoc, bien fuesen de encinas, de olmos o de fresnos, sería para mí el momento de mayor regocijo. De esta manera se conservarían, a lo menos en algunos parajes, los olivos, cuyo número disminuye anualmente, porque los abrigos se han bajado, y los árboles van quedando cada vez más expuestos a los vientos impetuosos, y por consiguiente al rigor de los inviernos. [abate Rozier, 1845][1]

Cuando vemos los territorios de *bocage* que aún quedan en algunas zonas de montaña de la península, tenemos la sensación reparadora de encontrarnos en un paisaje armónico y hermoso. Pocas veces caemos en la cuenta de que este paisaje ha sido creado paciente y sabiamente, a lo largo de generaciones, en una suerte de simbiosis cultural-natural que ha perdurado hasta nuestros días. A sus 95 años, Amable Vallina, paisano de Melendreros (Asturias), nos contó que, siendo un chaval de 15 o 16, había formado un seto en el prado llamado Cuturreundu, situado en un altozano desnudo y expuesto a los vientos, en el que apenas podía parar el ganado los días de frío y tormenta. Nos acercamos a verlo y lo cierto es que durante un rato pudimos resguardarnos del viento cortante que soplaba en ese mismo momento desde las cumbres nevadas, y al abrigo del seto nos sentimos verdaderamente confortados. Contemplando esta sebe, que se diría está allí desde siempre, uno comprende que el paisaje tradicional que nos protege y alimenta de mil modos distintos, es el resultado de una constante y callada construcción y reconstrucción. Para plantar aquel seto, Amable recogió simplemente pequeñas espineras (espinos albares) del monte, y las plantó en el perímetro a distancia de 60 cm unas de otras. Luego el seto fue poblándose gradualmente con otros árboles y arbustos que llegaron de forma natural y fueron haciendo más espesa aquella sebe. El paisano me hizo ver el «sendero» todo alrededor de este seto para que comprendiera que el efecto beneficioso no se limitaba al interior del prado, sino que los animales frecuentan el lugar para refugiarse de tormentas, granizos y ventiscas o para «moscar» los días de bochorno. Amable nos contaba también que, cuando era joven, se vendía plantón de espinera en la feria de Carnaval de la Pola de Siero, para plantar setos de cerramiento. Según le habían contado los propios vendedores, se cogía la grana y se ponía entre arena y, cuando se deshacía la pulpa, se cribaba y se sembraba en el terreno. Una vez crecidos los plantones, hacían manojos de 50 o de 100, como si fueran puerros para plantar, y los vendían para el cierre de fincas.

Uno de los modelos más característicos de la organización territorial de los pueblos del norte de la Península es el uso del espacio más cercano

Amable posando junto al seto que él mismo plantó 80 años atrás.

Seto mixto entre prados, formado por avellanos y otras especies. A las funciones de cierre y límite se unen los efectos protectores para el ganado y los cultivos.

para las casas, cuadras, eras y cultivos hortícolas. En un anillo inmediato a esta área central se cultivaban los campos de legumbres y cereales, las llamadas tierras o labrantíos. Esta zona inmediata al pueblo está rodeada en muchos casos por un cercado que limita con los pastos y bosques comunales, en los que el ganado pasta libremente. Un seto más o menos compacto conforma el círculo de cierre en muchos casos, y tanto el cerramiento como las portilleras de acceso se mantienen con trabajos comunales (sextaferias, veredas, hacenderas…) para evitar que el ganado entre a la zona del pueblo y los cultivos. Independientemente de este cercado perimetral, otros pequeños anillos de seto bordeaban huertos, prados y parcelas formando, a modo de células, una red tupida en paisajes organizados en función de la topografía, contorneando los cursos fluviales con sus bosques de ribera, y los senderos y caminos de comunicación. Todo un organismo, en suma, regido por un centro neurálgico, el poblado, desde el que se gobierna el territorio.

El abandono de los campos y los pueblos ha supuesto en muchos lugares el fin de este sistema. Por otro lado, las concentraciones parcelarias y el imperio de las máquinas, cada vez más numerosas, grandes y pesadas, han terminado por desterrar a los árboles y los setos a los terrenos más pobres y periféricos, y se han perdido en gran parte los usos tradicionales de estos verdaderos mecanismos de creación y conservación de fertilidad, riquezas diversas y diversidad biológica. La generalización de otros tipos de vallados y cerramientos, como el alambre de espino, la falta de mantenimiento o la muerte súbita de los olmos que formaban parte tan esencial de los setos en muchas comarcas, son algunos otros factores causantes de la pérdida y decadencia de estos elementos tan importantes para la identidad de los pueblos y sus paisajes tradicionales.

Se calcula que en Francia, en el último siglo, el número de árboles integrados en los campos agrícolas ha quedado reducido a la tercera parte, y los setos a la cuarta parte.[2]

Sebe o zarzos para el cierre de un huerto, con entrelazado de varas de avellano.

Las consecuencias de esta verdadera debacle son difíciles de evaluar pero, en todo caso, muy significativas para la economía y la rentabilidad de los cultivos, y para los equilibrios que sustentaban estas verdaderas tramas ecológicas.

SETOS, SEBES Y CERCADOS

El cerramiento y la separación entre fincas se hace, como es evidente, para deslindar propiedades y evitar el paso de hombres y animales. En otro orden, se diría que el seto nos aísla del mundo circundante, creando un espacio íntimo. Además, materializa de algún modo el terreno que rodea, dándole forma y personalidad, generando un espacio singular y definido. En los jardines, los setos y borduras sirven para esconder o llevar la mirada hacia un punto determinado, para crear laberintos o delimitar espacios destinados a usos distintos. Los cierres bajos de boj, mirto y otros pequeños arbustos, cortan el paso sin necesidad de crear una barrera visual. Existen infinidad de setos y otras formas de cercados que se han utilizado tradicionalmente con fines muy diversos. Actualmente los alambres y postes prefabricados, a veces tratados con sales de cobre y arsénico altamente contaminantes, los vallados con cierre de malla metálica, los muretes de hormigón o los desgraciadamente típicos somieres, están convirtiendo los campos en auténticos suburbios de la ciudad global. Desaparecen las señas distintivas que aportaban identidad a cada localidad, y podemos encontrar las mismas balaustradas, los mismos cierres, en cualquier parte del mundo. El paisaje tradicional era, por el contrario, un compendio de soluciones locales en las que la estética, la funcionalidad y la sostenibilidad formaban parte de un conjunto coherente, sostenible y armónico. Cada fórmula era única y semejante al mismo tiempo. Estaba adaptada y resultaba perfectamente identificable en el estilo de la arquitectura tradicional de cada pueblo y comarca.

Los muros de piedra más o menos elevados, los setos vivos en formaciones de árboles y arbustos monoespecíficos o las bandas arboladas de especies múltiples que crean pequeños bosquetes, los cierres de varas entrelazadas o, más modernamente, de estacas y alambre de espino, son algunas de las fórmulas más habituales de cerramiento a lo largo de la historia de nuestros paisajes, y se siguen utilizando muchas fórmulas mixtas.

Un recurso muy socorrido era sencillamente clavar unas estacas o palos a distancia de unos 40 o 50 cm y entrelazar varas para formar los zarzos, *barganales* o *sarderes* que servían para cercar un prado, un huerto o una finca, o sencillamente para hacer una portillera que se quitaba y ponía. Cuando estos palos eran de avellano, se decía que duraban tres años, algo más si se hacían de *salgueiro* (sauce) u otros materiales.

Cierres con muro de piedra seca (arriba), estacas de castaño (medio) y seto de sauces entrelazados (abajo).

En este último caso, si las estacas clavadas eran de sauce, saúco u otra especie de las que prenden de estaca, esta sebe arraigaba y se convertía en un seto vivo. Las varas horizontales entrelazadas se terminan pudriendo, pero quedan los postes convertidos en árboles que irán creciendo y haciéndose más tupidos. Para cerrar huecos, el paisano dobla con frecuencia las ramas, dando un pequeño corte con el hacha para tumbar la rama sin desprenderla y hacer que continúe creciendo horizontalmente. De este modo se forman setos de fresno, acebo, avellano, sauce o cualquier otra especie, que cumplen muy bien la función de cierre (v. pág. 73). El abate Rozier incluye en su *Diccionario de Agricultura* una cita de Evelyn sobre la eficacia de los setos escoceses de espino albar, injertados por aproximación: «están tan enlazados y espesos, que los conejos quedan encerrados con tanta seguridad, como con cercas de tablas». Esta técnica del injerto por aproximación se ha utilizado para afianzar los cierres tradicionales de múltiples especies, particularmente saúcos.

Las sebes o setos vivos leoneses requerían, como los de otras comarcas y regiones, conocimientos y mucho esfuerzo para su creación y mantenimiento, tal como relata Juan Manuel Sandín, recogiendo el compendio de sabiduría local, «personal» e intransferible para cada localidad:

> La especie preferida por los lugareños para construir estos cerramientos era la salguera *(Salix atrocinerea)*, debido a la maleabilidad de sus ramas jóvenes y a sus fibras resistentes. Con ellas se elaboraban los *cimbros* (palabra utilizada sobre todo en algunas zonas de El Bierzo), *latas* y *vilortos* [...] largos y finos, que se entrelazaban entre sí haciéndolos pasar por entre *várganos* (palos finos verticales) y varas más gruesas. Estas varas más fuertes, denominadas *palancones*, que servían de base a los *gordones*, solían ser de palera *(Salix alba)*, y se clavaban en el suelo del *práu* a modo de estacas, siendo frecuente que agarrasen y se convirtieran en nuevos árboles, gracias a la capacidad de rebrote vegetativo de la familia de los sauces. Posteriormente,

> y de forma natural, se iban incorporando a la sebe otras especies típicas de la vegetación riparia, como zarzas, *amayotines* (majuelos), *andrines* (endrinos), *agavanzas* o escaramujos (rosal silvestre), *saltasebes* (madreselva del soto), *sabuguerus* (saúcos) o incluso negrillos (chopos), convirtiéndose entonces en verdaderos sotos fluviales.
>
> Estos contaban con una suerte de aberturas o portillos llamadas *auseras* en Omaña, por las que se entraba en las fincas.
>
> [...] se imponía un mantenimiento anual, necesario para que no se desmandase esta compleja estructura vegetal, y que solía realizarse en invierno, cuando el campo duerme, y los arbustos, desnudos de follaje, se dejan domeñar mejor. Así, «con una poda por aquí y otra por allá», un «pongo aquí esta *estaquina* y quito de este otro *lao* este ramo de palera que se me está metiendo en la cancilla», conseguía el paisano conservar en buen estado de revista el cercado de su *práu* y su *huertín*, al tiempo que, intuyo que sin ser consciente de ello, contribuía al mantenimiento de los ecotonos (espacios de alto valor ambiental por su gran biodiversidad) que eran, y continúan siendo, las sebes.[3]

En definitiva, toda sociedad rural en la que coexisten los intereses ganaderos y agrícolas encuentra similares problemas y parecidas pero diversificadas soluciones para separar los cultivos de los pastos comunales, donde el ganado campa más o menos libremente. Muchas disposiciones y costumbres incluyen las figuras de pastores, alguaciles o guardas que cuidan de que el ganado no entre en las tierras de labor o en los castañares, que se acotan al menos temporalmente. Entre sus funciones también suele estar la del cuidado del arbolado. Los setos o cercados de piedra, que cierran como decíamos todo el perímetro del monte, son una solución frecuente en muchos lugares, y esto viene desde muy antiguo. Ya el capítulo 153 del Fuero de Sepúlveda de 1300, titulado *De la frontera cerrar*, dispone:

> Otros sí, qui oviere huerto, o vinna, o mies en frontera de alguna defesa ó de exido, si non la cerraren de seto ó de paret, ó de valladar, non coga por ella pecho nin calonna ninguna: et tan alta sea la cerradura, que ningún ganado no pueda y entrar: [...] et si danno viniere por ella á los otros por mengua de las cerraduras, el sennor del ganado non peche ninguna cosa.

El Fuero de Béjar, cuyos orígenes se remontan a fines del siglo XIII, o principios del XIV, dispone prácticamente lo mismo en el artículo 131, y añade en el siguiente, titulado *Qui no cerrare su frontera:*

> Si alguno non cerrare su frontera assi como es dicho si quier sea la frontera laurada si quier no peche 1 morauedi & el danno duplado si danno uinier a los otros por ella por mingua de cerradura. El sennor del ganado non peche nada.

Se deduce que los dueños de las parcelas colindantes con los comunales, dehesas o ejidos, se hacían cargo solidariamente del cerramiento para evitar que entrara el ganado en los cultivos. Entendemos que esto de la frontera laurada ha de ser una referencia al seto vivo (de laurel). Esta situación ha sido muy general, y también en muchos casos es el pueblo conjuntamente el que hace los cierres y los repara y mantiene, realizando para ello trabajos comunales de mantenimiento, los llamados *auzolan*, veredas o sextaferias. De ahí también el dicho asturiano «*Sebe de munchos, prao en abertal» (abertal*= abierto, sin dueño, sin cercar), que es sinónimo del más castellano «los unos por los otros la casa sin barrer».

En cualquier caso, a modo de anécdota para ilustrar la importancia de mantener buenos cercados, mentaremos la disposición de los Fueros Generales de Navarra (lib. VI, tít. I, cap. XII) por la cual, en casos de litigio por entrada de ganado en una heredad, el alcalde podía hacer una prueba que consistía en cerrar en la finca una burra en celo («una asna calient») y afuera un burro entero («un asno cojonudo») con las patas trabadas. Si el burro atravesaba el seto quedaba demostrado que no estaba bien cerrado y el dueño del ganado se veía exonerado de responsabilidad.

En su libro sobre la comarca navarra de las Améscoas, Luciano Lapuente resume de manera perfecta la organización del territorio con el seto perimetral que comentamos:

> Todo el labrantío está cercado y separado de los montes por setos. Cada vecino tenía la obligación de cercar con seto la parte de sus fincas que mugaban con el monte. Así se consiguió que todo el terreno cultivado se hallara cercado y pudieran los animales pastar libremente en los montes sin peligro de hacer daño en los cultivos. Los setos se hacían: A) clavando estacas de roble o enebro en el suelo y entrelazándolas con abarras de espino; B) con un emparrillado de abarras de chopo y estacas que se fijan en el suelo; C) con hileras de espinos, zarzas y otros arbustos. [...] El Concejo obligaba a las labores comunitarias, a reconocer las cerraduras de las heredades en la redonda, etc. etc. encargándose el Concejo de penar y caloniar a los que hubieren faltado a los Concejos y labores concejiles y a los que se hubieren encontrado con aberturas en los setos y no tuvieren limpias las acequias.[4]

Portillera con pilares de piedra a la entrada de un prado con cabaña en Resconorio, Cantabria.

Aunque parece que hablamos de arqueología del paisaje, hace tan solo una generación los setos se conservaban de manera cuidadosa y constante mediante técnicas diversas de podas, plantaciones, injertos... Hoy, si acaso, se pasan unas líneas de alambre de espino entre los arbustos o se coloca el pastor eléctrico, y la degeneración de los setos y cerramientos a la vieja usanza que aún quedan se hace evidente en todas partes.

CIERRES, PORTILLERAS Y CANCILLAS

Para la apertura y cierre de los pasos se utilizaron una infinidad de sistemas de portilleras o cancillas (las llamadas *langak* en euskera). En el paisaje tradicional solían hacerse con los materiales más a mano, principalmente madera o varas.

Portillera de cierre por encaje

Tejo junto a una portillera de acceso a prado.

Portillera batiente con sistema de bisagra de fleje metálico.

Portillo de paso. Nótese la construcción de la escuadra (lado izquierdo, arriba) de una sola pieza.

Cancilla batiente, con bisagra de *civiella*, a partir de una vara de castaño doblada.

Portillera tradicional de cierre de prados.

LOS SETOS DE MONVIETTE (NORMANDÍA)

En la tesis doctoral de Christophe Maneuvrier, sobre los paisajes y sociedades rurales del País de Auge en la Edad Media, encontramos otra descripción de la organización territorial en base a la distribución de los setos en el pequeño pueblo normando de Monviette (Calvados).[5] Son de gran interés los datos que en parte pueden extrapolarse a otras localidades de Normandía y Bretaña:

> Los setos de acebo bordean los más antiguos límites parcelarios, los que limitan con las vías públicas. Estos setos de acebo estaban destinados, originalmente, a proteger los campos cultivados de los rebaños que pastaban los brezales comunales. En Monviette, muchos caminos públicos están bordeados a uno y otro lado por setos distintos: el camino de Orée está flanqueado al oeste, por el lado de los campos, por un seto de acebos y al este, del lado de los bosques, por uno de espinos albares. El propio nombre de este camino muestra que sirvió antaño como límite entre el espacio cultivado y las zonas de pastos, entre el *ager* y el *saltus*.
>
> El *bocage* actual es el resultado de un *embocagement* progresivo en el que cada etapa está caracterizada por un seto particular. El primero, datable en el último siglo, es el seto de olmos que ocupa un pequeño número de límites de parcelas. Más frecuentes, los setos del tipo II, de espino albar, parecen remontarse al periodo de reorganización del mundo rural que siguió a las graves crisis de la Edad Media. Los setos del tipo III, caracterizados por una gran cantidad de acebo, son los más antiguos. Han de remontarse la mayor parte al periodo Medieval.

EFECTOS DEL SETO

Tradicionalmente, los setos han tenido un rol imprescindible en los paisajes, en sustitución de algunas de las funciones del bosque y como etapa intermedia o de transición entre las zonas de cultivo y las forestales. Los árboles campestres, muchas veces de especies diferentes a las de los bosques silvestres o cultivados, aportaban diversidad al paisaje.

Los setos contribuyen a la creación de suelos con el aporte de hojarasca, y a la defensa contra la erosión, especialmente si en terrenos pendientes se colocan paralelamente a las curvas de nivel. Su papel sobre el régimen hídrico es por otro lado muy importante, al retener la humedad en la tierra y favorecer por transpiración la humedad en el aire.

Por otro lado, los buenos setos, aquellos que guardan una correcta proporción entre su altura y anchura y el tamaño de las parcelas, compiten mínimamente con los cultivos que protegen y, a cambio, proporcionan innumerables beneficios. Una gestión adecuada de los árboles y arbustos en la periferia de los campos, o integrados en los prados y tierras de labor, produce recursos y beneficios incontables. Los ciclos hidrológicos y la fertilidad del suelo, el clima global y el microclima, las producciones forrajeras, de frutos y alimentos y productos diversos, de leña y madera… son algunos de estos beneficios y resultados. En el sentido opuesto, Marc Bonfils analiza los desastrosos efectos sobre el clima y la biodiversidad que tuvo el desmantelamiento de la red de setos en Bretaña tras las concentraciones parcelarias, y entre los más llamativos señala: plagas que sobrevienen por la ausencia de sus depredadores, erosión, sequía e inundaciones, aumento de los fenómenos atmosféricos adversos como heladas y vendavales; temperaturas más extremas, disminución de las precipitaciones, descenso de la producción agrícola y ganadera… incluso, asegura este autor: «La salud humana y el clima social de los pueblos han sido gravemente perturbados con la destrucción de la red arbolada».[6]

Con la desaparición de los árboles de los paisajes campestres se han perdido siglos de cultura y saber hacer, de conocimientos acumulados en la relación con el entorno. En los últimos tiempos se observa una creciente desconfianza y temor hacia el árbol, que termina viéndose como una molestia o una carga inaceptable para la producción, por la sombra, el espacio que ocupa y la competencia de las raíces con los cultivos o praderas asociadas. Incluso se les acusa de albergar multitud de especies nocivas. Hemos olvidado algo que hace tan solo unas décadas los paisanos sabían perfectamente, y es que estos inconvenientes son en todo caso relativos y se ven compensados sobradamente por la protección y efectos saludables que ejercen estas bandas arboladas sobre su entorno. Pese a que buena parte de estos efectos se traducen directamente en rentabilidad, son difícilmente cuantificables en toda su magnitud, tanto en lo que respecta a manejos agrícolas y ganaderos, como sobre la propia salud física y psíquica de los seres humanos que viven en paisajes poblados por setos y bosquetes. El efecto saludable del árbol es una evidencia científica que se ha venido demostrando a través de multitud de estudios realizados en los últimos tiempos.

EFECTOS CLIMÁTICOS

En la tradición china del *Feng shui*, los setos impiden que el *chi* —la energía vital— se disperse. Pero las funciones benefactoras de estas hileras de árboles o arbustos se extienden a ámbitos muy diferentes, actuando por ejemplo como filtro de la contaminación acústica y de la polución atmosférica. En realidad podemos ver a distintos niveles cómo los árboles y la vegetación contienen, absorben e invierten en su entorno, energía, elementos nutricios y fertilidad, pero también resguardan y atemperan. Una buena franja arbolada deja sentir sus efectos beneficiosos, frenando el viento, hasta una distancia de 10 a 20 veces su altura. En cualquier caso, frente a los vientos dominantes, o cuando la cercanía al mar trae excesiva salinidad, conviene implantar setos permeables pero bien guarnecidos.

En los cultivos, las bandas arboladas reducen la evapotranspiración por el viento y mitigan sus efectos nocivos sobre los cultivos por abrasión y roturas. El abate Rozier afirmaba que el microclima que crean estas protecciones tiene un resultado equivalente a trasladar la parcela 100 o 200 kilómetros hacia el sur. En efecto, se atempera el clima de tal modo que las fluctuaciones de frío y calor no son tan intensas.

También se han demostrado los efectos benéficos para el ganado, cuyo bienestar es patente en terrenos abrigados y su producción aumenta al evitar pérdidas de energía por frío o transpira-

Arriba, seto de robles, adecuado para protección de grandes parcelas y producción de leña y madera. Abajo, seto de aligustres.

ción. Por otro lado, es notable el efecto de irradiación solar reflectada desde las partes soleadas del seto hacia los cultivos, que se deja sentir a una distancia que equivale a cuatro veces la altura del arbolado, favoreciendo a los cultivos mientras que la pantalla de sombra, en el lado opuesto, tiene una proyección mucho más limitada que se puede minimizar estudiando la orientación.

EL SISTEMA INMUNITARIO DEL PAISAJE

Como hemos visto, los setos son espacios de separación y de encuentro, al mismo tiempo frontera, bosque y lindero. Pero hay otra función no menos importante, y es la de permitir el tránsito, la alimentación y refugio de una gran diversidad de animales que a su vez garantizan el equilibrio ecológico del paisaje. Los setos son auténticas vías de comunicación entre los ecosistemas campestres y el bosque. Este rol resulta especialmente relevante en las comarcas en las que el bosque «natural» ha sido aniquilado. Incluso en las pequeñas parcelas de las urbanizaciones, la presencia de hileras de arbustos tiene efectos muy benéficos sobre el microclima y la biodiversidad, a la vez que un sentido ornamental y de división del espacio.

Las grandes extensiones sin árboles son idóneas para la propagación de plagas y enfermedades de los cultivos, que no encuentran barreras o filtros que las detengan. Los setos y zonas arboladas actúan, por el contrario, deteniendo y neutralizando mediante distintos mecanismos los agentes que puedan proliferar y volverse patógenos para el paisaje. Como consecuencia, se produce un equilibrio que nos permite ahorrar tiempo y dinero y evitar actuaciones dudosas con productos nocivos para nuestra salud y la del entorno. Es cierto que el propio seto puede albergar y alimentar roedores y todo tipo de insectos perjudiciales para los cultivos, pero el listado de depredadores capaces de mantener estas plagas bajo control es tan extenso en un buen seto, que se comprende fácilmente su papel como sistema inmunitario del paisaje. Ofidios, anfibios y aves insectívoras, arañas, luciérnagas, mariquitas, mantis y un sinfín de insectos beneficiosos, erizos, musarañas y mustélidos; rapaces nocturnas y diurnas y muchas otras aves devoradoras de todo tipo de roedores... forman parte de esta fauna auxiliar que impide la proliferación desmedida de todo tipo de especies. Las plagas de topillos, ratas y ratones están directamente relacionadas en muchas comarcas con la destrucción de los setos y la consecuente ausencia de los depredadores que albergaban. Siguiendo con el símil del ecosistema y el cuerpo humano, si la fauna auxiliar es el mecanismo de defensa, los setos son los probióticos que favorecen que estas defensas sean óptimas.

Por otro lado, la diversidad que garantizan los setos como verdaderas autopistas de la vida y redes de paso e intercambio de información genética para la fauna y la flora, se contrapone al efecto devastador de la red de carreteras y vías de comunicación que aíslan y separan los ecosistemas hasta estrangularlos.

PLANTAR UN SETO

> Muchos labradores ingleses dejan deliberadamente una franja sin cultivar a lo largo de sus vallas para fomentar el desarrollo de árboles y arbustos y así ofrecer a los pájaros, a los que consideran sus auxiliares, un lugar donde anidar.[7]

En efecto, basta dejar una banda sin segar o roturar para que, en poco tiempo, primero las zarzas y arbustos y enseguida árboles y todo tipo de animales, colonicen el espacio por sí mismos. Pero la planificación de un seto es importante para optimizar sus efectos. Así, en una pequeña parcela o en un huerto, son suficientes las hileras de arbustos de dos metros y medio de altura, pero en un terreno extenso, lo ideal es una banda arbolada ancha, con árboles y arbustos que cubran hasta una altura proporcional a la superficie que se desea proteger. Marc Bonfils[6] aporta consideraciones de gran interés en su estudio sobre los setos y en otras investigaciones. El paravientos ideal, según este autor, sería una franja arbolada de cuatro a seis metros de ancho en la que las especies de mayor altura ocuparían el centro y escalonadamente iría rebajándose hacia la periferia.

Un seto bien guarnecido puede defender de forma efectiva del viento a una distancia de más de 20 veces su altura, especialmente si frena el aire sin detenerlo. Los muros demasiado densos de coníferas, que tanto se usan modernamente en jardinería, generan turbulencias al detener el aire de forma demasiado brusca. Cuando la barrera es muy compacta, el aire se comprime y remonta el obstáculo, pero a una distancia de unas dos veces la altura de un muro, u 8 a 10 veces la altura de una barrera de cipreses, se crean turbulencias. El seto debe ser un filtro que frena el aire pero no lo detiene. Otro problema de las barreras excesivamente espesas es que, al bloquear la circulación natural del viento, producen zonas de aire estancado, propensas a un excesivo recalentamiento que puede favorecer enfermedades criptogámicas, sequía y las temibles escarchas y heladas propias de los lugares en los que el aire frío se detiene. Por otra parte, al sur de una parcela, interesa que

Vacas ramoneando alcornoque en la dehesa salmantina.

El paisaje vegetal es un paisaje comestible en una medida difícil de imaginar. Pocos son los árboles que no daban de comer a una u otra clase de ganado, ya fuera por ramoneo directo o mediante el corte periódico de ramas que se dejaban a pie de árbol o incluso, como en el caso del fresno, se almacenaba el follaje después de seco.

A diferencia de la hierba, que recoge los nutrientes más superficiales, el árbol tiene la capacidad de profundizar y hacer remontar nutrientes, y la propia composición de cada especie aporta una diversidad capaz de proporcionar diferentes sustancias nutricias, vitaminas, oligoelementos, etc. En general, las hojas de los árboles tienen más proteínas que el pasto, aunque no son tan fácilmente digeribles.

El forraje de los árboles tiene, por otra parte, la ventaja de una mayor disponibilidad en caso de nevadas (especies perennes como el acebo o la encina) o sequías. El árbol protege a la propia pradera de la erosión y la excesiva insolación, y produce en algunos casos frutos de enorme interés para la alimentación del ganado e incluso humana. Pero si nos referimos en exclusiva a la utilización del follaje como forraje, tenemos una multitud de especies más o menos interesantes. El fresno o el acebo, que ya tratamos con mayor profundidad en este libro, pero también los robles, encinas, sauces… La hiedra y el muérdago han sido especialmente usados cuando la nevada no dejaba muchos otros recursos. Incluso en el monte, el paisano cortaba un árbol con hiedra para ponerlo a disposición de los animales, y en el caso del muérdago se cree que los animales producen más leche si lo consumen.

Hay por supuesto especies que, por diversas razones, no deben utilizarse o tan solo se usan en condiciones muy determinadas (como el tóxico tejo, mortal para los équidos pero que, en pequeñas cantidades, se ha dado tradicionalmente a otros animales).

Por diferentes razones, otros árboles son poco apreciados o desaconsejables: el nogal, laurel, adelfa, boj… Las coníferas resultan muy indigestas. Tampoco son muy digeribles, excepto para ovino y caprino, el sauce, el aliso o el castaño. Las hojas de roble y encina no son muy adecuadas para animales productores de leche.

Entre los forrajes arbóreos más apreciados están el olmo, el arce o la morera, las hojas tiernas de las hayas, los álamos (pero no el chopo), avellano, serbal, abedul, tilo, higuera…

Podríamos poner numerosos ejemplos sobre usos tradicionales de árboles forrajeros. Los setos en los campos donde se guarda el ganado cumplen de forma natural este cometido. Pero prácticamente en todas las comarcas de Europa, el árbol ha tenido un papel muy significativo. Marc Bonfils pone el ejemplo de las colinas de la comarca de Emilia, en el norte de Italia, en las que los cultivos integran árboles en unos sistemas agropastorales que se consideran entre los más productivos del país. Olmos, arces y fresnos son desmochados regularmente, dejando solo las ramas más altas. Se cultivan en pleno campo y sirven de tutores vivos para las parras, asociándose también a otros cultivos intercalados como cereales, habas, garbanzos, plantas forrajeras como la alfalfa u otras legumbres.[8]

Javier García Hernando, vecino de Salcedo, nos hacía este relato en referencia al uso tradicional de la hoja del olmo en este pueblo de Polientes (Cantabria):

> Es una zona de muchos olmos. Y muy apreciados pues se utilizaba mucho su hoja sobre todo para dar de comer a los cerdos. Lo habitual era ver a una mujer —yo lo corroboro pues lo he visto— subida en el olmo, con un saco atado a la cintura y llenarlo pelando rama a rama. También se cortaban las ramas cada dos años o tres y se llevaban a casa para, igualmente, pelarlas y la hoja echársela, preferentemente, a los cerdos.
>
> Yo he pelado hoja —que decíamos; por antonomasia, «pelar hoja» era pelar la hoja de los olmos—, y te quedaba la mano en la zona que tocaba la hoja de un verde entre oscuro y brillante. El olor aún lo tengo en mi nariz; olía a familia reunida en el portal, antes o después de la cena, pelando a porfía, llenando un carpancho de hoja que se echaba inmediatamente en el *cocino* del cortín. O sea, comedero del recinto donde estaban los chones.

En fin, las hojas de las diferentes especies de árboles y arbustos constituyeron un complemento alimenticio esencial incluso para los conejos, cerrando el círculo virtuoso en el que el árbol era imprescindible y ejercía tantas y tan diversas funciones que resulta difícil de explicar que en pocas décadas haya pasado de imprescindible a innecesario.

Cabra ramoneando las hojas tiernas de un arce.

el abrigo esté formado por especies caducas para que el sol pueda entrar en invierno.

Muchas frondosas tienen la capacidad de rebrote tras su corta y, por tanto, facilitan una gestión más dinámica y una producción de varas o pértigas para diferentes usos. En concreto los hortelanos siempre estamos necesitados de horquillas para sujetar ramas y tutores para las alubias, los tomates, etc. Las especies autóctonas son preferibles por su mayor adaptabilidad y la garantía de que no proliferarán de manera descontrolada. Sin embargo en los sistemas de permacultura se introducen casi siempre con buenos resultados especies alóctonas bien escogidas para cumplir las funciones que se espera de ellas, ya sean melíferas, forrajeras, etc.

La creación de un seto es una tarea sencilla pero requiere una mínima planificación. En primer lugar es preciso observar y preguntar, ver qué especies se han utilizado tradicionalmente y son las más adecuadas, hablar con los viejos paisanos para conocer técnicas y posibilidades (y cómo funcionaba el paisaje décadas atrás) y, ante todo, es preciso adaptarse al terreno y al clima.

Para muchas especies que arraigan bien de esqueje, basta plantar estaquillas a una distancia de unos 40 a 50 cm y en unos años se desarrollan y forman un cierre. Las estaquillas pueden ser podas o ramitas de entre 40 a 100 cm, que se clavan directamente en la tierra, o en el vivero para su posterior trasplante. Así se ponen los sauces y mimbreras, los saúcos, aligustres…

Tejos, acebos, espinos… forman setos con cualidades diferentes según la especie y así podemos escoger árboles perennes que protejan durante todo el año, arbustos espinosos para un cierre más efectivo, especies más o menos altas y vigorosas… En todo caso siempre es interesante contemplar otras posibilidades, como los setos ornamentales, los de árboles frutales o los de arbustos que atraen con sus frutillos en otoño a distintas aves, los setos que al mismo tiempo protegen y alimentan a las abejas y nos permiten mantener un colmenar… La diversidad y cantidad de polinizadores que atrae un seto tiene efectos muy benéficos para muchos cultivos (un 80 % de las especies agrícolas necesita polinizadores para la reproducción), y en general no hay que olvidar que, a mayor diversidad de especies integrantes del seto, obtendremos mayor diversidad de beneficios y un efecto visual más vivo.

Para evitar la competencia con los cultivos o praderas asociados, en Normandía se implantan tradicionalmente los setos sobre taludes formados por un amontonamiento de tierra bordeado por una pequeña zanja. La plantación sobre el talud eleva la altura del seto y el sistema hace que las raíces de los árboles y arbustos profundicen sin invadir el terreno.[9]

En las zonas de marisma de esta región, se cultivan los campos rodeados por un foso que recibe el agua de los surcos entre los caballones o lomos con que se trabaja el propio campo para conseguir un drenaje efectivo. Hileras de sauces desmochados se utilizan para la defensa de los taludes del foso, además de la producción de madera y los efectos climáticos sobre las parcelas.[10] En Normandía los setos tienen una gran importancia también para contrarrestar, como dijimos, los efectos de los vientos marítimos, que traen una gran salinidad. Pero incluso se han utilizado tradicionalmente las cenizas de los restos de poda quemados, para fertilizar los propios terrenos.

En general, y a causa de las prácticas de laboreo, el enraizamiento de los árboles junto a cultivos agrícolas es más profundo y esto permite un mejor aprovechamiento del agua, y la recuperación de nutrientes que se han perdido por lixiviación y retornan al ciclo vegetativo.[2]

Pomarada en terreno inundable, en zona de marismas. Los manzanos se han plantado sobre caballones.

ALINEACIONES DE ÁRBOLES

Las bandas arboladas paralelas a los caminos y carreteras contrarrestan, al menos en parte, los efectos letales de estas últimas para la biodiversidad. En las últimas décadas, ya fuera por la ampliación de las carreteras o por razones de seguridad de tráfico, estas alineaciones han sido prácticamente aniquiladas en todas partes. Creemos que existen razones más que suficientes para volver a implantar estos corredores vitales, que apenas requieren mantenimiento y proporcionan múltiples ventajas.

Francis Hallé, el gran botánico francés, tiene entre sus numerosas obras una especialmente deliciosa y sugestiva, *Du bon usage des arbres, (De la buena gestión de los árboles)*.[11] Un librito especialmente dedicado a los «elegidos» (políticos) y administradores que tienen la responsabilidad de cuidar el patrimonio arbóreo de los campos y ciudades. Hemos traducido algunos párrafos del capítulo dedicado a las alineaciones de árboles junto a las carreteras:

> Ha llegado el momento de demostrar que, contrariamente a las ideas preponderantes, los árboles no son enemigos sino aliados en materia de seguridad en el tráfico. Sobre este punto de vista novedoso, la asociación *Arbres et Routes* ha reunido documentación de la que extraigo lo siguiente:
>
> Puesto que, como conductor, puedo verlas de lejos, las alineaciones de árboles me proporcionan indicaciones que se perciben de forma más clara que las que ofrecen un panel de señalización aislado. Son estas indicaciones precisamente las que necesito para anticipar y adaptar mi conducción al trazado de la carretera: conciernen a la dirección general de la calzada, pero también a las inflexiones, virajes y cruces. La carretera se hace legible con mucha antelación y menos peligrosa.
>
> Los árboles dan también una referencia en materia de velocidad: un efecto de desfile lateral hace que la velocidad se haga perceptible. De ahí esta interesante experiencia inglesa realizada en 2010 en el condado de Norfolk, al nordeste de Londres: en las proximidades de las aglomeraciones, hileras de árboles cada vez más densas y plantadas cada vez más cerca de la calzada, que permanece siempre igual de ancha, tienen el efecto de ralentizar de 3 a 5 km/h a los conductores y hacen descender el número de accidentes en la carretera aproximadamente en un 20 %. En consecuencia, las plantaciones de hileras de árboles se recuperan en Inglaterra.

Magnífica hilera de olmos al borde de una carretera, una imagen actual que desgraciadamente ya no es frecuente.

En definitiva, ese espacio público que son las cunetas de nuestras carreteras y caminos, podría convertirse en un corredor biológico capaz de aportar, igual que los setos, un paisaje estético y todos los beneficios climáticos y vitales que proporcionan los árboles. El efecto demoledor para la biodivesidad que generan las vías de comunicación modernas quedaría en cierta medida paliado. El mismo Francis Hallé, trae a colación algunos párrafos de la carta que en julio de 1970 dirigía el presidente francés George Pompidou al primer ministro Jacques Chaban-Delmas, en protesta contra una disposición de la dirección de Tráfico que pretendía acabar con las alineaciones de árboles de las carreteras. Hemos hecho nuestra propia selección y traducción de esta misiva que no tiene desperdicio:

> Mi querido Primer Ministro, he tenido conocimiento, por pura casualidad, de una circular del ministerio de la que os hago llegar fotocopia. Esta circular, presentada como un proyecto, ha llegado ya a numerosos funcionarios encargados de su aplicación, ya que ha sido uno de ellos quien me la ha hecho llegar. Me sugiere dos reflexiones: la primera es que el Consejo de Ministros se ocupa a veces de cuestiones menores, tales como el aumento de unas dietas para determinados funcionarios, mientras que cuestiones importantes son decididas por los servicios centrales de un ministerio, fuera de todo control gubernamental; la segunda es que, a pesar de que en numerosas ocasiones he manifestado en consejo de ministros mi voluntad de salvaguardar por todas partes los árboles, esta circular demuestra la profunda indiferencia respecto a los deseos del Presidente de la República. Se deduce, en efecto, que la tala de árboles a lo largo de las carreteras se hará sistemáti-

camente bajo pretexto de la seguridad. Pero hay que señalar por el contrario que no se considera sino con mucha prudencia y a título de simple estudio, el desplazamiento de postes eléctricos o telegráficos. Es que para esto hay administraciones que los defienden. Los árboles no tienen, al parecer, otros defensores que yo mismo y tal parece que esto no cuenta. Francia no existe únicamente para permitir a los franceses circular en coche, y sea cual sea la importancia de los problemas de tráfico, no podemos acabar desfigurando su paisaje. Por otra parte, una disminución duradera de los accidentes de circulación sólo puede conseguirse mediante la educación de los conductores y la instauración de normas simples y adaptadas a la configuración de la carretera, y sin embargo, la complicación parece buscarse a propósito en todas las formas de señalización. También sería deseable que las reglas en materia de alcoholemia fuesen menos laxas y recuerdo a este respecto que el gobierno se ha apartado de la posición que inicialmente mantenía. La salvaguarda de los árboles plantados al borde de las carreteras —y pienso en particular en las magníficas carreteras del *Midi* bordeadas de plátanos— es esencial para la belleza de nuestro país, para la protección de la naturaleza, para la salvaguarda del medio humano. Os pido por tanto que se haga llegar esta circular, y se den las instrucciones precisas al ministro para evitar que se prosiga con esta práctica bajo diversos pretextos (envejecimiento de árboles, demandas engañosas de municipios sin preocupaciones estéticas, problemas financieros para el mantenimiento de los árboles y la poda de ramas muertas) [...] La autovía se destinará a los transportes que no tienen otro objeto que la rapidez. La carretera debe volver a ser para el automovilista del fin del siglo xx lo que era el camino para el peatón o el jinete. Un itinerario que se emprende sin prisa, aprovechando para ver el país, ¡que se preserva de la destrucción sistemática de todo lo que lo hace bello!

Izquierda: alineación de álamos recién talados en Molina de Aragón. Derecha: avenida de plátanos en Iria Flavia.

En fin, el debate está servido. Podríamos extendernos mucho más sobre este tema, al que de un modo u otro volveremos. Sirvan por el momento estas notas como inicio de la necesaria reflexión sobre el regreso del árbol también a estos espacios tan significativos. Harán falta barreras de seguridad (¡que tengan en cuenta a los motoristas!), planificación y formación de podadores para evitar los problemas que puede generar una mala gestión (rotura de ramas y caída de árboles). Pero pensamos que se impone una nueva cultura del árbol que, dejando de lado ideas preconcebidas, nos aproxime más racionalmente a estos «paisajes viales» y los tome en consideración desde un punto de vista funcional y estético, al mismo tiempo que social y ecológico.

MUROS DE PIEDRA

Cuando la carretera llegó al pueblo de Perlunes, en plena montaña somedana, destruyó a su paso los muros de piedra centenarios que bordeaban el antiguo camino. Fue allá por los años 80 y Juan del Gametoso, uno de los pocos vecinos que quedaban, decidió reconstruirlos a la antigua usanza. Tuvimos entonces la suerte de ayudarle durante varios días y aprender de su maestría en todos los pasos y «oficios» que requería aquella empresa titánica. Primero había que ir a la cercana cantera del Furao, extraer las rocas a base de cuña y palanca y acarrearlas con el viejo carro del país... Juan había sido carretero durante muchos años y nos enseñó a dirigir los bueyes dando vuelta al carro en una maniobra de infarto entre los precipicios del desfiladero. Los montones que íbamos dejando a pie de obra fueron encontrando su lugar preciso, como si cada piedra estuviera predestinada por las hábiles manos de aquel mañoso cantero… (al mismo tiempo que ganadero, labrador, segador, carretero y todos los otros oficios que cada paisano de la montaña atesoraba a lo largo de toda su vida). Pocos años después, nunca lo olvidaré, Juan del Gametoso marchó llorando a la ciudad por la misma carretera que tanto esfuerzo había costado construir, en una carroceta en la que emigraba su vida, su familia y sus pertenencias. Hoy aún puede verse aquella pared casi perfecta, aunque apenas se distingue de otros muros cercanos que por todo el pueblo construyeron anónimos antepasados quién sabe hace cuantos siglos.

Los muros de piedra seca son una antigua y eficaz solución para los cercados, tanto de pequeños huertos como de tierras de labor o de montes enteros. Su construcción requiere un gran esfuerzo, pero a cambio se obtiene un resultado duradero que se integra muy bien en los diferentes paisajes tradicionales y crea espacios de biodiversidad que serán colonizados por una gran cantidad de líquenes, musgos y pequeñas plantas, así como animales de todo género que encuentran refugio en este medio. Es aconsejable no utilizar cemento en estas construcciones y de este modo favorecemos la presencia de muchos excelentes depredadores de plagas como las lagartijas, sapos, erizos, etc. Por otra parte, un muro bien construido puede durar siglos sin apenas reparaciones y, si no se ha utilizado cemento, se reconstruye o recicla con facilidad.

La protección contra el viento es eficaz aunque se crean turbulencias al formar barreras muy compactas, sin embargo, especialmente las paredes orientadas al sur, tienen una gran utilidad para resguardar los cultivos más frioleros y aportar el calor del sol que la pared recoge durante todo el día y conserva y reflecta durante la noche.

Salvo que construyamos directamente sobre roca, será necesario comenzar por una cimentación que se hace excavando para encontrar un asiento firme sobre el que iremos poniendo las primeras hiladas; cuanto más movedizo sea el terreno más ancho y profundo debe ser el cimiento. Para muretes de alrededor de un metro de altura y unos 50 cm de ancho, puede ser suficiente una profundidad de 20 cm; en todo caso, en la base se ponen las piedras mayores y se reservan algunas grandes y planas para el final.

La técnica constructiva es sencilla. *Tota pedra fa paret*, dice el refrán valenciano, pero evidentemente se escogen las lajas más regulares y planas que tienen mejor asiento y con un pequeño mazo se ajustan para que encajen, si es necesario quitándoles una esquina o partiéndolas; aunque el buen cantero, si dispone de buenas piedras, apenas tiene que retocarlas. Otro refrán de canteros, que nos regaló nuestro amigo y maestro Paco, da las claves para la construcción de paredes: «Una sobre dos y dos sobre una, todas a cuerda y que ninguna toque en ella». Es el resumen magistral del secreto para la construcción de muros, ya sea con ladrillos, bloques o piedra. La cuerda es como en albañilería un cordel tenso dispuesto horizontalmente sobre dos varas verticales bien aplomadas. Este cordel se va subiendo conforme se eleva cada hilada del muro y sirve de referencia para que la pared quede lo más recta y posible. Aunque hay diversas técnicas, lo más habitual es que los muros se construyan formando dos paredes exteriores a un lado y otro, cuyo interior se rellena con piedras y cascotes y que de cuando en cuando se unen entre sí con piedras pasantes, que van de lado a lado cogiendo toda la anchura del muro y garantizando su estabilidad. Para terminar se usan las piedras más planas y anchas, las llamadas cobijas, que deben abarcar también el muro de lado a lado y tener cierto peso para conseguir un sólido remate.

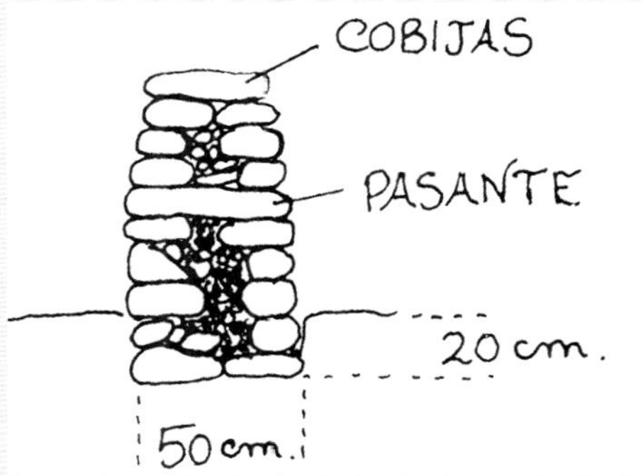

Esquema constructivo de un muro de piedra seca

Un buen muro debe estar dotado de las canalizaciones precisas para que los cursos de agua puedan atravesarlo o discurrir a su lado, de lajas sobresalientes a modo de escalera para cruzarlo y por supuesto de portilleras para el acceso de personas y animales en los puntos precisos.

Izquierda: muro de lajas verticales de piedra. Derecha: muros de contención de terrenos para aterrazamientos en Banyalbufar, Mallorca.

«POR ENCIMA DE SETOS Y MATOS...»

Los setos fueron lugar de refugio, defensa y emboscada para los campesinos y lugareños que los habitaron. La ocupación de Irlanda por parte de los ingleses y la prohibición de hablar y enseñar en el idioma propio, propició en los siglos XVII y XVIII la existencia de la llamada Escuela de los Setos. Un aula clandestina al aire libre que se ocultaba al amparo de las sebes, con un alumno vigía para dar aviso si se acercaban los ingleses o sus informantes. Se impartían todo tipo de conocimientos y se enseñaba latín y griego, pero ni una palabra de inglés.

Los setos, al igual que todos los mojones y linderos, se consideraban antaño sagrados por su función delimitadora de la propiedad. De ahí las creencias de que los malos espíritus no pueden atravesar los terrenos cercados. Quizá para conjurar la protección de esos setos, las brujas suecas iban a sus aquelarres montadas en una estaca de cercado y, eufemísticamente, a la Bruja se la denominaba en alemán «la que cabalga el seto», quizá para no nombrarla de un modo directo.[12] Por toda la antigua Europa se recuerdan las fórmulas que usaban para sus vuelos nocturnos hacia los lugares del aquelarre: «Por encima de zarzas y espinos...», «Por encima de setos y matos...», así comenzaban muchos de estos maravillosos encantamientos. Una leyenda, de la que se conocen numerosas versiones, cuenta que después de ponerse el ungüento, la bruja pronuncia las palabras mágicas «por encima de zarzas y matas...», y sale disparada en su vuelo mágico. Pero un infeliz que la oye quiere repetir la hazaña y equivoca el conjuro: «por entre zarzas y matas...», con lo que llegará a su destino completamente despellejado y magullado.

Notas

1. *Nuevo diccionario de agricultura del Abate Rozier*. Ignacio Boix, editor. Madrid, 1845.
2. VV.AA. *Agroforesterie.* France agricole. Anduze, 2005.
3. Sandín Pérez, J. M. Los últimos «setos vivos» de la provincia de León. *Argutorio*, nº 22, 2009, pp. 22-25.
4. Lapuente Martínez, L. *Las Améscoas*. Pamplona, 1972, pp. 273 y 464.
5. Maneuvrier, C. *Paysages et sociétés rurales au Moyen Age: Le Pays d'Auge jusqu'à la fin du XIIIe siècle*. Tesis doctoral, Univ. Caen, 2000, En: Assoc. Montviette Nature. *D'Arbre en Arbres à Montviette*. Montviette, 2000.
6. Bonfils, M. *Les haies*. (v. nota 7, p. 81).
7. Parra, F., en *Quercus* nº 6, 1982, p. 61.
8. Bonfils, M. *Les arbres fourragers en climate temperés...* (v. nota 7, p. 81).
9. Langley-Danysz, P. Les haies de bocage: un «nouvelle source d'energie». *La Recherche* nº 159. 1984.
10. Penna, B. *La route des fruits*. Lecerf. Rouen, 2003.
11. Hallé, F. *Du bon usage des arbres. Un plaidoyer à l'attention des élus et des énarques*. Actes du Sud. 2011, p. 62
12. Álvarez Peña, A. *Mitología Cántabra*. Ed Picu Urriellu. Gijón, 2006.

Los herbívoros salvajes y domésticos podan la parte baja de los árboles, dándoles una forma característica.

8. Configuración del paisaje, la arboleda tallada

En la arquitectura del paisaje, las podas y cortes realizados con distintos fines tienen un indudable efecto estético y funcional. Existen numerosos paisajes conformados mediante diferentes prácticas de producción agrosilvopastoril que otorgan una fisonomía característica a territorios tan extensos como el de los viñedos, los olivares, la dehesa o las pomaradas. En muchos casos la poda de fructificación trata de «domesticar» al árbol para hacerlo más productivo. El injerto, y la formación de la copa según los diferentes modelos, formarán el árbol y la arboleda de las especies frutales y ornamentales. A resultas de esta poda incluso hemos oído en muchos lugares la distinción del género del árbol: así, 'olmo' o 'álamo' llaman al olmo *(Ulmus minor)* que ha crecido en toda su envergadura vertical y 'olma', es el nombre que recibe el mismo árbol en muchas plazas en las que, una vez podado, el árbol mantiene un crecimiento mucho más horizontal, con una copa amplia que da mucha sombra. Pero también veremos que en la producción de madera y los manejos ganaderos existen prácticas semejantes que configuran el bosque o la arboleda tradicional y producen paisajes singulares.

En Sa Mola de Planícia (Mallorca), Pere Bosch, antiguo masovero de S'Arboçar, nos contaba que por aquellos encinares se criaban cerdos que comían el *aglà* (la bellota). Los guardas marcaban las encinas y los madroños que habrían de

Izquierda: Pere Bosch sobre la plataforma de una antigua carbonera. Derecha: cabaña en los valles pasiegos. Robles de porte estilizado por las podas periódicas para obtener leña.

cortar y podar los carboneros. Cuanto más aclarado quedaba el bosque mayor era la producción de bellota y, en el momento de la poda, las cabras ramoneaban también la hoja de las ramas tiradas. La selección de especies y la distancia entre los árboles para crear formaciones más aclaradas o adehesadas, que permiten los aprovechamientos conjuntos del arbolado y pastizal, han ido conformado los paisajes durante siglos y, en cada caso, una serie de prácticas culturales han servido para garantizar la conservación del ecosistema, generando riquezas diversas.

Una revisión de la famosa *Enciclopedia* de D'Alambert y Diderot, de mediados del siglo XVIII, nos dará una idea de hasta qué punto los oficios de la época estaban relacionados de manera más o menos directa con el bosque y los árboles, de los que extraían la materia prima y las herramientas, maquinarias y útiles para desarrollar las distintas actividades. Pero ya Varrón, Columela, Plinio, o el propio Virgilio y otros autores clásicos hablan de árboles y sus cultivos, y las formas de domeñar al bosque para conseguir astiles de lanza a partir de bosques muy prietos de fresnos, rodrigones para las viñas a partir de las recias varas de olmo, y de una infinidad de maderas y bosques destinados a la construcción de barcos o edificios, producción de corteza para curtir o hacer cuerdas, extracción de corcho, resinas, etc. Cada una de estas actividades generaba sus propios paisajes. Es muy elocuente también en este sentido la monumental obra de Duhamel du Monceau, que escribió en la misma época de la Enciclopedia y con el mismo espíritu científico, divulgador y descriptivo, varias obras sobre arboricultura.[1]

Todavía hemos podido ver en Somiedo hace no tantos años la práctica, antaño habitual, de obtener leña de un roble u otro árbol, cortándole todas sus ramas de arriba abajo y esperando simplemente a que volvieran a crecer para hacer lo propio en turnos de unos siete a nueve años. Se respetaba en todo caso la punta del árbol para que creciera verticalmente con naturalidad. En Bretaña se denominaba a esta guía tirasavias, y tenía también un expresivo nombre bretón: *tamm an aotrou* (la porción del amo), por el interés que tenía para la pervivencia del árbol frente a los podadores, muchas veces asalariados, que querían cortar el máximo de madera. También se decía de manera más poética que había que dejar una rama para que la urraca hiciera su nido o que aquella era la rama del cuco, a la que vendría a posarse cuando llegara en primavera. En cualquier caso los abuelos estaban siempre vigilantes para que las cosas se hicieran bien, los cortes limpios y en los lugares precisos que garantizaban la pervivencia de los árboles podados.[2]

Aún pueden verse en los paisajes de algunas regiones francesas hileras de robles manejados de este modo. Se calcula que en un kilómetro puede haber unos 150 robles que proporcionan una media de cinco toneladas anuales de leña.[3]

Pero vamos a ver algunos ejemplos de estos bosques domesticados que nos resultan especialmente familiares en nuestros paisajes.

MONTE BAJO, JARALES O TALLARES

Aunque comúnmente se habla de monte bajo en referencia a las comunidades arbustivas de retamas, matorrales y arbustos de pequeño porte, con esta denominación se conoce en selvicultura el bosque o la arboleda que se corta a matarrasa cada cierto tiempo y rebrota de cepa, produciendo un nuevo bosque en un corto periodo. Estos montes así formados se denominan también tallares o jarales. Se trata de un sistema de explotación muy antiguo y extendido que favorece a las especies que rebrotan con facilidad: hayas, robles, castaños, etc. y en cambio elimina de manera sistemática las que no tienen esta capacidad: las coníferas, pero también algunas caducifolias que no rebrotan tras la corta o lo hacen con dificultad y, a consecuencia de estos sistemas de explotación, tienden a desaparecer. De este modo se han

Izquierda: aladierno moldeado por el viento, a orillas del mar. Derecha: la encina de Etxeita (Garay, Vizcaya), conformada a lo largo de los siglos por una poda que alimentaba con su fronda al ganado, ha llegado a cobijar bajo su sombra hasta 360 ovejas.

Tala y clasificación de las piezas de madera en el propio bosque, según grabado publicado en la obra de Duhamel du Monceau.[1]

utilizado los bosques para obtener leña y carbón, pero también los llamados jaros, varas muy rectas que se usaban para cestería, duelas para pipas y toneles, rodrigones, estacas, varas de varear… Esta explotación casi industrial ha generado bosques monoespecíficos en los que las cepas pueden tener centenares de años y los brotes son siempre jóvenes. Pero si se abandona esta corta periódica y se aumentan los turnos, se convierte la arboleda en monte alto, formado por un bosque más o menos maduro que apenas tendrá las huellas de su uso anterior y que sin embargo proporcionará asimismo madera excelente de aserrío. Algunas de estas técnicas ancestrales no han variado mucho. Por poner un ejemplo, y aunque parezca que hablamos de nuevo de arqueología del paisaje, hace tan solo 50 años, aún se serraba a mano en los montes del Saja, con aquellos enormes serrones que se manejaban verticalmente entre dos paisanos para hacer tablazón o escuadrar vigas. Así nos lo han contado paisanos de la región que llegaron a manejar tales herramientas.

Patricio, vecino de Pigüeces (Asturias), nos enseñó los secretos de la construcción de un ramo o lera, uno de esos aperos de transporte de montaña que, en vez de sobre ruedas, va como un trineo, sobre patines o calces sobre los caminos. El secreto es la elección de las maderas idóneas para cada parte, los laterales de tilo por su ligereza, los travesaños de fresno por su flexibilidad, las lanzas de abedul por su tenacidad… para los calces nos mandó a la parte más alta del monte, a un hayedo cortado quizá hacía una década, en el que las hayas jóvenes aparecían todas torcidas a causa de alguna nevada intempestiva cuando eran jóvenes rebrotes. Era la forma justa para que los patines del «trineo» tuvieran el frente curvo con la fibra entera, imprescindible para resistir los duros envites de los caminos empedrados. Luego he visto la misma escena en otras montañas, en las que la nieve conforma los nuevos hayedos de las partes más altas, de esta forma tan característica. En definitiva, la selección de las piezas e incluso su conformación en el árbol vivo mediante diferentes técnicas, ha sido una clave para obtener las maderas más resistentes e idóneas.

La selección y aclareo de los propios rebrotes cuando son numerosos, la densidad de las plantaciones y la poda de las ramas bajas para obtener fustes más limpios y rectos, proporcionan una infinidad de posibilidades para los distintos usos de esta materia prima. El monte bajo se ha continuado explotando de la misma forma hasta la actualidad, con el único cuidado del acotado necesario para que no entre el ganado durante los primeros años de rebrote, a partir de los cuales ya pueden coexistir ambos aprovechamientos sin mayor problema.

Joaquín Costa describe muy bien el procedimiento para la implantación de estos montes de producción de jaros de castaño:

> Hecha la siembra del castaño, a los seis años podrían dejarse para fruta las plantas más lozanas, a una distancia recíproca de seis pies, en cuyo caso se injertarían al cumplir dicho tiempo, o para duelas, formándose lo que llaman jaros en Navarra, tan frecuentes en Galicia y otras provincias, y que tan excelentes resultados producen. Los jaros se forman utilizando el castaño a los seis años de sembrado o plantado, cortándolo por el pie y aserrando el tronco para duelas, que se utilizan en la fabricación de barriles destinados al vino tinto que se exporta para las que fueron nuestras Antillas y algunos pueblos del extranjero, siendo tan escasa en España la duela del castaño, que

Lera o ramo. Arriba: detalle de los calces curvos bajo los laterales. Abajo: cordajes de madera para afianzar la estructura

> se hace preciso importar de Italia, a muy buenos precios, la que se necesita de envase de nuestros vinos.
>
> Cortados por el pie los castaños a los seis años de vida, como se ha dicho, se seguiría en lo sucesivo la explotación, dejando al año siguiente el mejor y más derecho de los brotes que nacen al pie, y que al cabo de cinco años se volvería a cortar para duela. Otros tres brotes se destinarían a formar arquillos para sujetar los barriles. El corte de estos brotes se haría de tres en tres años.[4]

Pero la técnica viene, como vimos, de muy lejos y la describe también Pedro Bernardo Villarreal de Bérriz quien, en el siglo XVIII, dedica en su libro sobre maquinarias hidráulicas y gobierno de árboles y montes de Vizcaya, un extenso apartado a los jaros, del que reproducimos un breve extracto:

> Los Jaros, unos son plantados, y otros criados naturalmente en Montes cerrados: estos no son tan buenos porque son de mucho genero de plantas, unas de buena leña, y otras no tan buena.
>
> El Jaro mas estimado es de Castaño, y sobre traer buena leña para carbón, aunque no para el fuego, sirven, especialmente en las cercanías del Mar, para labrar arcos de pipas, para lo que crecen lo bastante en cinco años, y para carbón en 7. ú 8. Tienen mucha leña. Los de solo Robles, aunque tardan un año mas en crecer, la leña es buena para el fuego, y para carbón.[5]

Realmente hemos continuado viendo el mismo uso en nuestros días, especialmente para la extracción de leña para venta o autoconsumo en muchos pueblos. Pero con un mayor valor económico, se siguen utilizando los jaros de castaño para cestería principalmente, siendo un material mucho más duradero para este fin que el avellano, por ejemplo. El profesor Gallardo ha estudiado la gran eficiencia que tienen estos montes, tal como veremos más adelante, en la captura de carbono; aquí resaltamos su interés económico directo para la obtención de madera y varas:

> Tradicionalmente los castañares del Parque Natural Sierra Norte de Sevilla se han tratado en monte bajo con turnos de 15 a 20-30 años para la obtención de madera de aserrío. Una pequeña parte de estos castañares se han tratado en turno de 5 años para la producción de varas empleadas para la recogida de aceituna.[6]

Los rebrotes de avellano, aparte de las varas para usos diversos, proporcionaban una vez retorcidas sus fibras, unas cuerdas que se han utilizado para el atado de almadías o estructuras diversas como las de antiguos carros o leras y otros sistemas de transporte. Para mantener su flexibilidad se mojaban de cuando en cuando. También a partir de varas de avellano se extraían tiras de madera para hacer cestos e incluso mochilas.

EL BOSQUE TRASMOCHADO

> Mandamos, que agora y de aquí en adelante todos los montes, huertas, viñas, plantas y otros edificios que han sido y fueren restituidos a las ciudades, villas y lugares, así por nuestros Corregidores como por nuestros Jueces comisarios, los conserven para el bien común dellas y no los talen o descepen ni derriben los dichos edificios sin nuestra licencia y especial mandado; salvo los montes que fueren tan grandes y tales que los vecinos de dichas ciudades, villas y lugares se puedan aprovechar dellos de leña, no los cortando por

Viejo quejigo trasmochado en una dehesa abandonada. Pese a la pérdida de sus antiguas funciones como productores de bellota, leña y ramón, estos árboles albergan una extraordinaria diversidad de musgos, líquenes y animales de toda ralea, que ocupan el antiguo edificio.

pie salvo por rama, y dejando en ellos horca y pendón por donde puedan tornar a criar.[7]

Las antiguas ordenanzas, que trataban de asegurar piezas específicas con la forma adecuada para la construcción de navíos, obligaban a dejar ejemplares con horca y pendón, es decir con una rama en ángulo recto respecto al tronco y otra con una inclinación oblicua, de modo que proporcionaran maderos con la curva adecuada para la quilla o curvatón, el codaste y otras piezas maestras de la estructura. En el País Vasco reciben el nombre de *ipinabarres* o *ipinabarros* estos trasmochos guiados para la obtención de las piezas necesarias para construcción naval. Hoy se han dejado de utilizar prácticamente estas técnicas, pero continuamos viendo en nuestros montes los viejos árboles trasmochos cuyas copas se configuraban mediante cortas periódicas para obtención de leña y carbón. La expresión horca y pendón pasó también a generalizarse desde antiguo para indicar la necesidad de dejar unas ramas principales, en vez de hacer el trasmocho o descabezamiento total que solo admiten algunas especies.

En resumen, la poda o escamonda periódica de las ramas de un árbol a una cierta altura produce

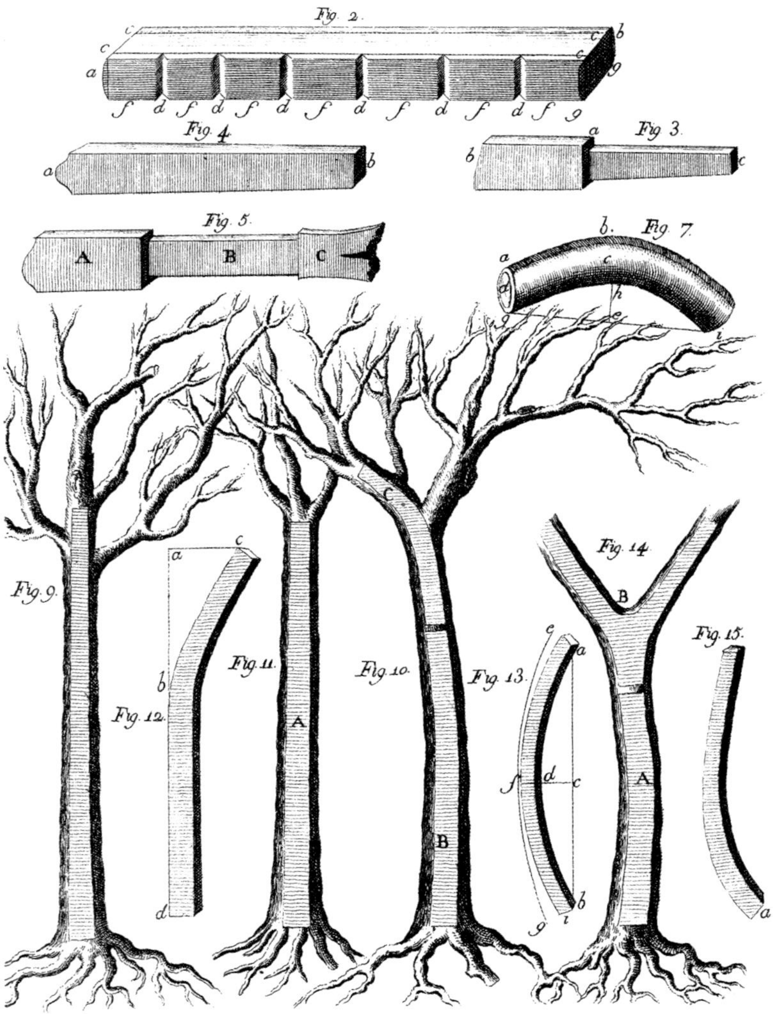

Algunas de las formas más buscadas por los carpinteros de ribera y otros oficios en los que se necesitaban maderas enterizas para obtener la resistencia idónea (de la obra de Duhamel du Monceau).[1]

los llamados trasmochos tan comunes en muchas regiones. Alineaciones, bosques y dehesas de árboles trasmochos o cabeceros, forman parte de algunos de los paisajes tradicionales más singulares. Encinas y alcornoques, fresnedas, hayedos y robledales, choperas y saucedas, con sus árboles configurados por una poda constante, ocupaban enormes extensiones de nuestros montes y aún hoy podemos ver muchas de estas arboledas mejor o peor conservadas. Los usos y aprovechamientos ganaderos (pastos, ramón y bellota) tenían que coexistir casi siempre con los usufructos de madera, leña o carbón que en ocasiones eran el *modus vivendi* de los paisanos, ya fuera para consumo propio o para la venta de una parte de estos recursos.

Trasmochos, afrailados o cabeceros son en definitiva algunos nombres de estos árboles, cuya copa se poda a unos dos a tres metros de altura, dejando el tronco desnudo o con unas pocas ramas principales. El procedimiento suele comenzar cuando el árbol alcanza unos 30 centímetros de diámetro y se descabeza para que vaya echando nuevos rebrotes que terminarán configurando la denominada forma en «cabeza de gato» conforme se cortan todas las ramas cada cierto número de años, siempre por el punto de arranque.[8] La otra forma más utilizada es la que produce árboles «pendoleros» con la típica forma de «candelabro», en la que algunas ramas maestras se desarrollan horizontalmente. Son los denominados pezones o pezoneras, ramas cortas que van creciendo en grosor y de las cuales rebrotan ramas secundarias de desarrollo más o menos vertical, que se van podando periódicamente para los distintos aprovechamientos.

Esta última es la forma de poda de hayas y robles, que no admiten los cortes en cabeza de

Izquierda: fresno con cortes de desmoche con motosierra. Estos desgarros causan graves daños a los árboles. Derecha: haces de mimbre para cestería en la Alcarria. Las ramillas se obtienen mediante la poda de las mimbreras, ya sea a ras de suelo o dejando un tronco de poco más de un metro de altura. Cada año producen cantidad de brotes, muy rectos y flexibles.

gato. En 1748, la Ley de Montes y Plantíos obliga a las podas para aprovechamiento de ramas para leña, dejando siempre «Horca y Pendón por dónde críen, medren y se mantengan». También previene de los que abusan «no dexando Horca y Pendón, como son obligados, cortando fuera de sazón, o desmochando los árboles por mitad del tronco, y á que por esta causa unos se secan y otros se inutilizan».[9]

El procedimiento queda bien reflejado en un documento de 1662 del Archivo municipal de Hernani en el que su autor, el licenciado Arnedo, explica:

> Hacese el trasmocho del monte jaral y es quando el jaral esta sazonado y se corta dejan sin cortar vnos Arboles los mas bien guiados y en distancia de ocho baras vno de otro A los quales les llaman reseruas que quitandoles todo el monte de alrededor crecen mas y les cortan las guias por Alto para que hagan cepa y por Alli echan muchas ramas y aunque al principio tardan en dar fruto asta que el Arbol cresca y aga caueza despues Vienen los cortes a ocho años y a diez El que mas y aunque no da tanto fruto como el jaral viene quatro años antes conoscese conpensa vno con otro y no tiene Riesgo ninguno del ganado Porque no alcanza a Comer los renuebos que echa por la Caueza de la Cortadura y el Campo echa y produze Herba para el pasto comun. Este genero de Arbol tiene Otra gran conveniencia que a cabo de cuarenta años echa brazos recios de donde hace vna madera triangula Que llaman Corbotones necesarisima para fabrica de los Nauios y d'este genero de madera ay oy tanta falta en esta provincia que por ella no ay Quien se atreua de hacer asiento de Nauios y es sin duda de grande conveniencia publica para todo que los montes de la Hurumea se reduzgan a este genero de montes para que sean trasmochos y no jarales.[10]

Simplificamos aquí necesariamente la técnica y terminología que genera este tipo de usos en las

Hayas trasmochas en el Gorbea.

Sierra de Aralar. En primer término, hayas trasmochas. Al fondo, junto a la borda, fresnos.

Rotura de las ramas en las hayas trasmochadas por abandono de la poda.

distintas comarcas y localidades y en las modalidades y procesos a veces complejos de formación y conservación de estas arboledas tradicionales.[11] Los usos y el modo de poda eran muy distintos también dependiendo de las utilidades y especies.

Aun hoy en día, las mimbreras *(Salix sp.)* se podan anualmente para obtener mimbres para cestería. En este caso la altura del tronco no suele exceder de los dos metros pero es común ver troncos que apenas sobrepasan un metro.

Los fresnos se plantan y usan de esta manera junto a cabañas y en majadas y brañas e incluso en los huertos, donde proporcionan forraje de altura complementario del pasto y varas para distintos usos. Las de uno o dos años son ideales para los tutores tan necesarios para el hortelano en cultivos como las alubias, tomateras… Para leña los turnos son más largos, de unos ocho años. Aunque poco duradera a la intemperie, por su gran resistencia hemos visto utilizar horcas de esta madera para apuntalar manzanos inclinados en las pomaradas.

Los castaños, las hayas, las encinas, los robles y otras especies, se han trasmochado para crear dehesas de bosques aclarados en los que se obtiene fruto para las personas y (o) animales, además de pasto y madera. Muchos hayedos y robledales se han explotado durante siglos de este modo para abastecer las viejas ferrerías y aún podemos ver montes enteros en el País Vasco, Navarra y otras regiones que presentan el singular aspecto, un tanto fantasmagórico, de los árboles trasmochos. Su extensión nos muestra muchas veces la escala industrial de este recurso que resultó básico para el desarrollo de la metalurgia desde tiempos muy antiguos.

Lo mismo podemos decir de los chopos y sauces en las riberas de los ríos (v. pág. 29) que, desmochados periódicamente, dieron maderas y leñas en comarcas a veces tan desarboladas que estos ejemplares representaban el único material disponible para construir o calentarse.

Fresnos escamondados en Aralar. Por toda la sierra, los pastores siguen manejando estos árboles junto a las bordas o cabañas, y aprovechando los recursos múltiples que proporcionan.

Los turnos de corta eran variables según las costumbres y los productos que se deseaba obtener. En los últimos tiempos, el olvido y la dejación de las viejas prácticas provoca, al cesar las podas de aquellos árboles previamente trasmochados, que se produzca con frecuencia el colapso del árbol. Algunas especies, como el fresno o el haya, desarrollan rápidamente ramas tan grandes que al cabo de unos años, el candelabro así formado termina por romper justamente por la base de las ramas en el punto de poda, lo cual genera la muerte más o menos rápida del árbol, a causa de las graves heridas por desgarro. También hemos visto morir muchos de estos árboles cuando se ha tratado de podarlos de nuevo, al cabo de décadas de abandono. En realidad la técnica es sostenible, y el árbol puede vivir muchos siglos, cuando se poda sobre la zona de cicatrización y los turnos son adecuados. De cualquier modo, se requieren algunos conocimientos y habilidades para hacer los cortes limpios y en el lugar preciso. Por otra parte, el uso abusivo de la motosierra, que facilita el corte de ramas mayores e incluso porciones del tronco por debajo de esa zona de cicatrización, ha sido una causa de la decadencia de estas arboledas ya que aumenta el peligro de los malos cortes que producen desgarros y heridas.

En el mundo de la dehesa se podan también las ramas de los árboles para aclarar las copas y hacerlas más fructíferas, y se ha utilizado tradicionalmente el ramaje para leña o carbón y el ramón para forraje. Pero se usaban tan solo las ramas de cierto tamaño, nunca mayores de 8 o 10 cm, y se cortaban de la manera más limpia posible, utilizando técnicas de poda respetuosa y evitando las grandes heridas. La motosierra cambió también en muchos lugares esta relación, facilitando el corte de grandes ramas y acelerando el declive de muchas dehesas de encinas y otras especies. El daño es mucho más notable cuando los podadores cobran en madera y tienden a hacer podas salvajes que muchas veces determinan la muerte más o menos rápida de los árboles.

Ciertamente, un árbol bien podado en los turnos adecuados (pienso que estos turnos no deben exceder mucho de los 10 o 12 años) puede vivir siglos, y con frecuencia desarrolla oquedades que facilitan una gran biodiversidad asociada. Los trasmochos forman parte de los paisajes tradicionales, e incluso podemos considerar como tales a las actuales dehesas, en las que los pastos y montaneras de bellotas, el propio paisaje arbolado y lo que producen las podas, justifican sobradamente el interés de su conservación. Pero actualmente no parece muy razonable ni sostenible la gestión de otros espacios de trasmochos como los viejos bosques para carboneo, que han dejado de tener una funcionalidad económica. Existe en cualquier caso cierta controversia, y hay verdaderos defensores de este sistema que alegan, entre otras cosas, que aumenta la longevidad de los árboles. En fin, independientemente de la opinión sobre la estética que cada uno pueda tener, no está clara la rentabilidad o el interés de efectuar estas podas ni la conveniencia ecológica de hacerlas de manera masiva. Por supuesto, con fines didácticos e incluso históricos, para el recuerdo de antiguas costumbres y paisajes, puede ser interesante conservar trasmochos a pequeña escala e incluso hacer algunos nuevos. Más adelante (pág. 274) comentaremos algunas propuestas modernas que tratan de revitalizar estos usos en Inglaterra, para obtención de combustible a partir de sauces de rápido crecimiento.

LA ARBOLEDA FRUTAL

Aunque en general pertenecen más a los territorios particulares que a los comunales, algunos de los paisajes tradicionales más extensos y característicos de nuestro entorno geográfico corresponden a las arboledas de frutales. Olivares y pomaradas, plantaciones de almendros y algarrobos, cítricos, cerezos e higueras… Los injertos y la selección de variedades, así como una poda que elimina las ramas más verticales y menos fructíferas, configuran estos árboles y arboledas, que a su vez pueblan las montañas, aterrazadas desde tiempo inmemorial para acoger unos cultivos que en algunos lugares se extienden hacia todos los horizontes. Algunos fenómenos tan notables como la floración del cerezo atraen enjambres de visitantes que acuden a contemplar el prodigio anual a la comarca del Jerte o a los

festivales tradicionales que se celebran en Japón en torno a este efímero evento. Y son muchas las regiones europeas que cultivan frutales como recurso de gran interés. Por supuesto, también las dehesas de robles y encinas son, como hemos visto, paisajes culturales que alimentaron con su fruto a los seres humanos y sus animales.

Lamentablemente, muchas variedades tradicionales se han perdido y la fruticultura ha adoptado en muchos casos técnicas muy agresivas de cultivo que incluyen el uso de herbicidas y productos tóxicos y contaminantes. En el sentido contrario, vemos que los diferentes sistemas de agricultura ecológica se imponen en muchos lugares y proporcionan unos productos saludables cada vez más demandados. La extensión que requeriría cada uno de estos paisajes aconseja abordar su descripción en otro lugar, a sabiendas de que en estos cultivos y sistemas agrícolas reside una gran parte de la esperanza de un auténtico desarrollo y revitalización del medio rural.

No nos resistimos, sin embargo, a reseñar a modo de ejemplo la singular relación de los paisanos con sus manzanos, especialmente en el ámbito de la cornisa cantábrica. A finales de los 90, durante largas conversaciones con Emiliano Valdés, vecino del pueblo asturiano de la Isla, pudimos entender un poco mejor la relación familiar que existía entre los paisanos de antaño y sus árboles, especialmente los manzanos, que gozaban de una gran estima entre nuestros ancianos. Me llamaron la atención algunas expresiones que humanizan a los *pumares* hasta un punto asombroso. Así, en referencia a la variedad mingana, me decía que da la mejor manzana; pero «son muy vagos», añadía a continuación para expresar su baja productividad. Para explicar el declive de las pomaradas a las que se les plantan eucaliptales al

Izquierda: olivares en Deiá, Mallorca. Derecha: olivares sobre laderas aterrazadas en la región de Guarda, Portugal, restos de las enormes extensiones de estos cultivos que fueron arrancados por las directrices europeas.

EL CULTIVO DE LA DIVERSIDAD

El primer texto literario que conserva la humanidad contiene ya una versión del relato del diluvio. El dios Ea insta al «Noé» sumerio a conservar la simiente de todo lo vivo: «Desprecia los tesoros, guarda vivo el soplo de la vida. ¡Embarca en el barco todas las especies vivas!» *(Poema de Gilgamesh* XI, I, 20).

Un breve ejercicio de memoria del paisaje en un pueblo de la comarca navarra de Puente la Reina, nos permite improvisar un listado no exhaustivo de las especies y variedades de árboles frutales que se cultivaban hace tan solo unas décadas:

Olivos (aceitunas de mesa y aceiteras). Viñas y parras para uva de mesa y moscatel, uvas pasas y para producción de vino. Nogales y avellanos. Membrillos, manzanos y perales de variedades distintas, para mesa y compota o para conservar. Cerezos y guindos. Distintos ciruelos, entre los que destacan la ciruela de arañón, la amarilla, la roja y la claudia (de la que se hacían ciruelas pasas). Albaricoques, almendros y melocotoneros (abridores y otras variedades). Distintas clases de higueras, como las tempranas brevales. Pomas y nísperos (respectivamente *Sorbus domestica* y *Mespilus germanica*, casi extintos de nuestros paisajes culturales)…

Si ampliamos el foco a otras comarcas de la península ibérica podemos incluir diversos cítricos y algarrobos, moreras y morales, azufaifas y una infinidad de variedades de castañas y otros cultivos tradicionales más o menos extendidos. Desgraciadamente la globalización de los mercados y el abandono del medio rural, entre otras causas, han propiciado una preocupante pérdida de diversidad. Una línea de transmisión a veces milenaria se corta sin que podamos evaluar siquiera la magnitud y las consecuencias de esa extinción para el futuro de nuestros sistemas agroculturales. El auténtico patrimonio de la humanidad que representaban las razas de ganado autóctono y las variedades de cultivo locales de frutales, pero también de verduras, cereales, plantas forrajeras, etc. constituía una riqueza de valor incalculable. Aromas y sabores únicos, adaptaciones milimétricas a los microclimas y las condiciones locales, capacidad de resiliencia frente a plagas y enfermedades, capacidad de adaptación y evolución hacia las nuevas situaciones y exigencias que planteará un incierto porvenir… Desde instituciones y asociaciones, pero también desde iniciativas particulares, podemos recuperar estos cultivos y la memoria y cultura asociadas que aún detentan los viejos paisanos y los antiguos campos y huertos de cada uno de nuestros pueblos. Creemos que en esa memoria de lo local residen muchas esperanzas y posibilidades de futuro.

Níspero, un frutal casi olvidado hoy en día.

lado decía que «se ponen tristes» y dejan de dar. Y aún más sorprendente si cabe, su relato de cómo antes de la guerra los manzanos no eran como ahora, veceros, sino que producían todos los años. Sin embargo, me dijo literalmente: «de la guerra *pacá* acordaron dar un año sí y otro no», tal y como sucede hoy en día. En fin, la mitología y la realidad están en ocasiones mucho más cerca de lo que parece en el imaginario humano y, en todo caso, es preciso señalar la diferencia entre el uso industrial y productivista de los montes, y estos usos tradicionales que implicaban una relación sostenible, con aportaciones anuales de estiércol y cuidados constantes. Se trataba en suma de unos

Sorbus domestica (pomar, serbo, zurbal…), ejemplar de un antiguo cultivo en Pina de Montalgrao, Castellón [cortesía de E. Laguna].

árboles que coexistían, como hoy mismo sucede, en unas pomaradas idílicas, con aprovechamientos diversos asociados, como el de los prados de diente y siega, los colmenares y pequeños huertos, etc. Sobre la importancia de la manzana en las economías tradicionales hemos hablado ya en otros lugares, pero recordaremos aquí que se almacenaban en los hórreos y desvanes, y alimentaban durante muchos meses a las familias con una producción de variedades que se conservaban mejor o peor y maduraban escalonadamente. Por otro lado, la producción de sidra y licores a partir de este fruto generaba toda una cultura, que se manifiesta no solo en el complejo proceso que requiere conocimientos y habilidades diversas, sino en el propio consumo, que conlleva todo un ritual que sigue practicándose hoy en día y tiene en los lagares y sidrerías un importante componente social. Más que ninguna otra, la sidra es una bebida de consumo colectivo.

Parecería que nos hemos dado a la añoranza, pero nada más lejos de la realidad, la recuperación de antiguas variedades y pomaradas con criterios modernos está rentabilizando muchas hectáreas para la producción de manzana de mesa o de sidra en los últimos tiempos, generando riqueza y diversidad a muchas comarcas de la cornisa cantábrica. En el mismo sentido podríamos hablar de otros cultivos como el kiwi, que están dando magníficos resultados, o incluso del aguacate, que tan bien se da en las comarcas más costeras del Cantábrico. Porque no se trata tanto de propiciar solo lo autóctono, sino de conseguir un equilibrio entre la economía y el bienestar de los vecinos y el entorno natural generador de cultura y diversidad, implantando cultivos productivos y compatibles al mismo tiempo con el resto de los usos del espacio.

Notas

1. Duhamel du Monceau. *Del Aprovechamiento de los montes*. Junta de Castilla y León. 2009. Hemos consultado el facsímil de la edición en castellano de esta obra, traducida por Casimiro Gómez Ortega e impresa en Madrid por Joachin Ibarra (1773-1774). La obra original se publicó en Francia en 1764, es decir, un año antes de que se publicaran los últimos tomos de la *Enciclopedia*, y tenía como título: *De l'explotation des bois, ou mohines de tirer un parti avantegeux des taillos, demi-futais et haute-futais, avec la description des arts qui se pratiquent dans les forests.*
2. Giraudon, D. Les fagots, precieux petit bois. *Bretagne*, nº 81. Enero-febrero 2015.
3. Langley-Danysz, P. Les haies de bocage: un «nouvelle source d'energie». *La Recherche* nº 159. 1984.
4. Costa, J. *El arbolado y la patria*. Bibl. Costa, Madrid, 1912.
5. Villarreal de Bérriz, P. B. *Maquinas hydraulicas de molinos y herrerias, y gobierno de los árboles y montes de Vizcaya*. Madrid, 1736 (ed. facs. Real Sociedad Vascongada de los Amigos del País. San Sebastián, 1973).
6. Gallardo, F. *Aprovechamiento tradicional del castaño* (Castanea sativa *Mill.) en el Parque Natural Sierra Norte de Sevilla. Su problemática.* <http://secforestales.org/publicaciones/index.php/congresos/article/viewFile/6205/6132>
7. Legislación de Montes y Plantíos. Siglos XV-XIX. Novísima recopilación, 1805. En Rodríguez-Vigil Rubio, J. L. *Los montes comunales y vecinales de Asturias*. Ed. Trea. Gijón, 2005, p. 86.
8. Jaime Lorén, Ch. y Herrero Loma, F. *El chopo cabecero en el sur de Aragón, la identidad de un paisaje*. Centro de Estudios del Jiloca. Calamocha, 2007.
9. Silvestre Martínez, M. *Librería de Jueces*. Tomo VIII, Título VII. Imprenta de Don Benito Cano. Madrid, 1791.
10. Aragón Ruano, A. Los robles trasmochos guiados o Ipinabarros: una apuesta sostenible de futuro para una técnica forestal olvidada. Actas de la III Reunión sobre Historia Forestal. *Cuadernos de la Sociedad Española de Ciencias Forestales*, 30. 2009.
11. Pardo Navarro, F., Martín Jiménez E., y Gil Sánchez L. El uso tradicional de la Dehesa Boyal de Puebla de la Sierra (Madrid) efectos sobre la vegetación a corto y largo plazo. *Cuadernos de la Sociedad Española de Ciencias Forestales*, 16, 2003, pp. 173-178.

9. Castaños con raíces

Hator, hator mutil etxera!
gaztainak ximelak jatera,
gabon gaba ospatutzeko...

[Ven, ven a casa muchacho, / a comer castañas asadas / para celebrar la Nochebuena...]

Canción popular vasca de Navidad.

El castaño es emblema de lo comunal, arraiga en los terrenos vecinales de todas las comarcas de la Península, en las que se cría y cultiva desde tiempo inmemorial. Y es preciso recordar, antes de empezar, que se trata de una especie autóctona. Los estudios de palinología nos permiten asegurar que estaba ya al sur de los Pirineos muchos milenios antes del comienzo de nuestra era. Creo que María Fernanda Sánchez Goñi es la primera investigadora que, basándose en los registros polínicos y de carbón de yacimientos del País Vasco, determina con seguridad, ya en la década de los 80 del pasado siglo, la presencia del castaño en la península ibérica anterior a la romanización. Hasta entonces era opinión muy general, incluso en medios científicos, que los romanos habían traído esta y otras especies de árboles frutales. En la tesis de esta investigadora quedaba demostrado el carácter autóctono del género *Castanea* en la Península, habiéndose refugiado en áreas favorables, a orillas del Cantábrico, que le habrían permitido sobrevivir durante las glaciaciones.

Ahora sabemos, gracias también a la palinología, que durante los primeros siglos de la era, un clima más benigno permitió que el castaño alcanzara en la montaña cántabra una mayor extensión, en cotas altitudinales superiores a las actuales.

> Julióbriga y sus inmediaciones estaban cubiertas entonces por bosques frondosos caducifolios, formados fundamentalmente por castaños y en menor proporción por alisos o abedules y olmos.[1]

El escenario de cambio climático al que nos enfrentamos volvería a favorecer estas situaciones, y cabe por tanto pensar que podamos cultivar esta especie en cotas como las de la vieja ciudad de Julióbriga, por encima de los 900 m, que en los últimos siglos no han resultado tan aptas para el castaño.

Pero además podemos afirmar que los castañares pueden ser una formidable herramienta, por su eficacia en la captura de carbono, en la lucha contra el cambio climático.

En todo caso, como veremos, hablamos de castaños «con raíces», es decir, perfectamente arraigados en una cultura tradicional que en gran parte giraba en torno a este árbol, capaz de cubrir una gran parte de nuestras necesidades.

Restos de la antigua ciudad de Julióbriga, en Reinosa, Cantabria.

EL CASTAÑO Y LA ECONOMÍA TRADICIONAL

> ...con las castañas se almorzaba (10, 12, 15, 20... bocas en la familia cada mañana), se comían al mediudía como el pote del probe, se cenaban, se asaban en el campo, se estiraban hasta las brañas por mayo y xunio arriba [...] Hasta había casadiellas de castañas: las nueces y las ablanas había que daylas al señoritu en especie, por supuesto; pa los probes, las castañas.[2]

Al hilo de este relato, es muy expresivo el dicho de Aller (Asturias), que recoge también el etnógrafo Xulio Concepción Suárez: *La muyer que nun tien castañes pa los segaores pel verano, nun tien gobiernu.* Es decir, que había que prever que duraran prácticamente todo el año. Se entiende que estos frutos que, según nos contaba también una abuela de Loroñe (Colunga, Asturias), se comían en el desayuno, comida y cena, debían alimentar a la familia, e incluso al ganado, que comía las castañas de peor calidad. La misma abuela me decía que hoy nadie dobla el *llombo* para recoger siquiera una *bolsuca de castañes*. Ciertamente, la llegada de nuevos alimentos como la patata o el maíz, contribuyó a diversificar la dieta tradicional, pero en muchas regiones la castaña continuó teniendo un papel fundamental.

Podemos aportar infinidad de testimonios que explican la gran relevancia que tuvo este recurso, hasta tiempos muy recientes, en todos los «países del castaño». Vamos a ver algunos especialmente interesantes:

> Iztueta destacó en 1847 la gran importancia de la castaña en la alimentación básica, por encima de la uva y la manzana, ya que había numerosas casas en las que, con la castaña recogida en sus tierras, se alimentan los hombres mañana y tarde durante seis o siete meses, dan las pequeñajas al ganado y todavía venden más de 60 fanegas en el mercado. Señala asimismo que la venta en el mercado podía alcanzar la mitad de la cosecha o una tercera parte.[3]

A finales del siglo XVIII, Jovellanos relata sus viajes por Asturias, y entre sus notas aparecen con frecuencia menciones a los grandes castañedos que atravesaba en sus itinerarios. En noviembre de 1793, a su paso por el concejo de Lena anota:

> …gentes recogiendo la castaña por todas partes; grande y frondosa espesura.[4]

Otro viajero, el gran botánico ruso Vavílov escribe, ya a principios del siglo XX, en su obra *Cinco Continentes:*

> Los castañares siguen siendo la base vital de algunas regiones de Portugal, España e Italia.[5]

En la misma obra, dejará estas anotaciones que datan de su paso por Galicia en 1927:

> De Galicia son característicos los grandes castañares, que ocupan decenas de miles de hectáreas. El castaño es el árbol predominante en los bosques gallegos. Se encuentra tanto en estado silvestre como cultivado. Sus

Pereda de Ancares, un pueblo entre castaños centenarios, que forman parte del paisaje tutelar y nutricio.

> frutos sirven de alimento para las personas y de forraje para los animales.[6]

Por su parte, Julio Caro Baroja señala la importancia del castaño en la antigua economía rural de Vera de Bidasoa (Navarra) y su progresivo declive:

> El castaño es árbol que abundaba mucho más que ahora hace cincuenta años. La tendencia a roturar terrenos y una enfermedad que padeció pocos años después de la guerra de 1914-1918, han contribuido a que este hermoso árbol se haya hecho menos frecuente ahora. [...] Hubo años, en la época a la que me he referido, hace medio siglo, poco más o menos, en los que en un solo caserío se recogieron treinta carros de castaña.[7]

La situación puede hacerse extensiva al resto de la Península, en todas las comarcas donde las condiciones permitían el cultivo del castaño. Sin duda era la especie principal de la poznera hasta el punto de que en regiones enteras se plantaba exclusivamente en los comunales. Las tierras de propiedad privada solían resultar siempre escasas para los cultivos y pastizales, y los terrenos del común eran un recurso fundamental especialmente para las economías de las familias más pobres.

Dice el viejo refrán: «en tiempo de castañas, el que paña, paña».

EL CASTAÑO Y LAS VIEJAS COSTUMBRES

El viejo dicho, *les castañes qui tán nu soutu igual son pa mí qui pa outru*, o la antigua costumbre de la rebusca, hablan de picardía y solidaridad en tiempos de penuria. Los pescadores de Lastres, en los aciagos inviernos en los que la mala mar no les permitía faenar, practicaban la rebusca y la «pía» con asiduidad. Esta última consistía en recoger los frutos (castañas, nueces, manzanas...) de estraperlo, antes de que el amo lo hiciera. Y también, al borde de la legalidad, se recogían las castañas de los caminos. Pero con toda legitimidad, se practicó la rebusca y otras modalidades de aprovechamientos que permitían la supervivencia de los pobres de solemnidad. Así, después de la recolección de las castañas u otros frutos, incluso de los cereales, cualquiera podía acudir a recoger lo que hubiera quedado en el campo. De esta manera incluso los desheredados podían sobrevivir en tiempos difíciles, y el cuerno de la abundancia del castaño daba de comer a todo el mundo. Es difícil comprender en nuestro mundo civilizado hasta dónde podía llegar la indigencia en aquellos tiempos pero, como una muestra de la miseria que sufrieron nuestros abuelos, traemos dos dichos escogidos; dicen que una imagen vale más que mil palabras:

> *Ya llueve ya nieva, ya fae cara viella* (mal tiempo). *La probe, la viella, está en la Festiella, con siete neninos y media mantiella* (media manta). *Non tenía nada que les dare. Ya dábales nieve con une cuchare.*[8]

> *Filla mía, si vas al horru, del tocino parte pocu. 12 meses tiene el año, semanes 48.* (Refrán asturiano).

Sobre la regulación de la recolección de la castaña hablaremos con mayor profundidad en el capítulo siguiente, pero es preciso señalar que el derecho consuetudinario o las ordenanzas escritas, con mucha frecuencia, permitían por ejemplo que cualquier vecino pudiera recoger las castañas del suelo, pero solo el dueño del árbol podía subir al árbol y varearlo. En el pueblo alavés de Apellániz, a partir del 1 de noviembre y durante una semana, cualquiera, incluidos los forasteros, podía entrar en los castañedos y recoger. Pero también había una regulación muy restrictiva en muchos casos, e incluso vigilancia y prohibición de entrar en los castañares, para que no se robaran las castañas.

A lo largo de estas páginas recogemos numerosos usos y abusos en las normativas que regulaban la plantación y la recogida de las castañas mediante las ordenanzas o la tradición oral ajustada siempre a la costumbre y necesidades de cada comarca o pueblo concreto. En todo caso, encontramos en este territorio diverso y complejo un buen ejemplo de la relatividad de la propiedad en el imaginario de nuestros ancestros.

Castaños en Apellániz, Álava.

¿ROBLE O CASTAÑO?

La «vocación» del castaño como alimento y recurso de los más pobres contrasta con otros intereses que han propiciado, a lo largo de la historia, la plantación de diferentes especies para usos muy distintos y a veces ajenos a la población local.

Baudilio Barreiro Mallón, en su artículo *Masa arbórea y su producto en Asturias durante la Edad Moderna*,[9] explica el conflicto de intereses que se produce en la historia de toda la Península entre el estado y los campesinos:

> Las múltiples «Ordenanzas Reales de Montes» desde 1496 hasta 1803 se muestran obsesionadas por el problema del abastecimiento de las «Reales Fábricas» y, en consecuencia, por la plantación de robles, hasta el punto de exigir que cada vecino plante anualmente tres, si fuera posible, y en caso contrario, habrán de ser alisos, álamos, fresnos o nogales, aptos para la construcción naval, pero nunca castaños, porque podrían arruinarse las plantaciones con ocasión o pretexto de la recogida del fruto. Es más, en algún momento se ordenó que fuesen arrancados de los montes reales. Resulta fácil entender que los intereses de la Corona no coinciden con los de los vecinos, pues estos quieren y necesitan árboles frutales y la autoridad, en cambio, árboles para la construcción naval.

Y continúa el mismo autor recogiendo diversas disposiciones locales y exponiendo la necesidad de los concejos de fomentar la plantación de árboles frutales y árboles para suministro de leña, en vez de las especies que promovía el estado.

Evidentemente el roble, especialmente allá donde el castaño no se daba, fue un recurso de primer orden para madera de construcción, por la producción de una leña de mejor calidad que la del castaño, y bellota para alimentación de los cerdos (aunque se prefería la castaña o la bellota de la encina). Pero los recursos que aportaba el castaño eran más diversos e incluso vitales para las poblaciones locales. El conflicto entre los intereses del reino, de la nobleza o los diferentes estamentos de los poderes establecidos, ha sido constante también a lo largo de la historia, y son frecuentes las súplicas y peticiones de las comunidades vecinales frente a los abusos de la marina, que expoliaba para los astilleros los mejores montes, sobre todo en las comarcas litorales.

ABANDONO Y RECUPERACIÓN DE LOS USOS DEL CASTAÑO

Podemos concluir que el abandono del medio rural, las plagas, los monocultivos de pinos y eucaliptos, los expolios de montes vecinales, etc., son algunas de las causas más generales del declive del cultivo de los castaños en nuestros montes. Igualmente se abren paso nuevos espacios de ocio, como los campos de golf o los cotos de caza, entre otras muchas actividades que desplazan a estos árboles de su patria original, los comunales.

Los problemas ligados a las enfermedades del castaño son actualmente un obstáculo para la reforestación con esta especie. En la medida en que las investigaciones avanzan para obtener plantones resistentes y tratamientos adecuados, podemos apostar de nuevo por este árbol que tantos beneficios produce a todos los niveles. Pero al igual que ocurre con las colmenas, que hace unas décadas se mantenían con unos mínimos cuidados hasta la llegada de nuevas plagas, con el castaño es preciso asesorarse con los paisanos y los técnicos y agentes forestales sobre la idoneidad de unas u otras variedades para cada zona en concreto. Incluso a los problemas principales del chancro y la tinta, viene a agregarse ahora la avispilla del castaño, que produce grandes daños. Sin embargo, hay variedades resistentes para esta última, como la llamada 'Bouche de Bétizac', híbridos resistentes a la tinta e incluso tratamientos efectivos del chancro utilizando cepas hipovirulentas del hongo.

Creemos que es tiempo de apostar de nuevo por el castaño y diversificar los cultivos, las especies y variedades. En todo caso es preciso cada vez más estar al día y evolucionar con las nuevas situaciones que deben abordar tanto los paisanos como los técnicos, administraciones y viveristas. Los propios hongos, que hasta el momento han sido causa de graves problemas, pueden ser hoy parte de la solución mediante la inoculación de cepas adecuadas. Una micorrización idónea no solo aporta el producto añadido de los hongos comestibles, también ayuda a hacer más eficaz la absorción de agua y nutrientes del árbol, potenciando por tanto la salud y el sistema defensivo del propio árbol.

Además de las utilidades puramente alimenticias de la castaña, que implicaban una gran diversidad de formas de preparación y toda una cultura culinaria de la que hablaremos quizá en otra ocasión, el castaño sirvió para otras mil pequeñas o grandes industrias. La madera continúa siendo uno de los materiales de referencia más importantes, por la producción local y sus cualidades incomparables: crecimiento rápido, dócil

Enormes castaños se encuentran por los eucaliptales de toda la rasa costera cantábrica, como testigos de lo que fueron estos terrenos antes de la salvaje colonización de los monocultivos.

y duradera, hermosa y muy adecuada para trabajos de ebanistería y carpintería que van desde la talla hasta la estructura de todo tipo de edificios. Los tallistas y constructores de los tradicionales arcones, utilizaban preferentemente castaño, roble o nogal. Como carpintero, la elección desde el punto de vista personal para la construcción de la casa propia, ha sido una decidida apuesta por el castaño, olvidando maderas tropicales de muy dudosa procedencia o con una huella de carbono muy elevada para transportarla desde sus países de origen. Puertas y ventanas, postes y vigas, tarima de los suelos, peldaños de escaleras… El castaño es ideal para todas estas necesidades, tal como viene demostrando el hecho de que, incluso sin tratamientos de ningún tipo, los hórreos continúen resistiendo a lo largo de los siglos. Esto es también captura eficiente de carbono.

Junto al llamado monte alto, que implicaba el cultivo del árbol con toda su potencialidad de crecimiento, ya fuera para su uso como frutal o maderero, el manejo en monte bajo sirve para obtener piezas de pequeño diámetro mediante cortas periódicas que permiten el rebrote rápido de nuevos fustes. Estos jaros o troncos, por lo general altos y rectos, son ideales para usos como cestería, pértigas, estacas…

En concreto las estacas de castaño son aún hoy muy utilizadas y recomendables para cerramientos con alambre de espino o vallados de todo tipo. Crecen, como decíamos, muy rápidamente, dan piezas muy rectas y muy duraderas a la intemperie. Por ello podemos ver estas estacas protegiendo desde un árbol recién plantado o una arboleda, hasta el perímetro de una finca o todo un monte acotado. En cualquier caso, siempre nos parece preferible este material tradicional, perfectamente «autóctono» y adecuado, a los nuevos postes, estacas y vallados que proliferan por todo el mundo civilizado, homogeneizando los paisajes. Hablamos de los postes tratados con sales de cobre y arsénico que les dan ese aspecto verdoso y que resultan muy contaminantes tanto en el lugar de destino como en el proceso de fabricación. La estaca de castaño es un denominador común en la gestión tradicional de nuestros montes, formando parte de una estética y funcionalidad tan habitual como la del propio castaño.

En fin, los usos tradicionales han sido casi infinitos, incluida la leña y carbón de su madera,

Arqueta de castaño que usaban los carpinteros a la antigua usanza para llevar las herramientas.

El artesano Julio Arbosa tallando un arcón de castaño.

aunque en este aspecto no es muy apreciado, ya que su poder calorífico es inferior al de otras especies como el haya, el roble, etc.

Si exceptuamos este uso, las infinitas posibilidades y usos potenciales del cultivo de castaños difícilmente encontrarán alternativas de mayor interés ecológico y económico. En los últimos tiempos se plantan, como decíamos, castaños micorrizados para aprovechamiento de hongos que favorecen el desarrollo del árbol y aportan otro incentivo de valor económico. La alimentación del cerdo a base de castañas tiene, como antaño, un enorme interés. Se recupera asimismo esta madera para la fabricación de cubas para el vino o la sidra. Las cualidades son diferentes, pero no inferiores a las de roble en cuanto a las propiedades organolépticas. Una cuestión simplemente de modas, o quizá de falta de planificación y visión de mercado, ha desplazado a este árbol en favor del roble, especialmente el roble francés, que es el material preferido actualmente por los toneleros y bodegueros. La diferencia parece simplemente de marketing, capacidad de producción y gestión adecuada de los montes, que ha permitido una comercialización constante de este producto francés, frente al abandono y la dejación de los procesos forestales e industriales en nuestro país.

Algunos de los castaños monumentales del Bierzo: *Castañeiro do Cantín* y *Castañeiro de ánimas*.

CULTURA Y TRADICIÓN

La importancia de este árbol en la economía y el paisaje explica el inmenso corpus de patrimonio material e inmaterial que ha generado y cuyos ecos aún podemos recoger a través de las mil y una manifestaciones de la cultura popular del castaño.

Existe todo un glosario sobre el árbol y sus utilidades, los utensilios y las prácticas en torno al castaño. Un refranero inagotable sobre los tiempos y las costumbres relacionadas con el castaño y la castaña, una infinidad de creencias, cuentos y leyendas, costumbres y tradiciones…

CASTAÑOS *VERSUS* CAMBIO CLIMÁTICO[10]

El especialista en Edafología Juan F. Gallardo explica en diferentes estudios la funcionalidad en la captura de carbono de los bosques de castaño, los cuales tienen, en este sentido, un rendimiento significativamente superior a otros ecosistemas. En efecto, la asombrosa capacidad de rebrote de cepa de esta especie, con la consiguiente alta producción de biomasa, genera una capacidad de captura de carbono superior a la de otros bosques de nuestras latitudes. La rapidez de crecimiento de los castaños (o el rápido rebrote tras las cortas) propicia un gran interés de esta especie de múltiples usos, que van desde la producción de varas para la cestería hasta la fabricación de muebles, e incluso su empleo en la construcción (las vigas, tablazón y estacas de castaño tienen un elevado interés por su resistencia y durabilidad). También son muy interesantes los *soutos* para producción de fruto, donde los grandes árboles (con baja densidad) forman un bello paisaje, capaz de perpetuarse a través de los siglos.

En este contexto se producen, por tanto, rendimientos económicos, a la par que una gran cantidad de materia orgánica edáfica estable que se acumula de manera permanente en los suelos, con el consiguiente efecto de retención del carbono. Esta capacidad de los suelos de atrapar carbono atmosférico puede ser tres veces mayor que la de la biomasa aérea que representan los propios árboles (y la vegetación arbustiva); además, si los manejos son adecuados, el efecto sumidero será mucho más permanente.

Algunas buenas prácticas en este sentido podrían resumirse, en términos generales, en estos puntos:

- Adecuada densidad de los plantones (puede ir de los 1200 castaños por ha de monte bajo, a los 600 o 400 de árboles (dependiendo del tamaño del árbol, esto es, de su edad) dedicados a producción de fruto.
- Favorecer el flujo de carbono hacia el suelo mediante manejos que permitan el regreso de la mayor cantidad posible de residuos al suelo (erizos, hojarasca, ramas, etc.)
- Evitar laboreos y carga ganadera excesiva que esquilman la vegetación, apelmazan el suelo y no favorecen ni la devolución del carbono al suelo ni el propio reciclado de nutrientes. En todo caso, es preciso controlar al máximo la erosión.
- Realizar una gestión que tenga en cuenta el estado sanitario de los árboles para que puedan desarrollarse en toda su potencialidad, evitando los incendios o cualquier otra agresión que puedan ser un factor negativo para este fin.

Se comprende que, en este sentido, la estructura forestal y la vitalidad de los suelos tienen gran interés para potenciar su capacidad de retención de carbono.

Por lo que se refiere al patrimonio material, repartidos por toda nuestra geografía aún encontramos colosales castaños y *soutos* magníficos que forman parte de una de las señas de identidad más características de los paisajes, especialmente del occidente peninsular. Muchos de estos árboles suelen tener una historia de cientos y cientos de años, y en ocasiones llegan a adoptar un nombre propio, que casi siempre hace referencia al tamaño o la edad.

Las corras, cuerrias o ericeras se utilizan en el mismo castañar para amontonar las castañas con su erizo a salvo de los animales. De este modo se ablandan los erizos al cabo de unas semanas y se conservan mejor. En las imágenes podemos ver una corra de tipo familiar o comunal (arriba), y otra de uso más «industrial» (abajo), esta última para la recolección de castañas para la venta en Orozko, donde las corras reciben el nombre de *kirikiñausi*. A la derecha, castaño monumental en Apellániz, Álava.

Soto de castaños de Corao, Asturias. Como tantos otros, fue y continúa siendo escenario de las ferias de ganado tradicionales que se celebran al pie de los viejos árboles.

De nuevo la diversidad es una de las señas de identidad de estos paisajes tradicionales y sus idiomas propios en cada comarca y localidad. Aquí hemos querido reflejar con algunos botones de muestra una ínfima parte de toda esta cultura que hemos tratado con mayor profundidad en otros trabajos.[11]

En primer lugar quizá habría que hablar del magosto o *amagüestu*, la fiesta arcaica de los castañares en la que se junta el pueblo, especialmente mozos y mozas, en torno a la hoguera en la que se asan las castañas. Es la celebración de la abundancia, ya que el castaño proporciona una generosa disponibilidad de alimento que, en épocas de penuria, marcaba el fin de la estación del hambre. Acompasado con el ciclo natural, el castaño llena las despensas de la gente y los animales. Esta fiesta de primeros de noviembre coincide con el periodo de Samaín, los días sagrados en el ámbito céltico, en los que el mundo de los muertos y el mundo de los vivos se comunican. La cristianización de las costumbres nos ha hecho herederos de las viejas creencias y prácticas matizadas por las festividades de difuntos, pero conservando muchos de los rasgos paganos que hasta hace muy pocos años relacionaban los magostos con las ánimas.

En Galicia hay que picar las castañas para que no revienten en el fuego, porque cada una que explota es un alma que sale del purgatorio para visitarnos. En cambio, cada castaña comida era un alma liberada. Se dice también que después de la fiesta las almas vienen a calentarse a los rescoldos de las hogueras y se dejan allí unas pocas castañas para la «parroquia de los muertos». Antaño, dice C. Cabal en referencia a la costumbre asturiana, se dejaban unas cuantas castañas y se ofrendaban diciendo: *¡Estes, pa que las coman los difuntos!*

Pero ante todo, como decimos, se trata de una fiesta, a veces con resultados inesperados como el que en Asturias y Galicia relata una pequeña historia entre humorística y moralista en la que una hija vuelve preñada a casa, y tiene esta conversación con su madre:

> *—Madre mía, toy encinta.*
> *—Filla mía cares son. ¿Les castañes que comiste, de qué castañeiru son?*

Conocemos ejemplares que son en sí mismos verdaderos santuarios, como el Castaño de la Espina de Colunga, que tiene a sus pies una imagen de la virgen de Loreto y a cuyo alrededor da una vuelta la procesión. En el Santuario de la Alcobilla (Sanabria) los enormes castaños que rodean el templo parecen compartir la sacralidad de este verdadero *nemeton* y, por poner otro ejemplo, Peru y Mari que, según el relato de José María de Barandiarán, eran dos castaños (en otras versiones un roble y un castaño) que servían de testigo para las bodas y todo tipo de tratos y transacciones de los paisanos de la comarca de Guernica.

El mismo autor relata, en la saga de leyendas vascas del Señor de los bosques —el Basajaun—, las vicisitudes de Martintxiki, el héroe civilizador que en el mito roba los secretos de la agricultura y la herrería a estos genios de los bosques que los guardaban celosamente. En una de estas historias, es la hoja del castaño de bordes aserrados, la que servirá de patrón a Martintxiki para la fabricación de la sierra, por un descuido del Basajaun que revela el modelo. Y el mismo cuento aparece en Asturias relatado durante generaciones en la familia de un herrero, con la única diferencia de que, en vez del Basajaun, es el mismísimo diablo el personaje a quien se le roba el secreto.[12]

Otra curiosa tradición es un fiel reflejo de la importancia del recurso alimenticio de la castaña, y las creencias y rituales para obtener buenas cosechas o conjurar las plagas. El 24 de agosto, la famosa noche de San Bartolomé, se celebraban algunas fiestas en los pueblos del oriente asturiano. Por la noche se hacía una hoguera junto a la iglesia con leña robada de las leñeras de los vecinos, y se saltaba sobre ella con el palo de ir al monte. Según relato de María Josefa Canellada:

> La noche de San Bartolomé en Llanes y sus aldeas es la noche en la que el Bien, o sea San Bartolomé, desata el Mal. *El Pecau pide a San*

Santuario de la Alcobilla, en Sanabria, con castaños monumentales.

Castaño de la Espina, Colunga. La procesión lo rodea y se detiene en este hito como homenaje a la Virgen de Loreto.

Para terminar este apartado, que podría hacerse interminable, traemos una historia que también es una muestra de los frutos intangibles que inspiraba el castaño alimentando profusamente nuestra tradición oral. Se trata de una leyenda extendida por toda Europa, que cuenta los tratos con el demonio que hace un hombre avispado capaz de engañar al diablo, casi siempre impunemente. En la región francesa de Ardèche se cuenta esta interesante versión:

Juan es un hombre muy pobre que, desesperado, comenzó a invocar una y otra vez al demonio, con la esperanza de cambiar su suerte.

—¿Por qué yo no tengo tierras, ni ovejas, ni cabras…? —se repetía una y otra vez. Y de tanto mentarlo, el señor de las tinieblas terminó por aparecerse, con terrible estatura y llamas danzando en el fulgor de sus ojos. Llegaron entonces a un trato y el diablo le concedió unas tierras que Juan debía trabajar y cuya cosecha se repartiría mitad por mitad. La parte de arriba para el diablo y la de abajo para el campesino. Juan sembró el campo de patatas y de este modo se quedó con toda la ganancia.

Pero al año siguiente el diablo no estaba muy contento, y propuso quedarse esta vez con lo que creciera bajo la tierra. Juan sembró entonces trigo burlándolo de nuevo y, curiosamente, en el campo del diablo la cosecha fue excelente pese a que el pedrisco había azotado la comarca, y así, obtuvo muy buenos beneficios, se casó y prosperó.

Entonces el diablo, mucho más enfadado que antes, quiso volver a intentarlo y, después de pensarlo con mucho detenimiento, propuso un nuevo trato:

—Este año lo haremos de otro modo. Yo me quedaré con todo lo que la planta tenga, dentro y fuera de la tierra.

Juan accedió y plantó la tierra de castaños. Mientras iban creciendo, su granja continuaba prosperando, tuvo hijos, ganado y felicidad y un buen día los castaños se cargaron al fin de gruesas castañas, las ramas se doblaban por el peso, pero aún no era el momento de la cosecha y había que esperar que madurasen.

Pero cuando las castañas maduraron al fin, cayeron al suelo. El diablo mira el árbol: nada por las raíces, tan solo hojas en las ramas…

Cuenta la leyenda que Juan empezó a recoger los frutos del suelo silbando alegremente, y el diablo no volvió a aparecer nunca más por la región. Pero antes de marcharse, furioso y envuelto en llamas, lanzó una maldición:

—¡Recoge tus frutos, campesino! —gritó—. ¡Has engañado al diablo, pues llévate ahora su regalo!

En ese instante Juan gritó de dolor. Todas las castañas acababan de cubrirse con una piel pinchosa. El diablo había dejado para siempre su marca.

Desde entonces, se dice, todas las castañas vienen en su erizo, y se conmemora en Ardèche aquella aventura que se celebra con una castañada. Una fiesta anual en la que se canta, se bebe, se comen castañas y se cuenta la leyenda del hombre que engañó al mismísimo diablo.

Bartolomé esta noche que lu suelte:

—San Bartolomé, suéltame a la una, San Bartolomé, suéltame a las dos… etc.

A las doce de la noche el Pecau queda sueltu y co las cadenas arrastrando se sube a los castañares y los mea. Si llueve en esti día, mal añu de castañas.[13]

PLANTACIÓN DE CASTAÑOS

Las limitaciones para la plantación del castaño provienen sobre todo de los problemas de excesiva humedad o sequía. En general se considera que por encima de los 600 a 800 metros de altitud la enfermedad de la tinta tiene una mínima incidencia, pero por debajo de estas cotas, se suelen plantar híbridos resistentes a esta enfermedad. La plantación de castaños para fruto requiere una baja densidad que permita a los árboles desarrollar una copa ancha, muy expuesta al sol para favorecer esta producción, los marcos de plantación de 10 × 10 o 12 × 12 suelen ser los adecuados. Por el contrario, cuando se planta para madera conviene una densidad mucho mayor, formándose así una espesura que produce troncos rectos y lisos, y puede ser aclarada conforme a las necesidades.

En 1736, Pedro Bernardo Villarreal de Bérriz recoge el saber de la época sobre la cría de los castaños en un pequeño libro titulado: *Maquinas hydraulicas de molinos y herrerias, y gobierno de los árboles y montes de Vizcaya.*[14] Como se verá, a pesar del tiempo transcurrido, el método no ha variado gran cosa.

DEL MODO DE CRIAR PLANTÍOS DE CASTAÑOS, Y PLANTARLOS

Es el Castaño el árbol de bosque más precioso, y más útil, porque, sobre ser gran alimento su fruta, su madera es la mejor de todas, asi para tabla, solibas, y otra cualquier cosa de edificios de casas, porque, sobre ser hermosa, nunca cria polilla, y es la que resiste más, puesta a la inclemencia, al Sol, y al agua: y este árbol crece antes que otros, y no cria blanco entre el magro, y la corteza como el Roble.

PARA CRIAR VIVEROS DE CASTAÑOS:

Recogida la castaña para sembrar, unos la guardan con su erizo en una bodega, y otros desgranada la castaña la ponen en unos barriles con arena, que o tenga mezcla de tierra, echando capas de arena, y hileras de castaña, de suerte, que no se toquen unas con otras: y ha mostrado la experiencia, que puestas asi con arena se mantienen más tiempo que las que están en erizo, y tienen la ventaja de poderlas guardar hasta Marzo, para sembrarlas a principios de este mes, que es el mejor tiempo, porque, si se siembran antes, hacen mas daño los ratones, porque tienen más tiempo para comerlas, y son muy perseguidas de estos animales.

Se sembraran con quatro dedos de distancia, haciendo surcos con azada, como para poner puerros, […]

El intervalo que deben tener, es de 40 pies [aprox. 11 m], y quando la tierra fuere flaca, ú de cerro alto, se pondrán a 35 uno de otros [aprox. 9,75 m]: lo común es, ponerlos mas juntos, que es un yerro grande, pues sobre el mayor coste de poner mas plantíos, estando juntos no tienen el succo necesario, y solo traen fruta en las puntas que descubren al Sol, y estando en debida distancia, la dan en toda la copa, o circunferencia de las ramas. […]

Puestos los plantíos, à la segunda hoja se han de cavar por Marzo, o Abril, a quatro pies [aprox. 1 m.] alrededor del plantío, y hasta 20

> años de quatro en quatro años, y si se caban mas veces, será mejor.
>
> Quando estén crecidos de medio pie de diámetro [aprox. 14 cm] a poca diferencia, se ingerirán, menos los que vinieren derechos, que estos se dexarán, y guiarán para madera: y en quanto a la elección de las puas, los Paysanos saben los generos que producen mejor en la comarca.

Pero si hemos ido viendo hasta aquí la importancia que tuvo este árbol para nuestros abuelos, continuaremos en el siguiente capítulo ahondando en el estudio de los sistemas de gestión de los terrenos comunales que se utilizaron para la gestión tradicional de este y otros recursos vitales que proporcionan los montes. El análisis de estas antiguas formas de hacer nos parece de gran interés para reiniciar el paisaje con nuevos y viejos conocimientos y fórmulas adaptadas. Parece necesario un «manual para la restauración del castaño *comuñeru*» y aquí tratamos de presentar algunas líneas básicas.

Notas

1. Díaz de Terán, 1984. En Fernández Vega, P. Á. *Arquitectura y urbanística en la ciudad romana de Julióbriga.* Ed. Univ. de Cantabria, 1993.
2. Concepción Suárez, X. El escrito es parte de una comunicación personal, pero recomendamos encarecidamente consultar la web de este profesor y etnógrafo: <http://www.xuliocs.com/castancielsuel.htm>
3. Imbuluzqueta Alcasena, G. Aportación a un estudio de las castañas: ericeras en Baztán. *Cuadernos de etnología y etnografía de Navarra*, Nº 76, 2001, pp. 25-52.
4. Jovellanos, G. M. de. *Los viajes por Asturias (1790-1801)*. Alsa Grupo, S.L.U. 2010, p. 160.
5. Vavílov, N. I. *Cinco continentes*. Libros del Jata. Bilbao, 2015, p. 172.
6. Vavílov, N. I. Ob. cit., p. 279.
7. Caro Baroja, J. *De la Vida Rural Vasca.* Ed. Txertoa. San Sebastián, 1974.
8. Contado por una pastora de Villar de Vildas (Asturias) en plena braña de La Festiella, en el verano de 1988.
9. Barreiro, B. *El medio rural español, cultura, paisaje y naturaleza.* Ediciones Universidad de Salamanca. Salamanca 1992, p. 250.
10. Los datos que aquí publicamos están contrastados mediante comunicación personal (12/11/2015) con este profesor e investigador del C.S.I.C. y de la Universidad de Salamanca. Citamos algunas de sus publicaciones más interesantes sobre el tema que nos ocupa:

    Berrocal del Brío M., Cardeñoso Herrero J. M. y Gallardo J. F.. *El castaño. Productor de fruto y madera*. Mundi-Prensa. Madrid, 1998.

    Gallardo Lancho J. F. (Coord.). *Materia orgánica edáfica y captura de carbono en sistemas iberoamericanos*. Soc. Iberoamericana Fís. y Quím. Ambiental. Salamanca, 2011.

    Gallardo J. F. y González M. I. Capacidad de captura de C de suelos de castañares del Oeste español. En: J. F. Gallardo (ed.), *La captura de carbono en ecosistemas terrestres iberoamericanos*. Soc. Ib. Fís. y Quím. Amb. Salamanca, 2007, pp. 183-193.
11. Abella, I. Castaños, entre la tierra y el cielo. En: *Un futuro para el Castaño*. Asociación A Morteira, Ponferrada, 2010.

    Abella, I. *La memoria del bosque*. RBA, Barcelona, 2007.
12. Álvarez Peña, A. *Mitos y leyendas asturianas*. Editorial Picu Urriellu. Gijón, 2004.
13. Canellada, M. J. *Folklore de Asturias. Leyendas, cuentos y tradiciones*. Ed. Ayalga. Gijón, 1983.
14. Madrid, 1736 (ed. facs. Real Sociedad Vascongada de los Amigos del País y Caja de Ahorros Municipal de San Sebastián. San Sebastián, 1973).

Igual que lo hicieran los antepasados de esta familia a lo largo de siglos y generaciones, Marcos recoge castañas a los pies del Campano, en el valle de Burbia. Se trata de uno de los castaños más gigantescos de la península.

10. El derecho al vuelo, una herramienta para el regreso al común

En gran parte de la península ibérica ha existido el derecho y la costumbre que permitía a cada vecino plantar árboles en los terrenos comunales para aprovechar sus frutos y madera. El suelo continuaba perteneciendo al concejo o la junta vecinal mientras la propiedad del árbol, la madera y sus frutos correspondían a quien lo había plantado. Incluso en muchos lugares podía legarse, y se legaba de manera habitual en testamento a los descendientes y volvía a plantarse un nuevo plantón cuando moría el anterior. Esta figura del derecho consuetudinario pasó a regularse mediante ordenanzas o leyes escritas y se ejercía con una gran diversidad de variantes, propias de cada localidad. En algunas comarcas de Asturias se conocía como derecho de *poznera*,[1] en Galicia era el *direito de postas*, en el País Vasco *ondazilegi*... En muchos lugares ha sido algo tan usual y natural que simplemente se practicaba sin que llegara a adoptarse una denominación o regulación formal. Cuando hablamos con muchos de los abuelos de los pueblos sobre estas prácticas, se extrañan incluso de que nos llame la atención un hecho tan habitual hace tan solo unas décadas como plantar un fresno en la majada o un castaño en el *souto*, y sin embargo estos árboles forman parte de todo un sistema de propiedad que hoy prácticamente ha desaparecido incluso de la memoria. La paradoja es que una gran parte de nuestros árboles monumentales campestres, especialmente los castaños centenarios, pero también hayas, robles, fresnos, tilos y otros muchos, pertenecen originalmente a este modo de plantar que propiciaron las viejas costumbres, y se encuentran precisamente en los terrenos comunales de cada concejo o parroquia.

Aunque la tradición estaba estrechamente relacionada con los usos del paisaje rural, anotaremos algunas prácticas que en el mismo sentido llevaban a cabo los ciudadanos de Soria, de Burgos, Granada y otras ciudades, ateniéndose a sus propias tradiciones y ordenanzas. También existió la costumbre de realizar plantaciones en las propiedades de los terratenientes, que las cedían para usufructo del vuelo como pago de trabajos o prestaciones, aunque aquí nos referiremos exclusivamente al territorio de los comunales en el que se centra este estudio. Nos limitaremos a nuestro contexto geográfico más cercano, pese a la sugerente referencia de Alejo Leal sobre una más amplia extensión de estos usos: «…la existencia de propiedad sobre árboles separados de la propiedad del suelo es un fenómeno conocido en diversas naciones…»; Joaquín Costa se refiere asimismo a algunas modalidades de la misma costumbre en Francia.

A una figura jurídica similar parece referirse José Saramago en su libro autobiográfico *Las pequeñas memorias*, que habla de la vida y el paisaje tradicional en Azinhaga, su pueblo natal, situado en el mismo centro geográfico de Portugal:

> A la casa de mis abuelos, como ya he contado, la llamaban Casalinho, y el nombre del lugar donde se levantaba era Divisiones, tal vez porque el olivar ralo y esparcido que había enfrente (campo de fútbol después y en los últimos tiempos jardín) perteneciese a diferentes dueños: como si en vez de árboles se tratase de ganado, los olivos estaban marcados en el tronco con las iniciales de los nombres de sus respectivos propietarios.[2]

El derecho de poznera es independiente de otros sistemas tradicionales de plantación, que incluían la repoblación anual obligatoria de cierto número de árboles para el concejo o para el estado y otras diversas costumbres propias de cada lugar, como la plantación de un árbol por parte del abuelo para su nieto recién nacido u otras prácticas tradicionales. Los ejemplos serían infinitos y entre ellos cabría mentar la costumbre, que tantas veces nos han contado los paisanos coterráneos de la Sierra del Sueve, de plantar cada año en primavera, cuando subían el ganado al *Puertu*, un cerezo u otro árbol, o el caso del Castañar de Neila (Ávila), cuyos castaños centenarios fueron plantados por las parejas que se casaban, según recuerda la tradición oral.

Por poner un ejemplo, en las Ordenanzas de Riaza, de 1572, los vecinos están obligados a «plantar veinte plantas que sean de pobos o álamos o salzes», en el plazo de un año y en las zonas del pueblo más adecuadas para ello, como el ejido, la dehesilla o el río. Tienen la obligación, además, de cuidar las plántulas, rodeándolas de espinos para que no se las coma el ganado, con la posibilidad de beneficiarse posteriormente de las podas de tales árboles cuando estén en sazón.[3] Pese al derecho al usufructo, en estas y otras normativas y costumbres similares, no hablamos propiamente del derecho de poznera, que en todo caso es un derecho y no una obligación. La diferencia radica también en que la propiedad de cada árbol puesto en poznera es particular.

Como vamos a ver a continuación, los usos y costumbres relacionados con plantaciones en lo comunal eran prácticas que conformaban los paisajes en una medida difícil de imaginar hoy en día. La economía tradicional estaba en gran parte basada en el usufructo de estos árboles y aquellos comunales, que producían pastos, fruto, madera, abono y un sin número de recursos vitales. Pero como se verá también, hablamos aquí en pasado con una intención de futuro, puesto que este derecho consuetudinario ha sido olvidado y abandonado, pero nunca ha prescrito. Por tanto, es posible recuperarlo y reinventarlo como herramienta de restauración del paisaje con el concurso de los vecinos de cada lugar, que posiblemente encuentren en este sistema un medio para recuperar también el patrimonio común: los terrenos comunales que se han perdido o han sufrido el expolio en muchos casos y finalmente se han visto abandonados o se han destinado a cultivos y actividades que en demasiadas ocasiones poco tienen que ver con los intereses de la población local. Veamos pues en qué consistía este derecho, bajo una perspectiva histórica, etnográfica o etnobotánica, pero pensando sobre todo en cómo podemos recobrarlo del modo más inteligente y útil, sin olvidar los innumerables beneficios ecológicos que estas repoblaciones tienen, tanto a nivel local como global.

En su libro *Colectivismo agrario en España*,[4] y otros trabajos, Joaquín Costa estudió detenidamente las diversas normas que regulaban los aprovechamientos comunales del vuelo, y entre ellos señala algunas costumbres en las que la propiedad del árbol plantado implicaba también el propio suelo «que ocupan y esquilman sus raíces y sombrean sus ramas». Sin embargo, casi todas las referencias que aporta en los distintos casos entran en el concepto mucho más general de terreno comunal pero árbol de propiedad privada. Nos habla también este autor de la diversidad de costumbres en Francia, con distintos ejemplos entre los cuales menta una curiosa modalidad en la que coexisten dos propiedades en un mismo terreno, por un lado la de los sauces y álamos, plantados en una cierta extensión, por otro la de la hierba y la posibilidad de plantar otros árboles en la zona despoblada, que corresponde a otro propietario.[5] Pero vamos a ir viendo casos concretos entre la información que hemos podido recopilar sobre este modo de gestión de los montes y tierras vecinales en los pueblos y las ciudades de los distintos territorios de la península. Es simplemente el inicio de la recuperación de esta memoria.

UN CASO EJEMPLAR, SAN ESTEBAN DE CUÑABA

El relato de lo que sucedía en la pequeña aldea asturiana de San Esteban de Cuñaba nos sirve de ejemplo e introducción para entender el funcionamiento de esta forma de gestión del paisaje que en cada lugar tenía, como decimos, sus propios modos y matices. Tal como nos cuenta Manolo Corces,[6] en San Esteban todos los castaños se cultivaban en comunales, los escasos terrenos particulares estaban destinados a otros diferentes cultivos anuales. Los paisanos marcaban la corteza del árbol con las iniciales o la señal de la casa. La familia Corces tenía una 'C' como signo distintivo. En los testamentos, los castaños se consignaban en

Vista panorámica de San Esteban de Cuñaba, en Picos de Europa, donde algunos vecinos conservan casi intacta la memoria de los usos y manejos tradicionales del paisaje.

la escritura igual que otros bienes. Dentro del mismo pueblo, había un enorme castaño con nombre propio: «El Castañón de la Riega de La Cojita», con dos ramas principales, cada una de las cuales pertenecía a un hermano. Alimentaba así a dos familias y su cosecha era tan copiosa que el *echador* que contrataban para *echar* (varear) las castañas, tardaba un día entero en hacerlo y se le pagaba con media arroba de los propios frutos por este trabajo. La vegetación al pie de los castaños correspondía también en San Esteban al dueño del árbol, era el llamado *«mullío»* (el *rozo* o *estro* en otros lugares), que se recogía para cama del ganado y para hacer un buen estiércol. De esta manera los matos y hierbas se desbrozaban e incluso la hoja era muy apreciada. Los castañares se mantenían así siempre «limpios». En cuanto a la recolección, tan solo el amo del castaño podía varearlo, pero cualquiera podía ir al «busco», esto es, a recoger las castañas caídas, siempre que no estuviera el amo por allí. Los días de viento madrugaban para ir a por ellas y bastaba que el amo dejara un saco o un cesto al pie, para que se respetaran las de aquel árbol. El dicho asturiano, bien conocido en el lugar y que hemos escuchado también en otros pueblos, es muy expresivo de esta costumbre o ley no escrita: «En tiempo de castaña, el que paña, paña».

También otros árboles, nogales, tilos, avellanos y fresnos, se plantaban y a veces se marcaban con el signo de la propiedad de cada casa. «Pero aunque no se marcaran todo el mundo sabía y respetaba la propiedad de cada árbol: “Ese fresno es de fulano”, —se decía».

El fresno se plantaba para podarlo cada tres años y aprovechar el forraje para las ovejas. El tilo se podaba y hasta los siete años no volvía a dar tila. Se regulaba la poda de los *tilares* silvestres y cada año se acordaba en las reuniones concejiles cortar los de una zona concreta para que los otros fueran creciendo. Los tilos plantados (en terrenos del común) los administraba ya cada vecino a su modo. La tila se vendía. El avellano noble (se dice 'noble' en contraposición con el silvestre o bravo) se plantaba también en terrenos del común, y asimismo todos reconocían la respectiva propiedad de estos árboles: «Este avellano es de Quico», se decía. También se ponían avellanos alrededor de los prados, ya en terreno particular, formando setos.

Cuando ya las castañas estaban recogidas en sus *cuerres*, se «derrompían» prados y castañares, esta llamada «derrota» consistía en que se abrían para la entrada del ganado las tierras de labor en las que ya se había cosechado y podían pacer los rebaños o entraban a hozar los cerdos. La derrota tenía lugar por los Santos, y a los cerdos se les ponían *erretes* para que no destrozaran los prados y los castañares. Eran una especie de herrajes en el hocico que les impedían hozar demasiado profundo para evitar que levantaran el suelo y rompieran las raíces. Había un guarda, nombrado por el pueblo cada año, que se encargaba de vigilar que el ganado no entrara en los prados, los castañares u otros lugares acotados fuera de tiempo, o que no se robaran las castañas, entre otras diversas funciones.

Marco sobre un castaño de San Esteban de Cuñaba, con la señal de propiedad 'JV' (Juan Verdejo), distintiva de la familia.

Castañón de la Riega de La Cojita, presidiendo la fiesta en San Esteban de Cuñaba. Tras su caída, los vecinos lo levantaron para que su tronco continuara «vivo», y le colocaron un cartel con este texto:

Este castaño nacido en una primavera del siglo XVI, terminó su vida en el otoño del año 1994. Durante sus casi 400 años de existencia ha sido testigo y protagonista de la historia de esta aldea y, más aún, su apreciado fruto, las castañas, ha sido el principal sustento de los pastores durante los largos inviernos. En agradecimiento por su generosidad, sus vecinos, en su nombre, en nombre de sus antepasados y en el de las decenas de generaciones que han disfrutado de su sombra, de su compañía y de sus cosechas levantan, de nuevo, el tronco inmortal del Castañón de la Riega de La Cojita con el deseo de que nadie olvide nunca lo que los castaños han hecho por nosotros.

San Esteban de Cuñaba. 31 de mayo de 2002.

LOS ÁRBOLES, ESPECIES, PLANTACIÓN Y GESTIÓN

La especie principal que se plantaba en poznera o régimen de postas, al menos en toda la mitad occidental de la Península, fue sin duda el castaño, que aportaba a la economía familiar frutos y maderas, e incluso permitía vender en caso de apuro el propio capital que representaba el árbol. En este sentido nos han contado los amigos de la Asociación A Morteira, del Bierzo, el pago al médico con pies de castaños que alguna familia tuvo que hacer al no disponer de otro modo de saldar la deuda de algún costoso tratamiento. Como hemos visto, también podían ponerse otros árboles, que se administraban del mismo modo. Mi abuela heredó unos nogales puestos en terreno común, dentro del mismo pueblo de Eulate (Navarra). Tenemos constancia del uso de la plantación por este sistema de hayas, fresnos, robles, etc. Del mismo modo se ponían numerosos frutales: «...cerezos, perales, manzanos, higueras, etc.».[7]

Matilde Fernández Montes hace esta interesante relación de los árboles que se plantaban más frecuentemente en las diferentes regiones:

> Otros árboles de frutos más aptos para el consumo humano como los castaños, nogales y pinos piñoneros han recibido un tratamiento especial. La posible disolución entre la propiedad del suelo y el vuelo ha permitido que los vecinos, en iniciativas privadas, realizasen plantíos de árboles frutales en los montes comunales o públicos, siendo ellos los únicos beneficiarios de todos sus frutos, aunque los pastos continuaran siendo de dominio común. Por este sistema (denominado derecho de poznera en Asturias) se plantaban castaños en el monte en todo el Cantábrico, Extremadura y Castilla-León. Pinos piñoneros en los pinares de Soria, Segovia, Burgos, etc., y nogales, dispersos por toda el área de estudio. [...]
>
> Las higueras de las Hurdes con su doble cosecha de higos y brevas suponían un complemento alimenticio comparable al que reportaron las castañas en otras áreas. Con ambos frutos se alimentaba también al ganado en épocas de carestía de hierbas, durante el invierno, aunque el plantío de frutales se realiza con el objetivo primordial de comercializar la producción más que para su autoconsumo.[8]

PLANTACIÓN Y PROTECCIÓN

En cuanto a las distintas modalidades de ejercitar este derecho, tenemos al menos la plantación de los árboles en el terreno o la apropiación de árboles bravos o silvestres que, nacidos por sí mismos, se marcaban para adquirir la propiedad y se injertaban para obtener buenos frutos.

Habitualmente era necesaria la protección de los plantones, teniendo en cuenta que los terrenos comunales continuaban siendo de aprovechamiento común como pastizales. Se hacía imprescindible por tanto, durante los primeros años, colocar alguna defensa para evitar que el ganado o los herbívoros salvajes comieran la corteza o las ramas, se rascaran en los arbolillos o los pisotearan. Los muros de piedra estaban prohibidos en muchos lugares para evitar que el usufructuario se apropiara finalmente del suelo. Se usaban más generalmente barreras de espinos, zarzos entrelazados, estacas de madera... Cuando el árbol adquiría el desarrollo suficiente, en unos pocos años, se podía quitar esta defensa.

A principios del siglo XVIII, fray Toribio de Santo Tomás y Pumarada explica de forma pormenorizada la forma de plantar y proteger los nuevos árboles expuestos en campo abierto. Así, en el siguiente párrafo se extiende acerca de las prácticas acostumbradas y necesarias para esta clase de plantaciones en campo abierto:[9]

> A los árboles puestos en suelo abertal de campo rasso, como aquí hablamos, es tam necessaria esta asistencia en abrigarlos que son ya proverbios decir: «Quien abriga planta, quien no abriga no planta». «Al que no ha de abrigar, excusado le es plantar». La razón es porque el abrigo defiende al arbolillo contra los baybenes del ayre y contra los animales amigos de rascarse en ellos.

Para esta defensa de los plantíos propone fray Toribio el uso de tutores:

> … recias y altas palancas, bien atadas y fincadas […] Pero la segura y principal defensa son gentiles escayones obrerudos y árgomas novalias blancas, todo bien enredado y atado contra el tuero del árbol para que los animales no se arrimen.

Continúa el fraile explicando detalladamente cómo defender el plantón rodeándolo con una protección espinosa de espinos albares y árgomas, atada con mimbres y renovada conforme se necesita durante los primeros tres años. Como enseguida se verá, el fin último para el que se proponen estas plantaciones era en este caso la apropiación fraudulenta del terreno común en el que se ponían los árboles.

Actualmente hemos visto, incluso en medios tan hostiles para el arbolado como las brañas y majadas, la plantación de árboles como recurso forrajero, que han de protegerse cuidadosamente con estacas y alambre de espino. De otro modo las cabras y ovejas e incluso los cérvidos, ramonean hasta la corteza.

USUFRUCTO Y REGULACIÓN DE LA COSECHA

Santiago Castelao Diñeiro recoge la tradición de la *couta* o acotado de los castañares en el Bierzo. Cuenta este autor cómo se reunían en concejo cada uno de los pueblos del Bierzo Oeste, para determinar los días y lugares para la cosecha de las castañas.

> Entre otras finalidades esta medida servía para que ningún vecino se apropiase de la castaña de otro vecino.
>
> Al que incumplía los acuerdos del Concejo se le imponía una multa de carácter pecuniario.
>
> Acto seguido se producía «la solta» que era el punto de partida para empezar la recolección y así por ejemplo en el pueblo de Dragonte se autorizaba la recogida en el souto de Piezais los lunes y los miércoles quedando el

La recolección de las castañas estaba sujeta a reglas estrictas para evitar abusos y conflictos.

De arriba a abajo: vara de varear los castaños; *gabitu* o gancho para trepar al árbol; *tiñaces* o tenazas de madera de castaño para recoger los erizos; *engazu* o rastrillo, con el que se pañan o golpean los erizos para sacar la castaña.

resto de los sotos del pueblo *coutados* esos días, pasándose después a apañar en el *souto* de Fumbutilla martes y jueves, y así sucesivamente.

Después de terminada la apaña, daba comienzo el «rebusco» que se caracterizaba en que todo el mundo podía apañar en todos los sotos y todos los días en los castaños de los demás.[10]

El mismo autor aporta también las disposiciones basadas en el derecho consuetudinario de la junta vecinal de Pereje, que se materializan y recogen por escrito en el reglamento publicado en el BOPA nº 171 (27 de julio de 1990). El acotamiento se regula en este caso en el artículo 2º:

> En el momento en que comiencen a caer las castañas por su propio peso automáticamente quedan «acotados» todos los sotos en donde exista castaño, quedando prohibido totalmente el pasar por debajo de dichos castaños ni con vehículos ni con cualquier otra cosa que pueda producir daños a la cosecha.

En Fuenterrabía (Guipúzcoa), las concesiones para estas plantaciones quedaban condicionadas en cuanto al aprovechamiento, de tal modo que cualquier vecino podía recoger las castañas del suelo e incluso varear el árbol, conforme a la costumbre, esto es, utilizando varas de un tamaño máximo de cuatro codos (2,23 m) y sin subirse a los árboles. También se obligaba a los concesionarios a contribuir con la madera necesaria para obras como la reparación de puentes o edificios públicos. De este modo, recoge Karrera[11] una gran diversidad de costumbres locales entre las que se cuenta también la concesión limitada a la madera de nogales y castaños, cuyos frutos eran de aprovechamiento común. De la misma forma, tal como hemos visto, en unos casos el propietario del árbol lo era también de los helechos, árgomas y vegetación al pie del mismo, mientras en otros casos el resto de los vecinos podía utilizar estos recursos libremente.

Muchas de las ordenanzas y costumbres no reguladas por escrito reflejan un espíritu de solidaridad que se entiende mejor en el contexto de pobreza compartida que vivieron nuestros abuelos. Así, nos contaba Emiliano en La Isla (Colunga, Asturias) que los pescadores del cercano pueblo de Lastres, cuando venían inviernos con muchas tempestades y no podían salir a la mar, deambulaban por los castañares para poder llevar algo a casa. En Asturias, se denomina pía o gandaya, al derecho más o menos reconocido de todos los vecinos a recoger castañas u otros frutos en terrenos comunales, tal como hemos visto en San Esteban de Cuñaba, siempre que no se varearan los árboles. Una vez que el amo había vareado el árbol y cogido el fruto, se practicaba como en otros cultivos la rebusca, que consistía, como dice la palabra, en rebuscar los frutos que hubieran quedado despistados. Ya hemos visto también cómo en Apellániz (Álava), a partir del 1 de noviembre se abrían durante una semana los castañares para que cualquiera, vecino o foráneo, pudiera recoger castañas.

Existía, como puede verse, una gran diversidad de modalidades a este respecto que apenas empezamos a contemplar en las distintas localidades donde se han venido practicando estas plantaciones. A continuación relatamos de forma más pormenorizada estas peculiaridades locales.

PECULIARIDADES Y ORDENANZAS DE LAS DIFERENTES REGIONES Y LOCALIDADES

PLANTACIONES EN LAS CIUDADES

> Según las ordenanzas de estas ciudades recogidas por Eugenio Larruga, los habitantes de Soria podían plantar un nogal en la dehesa de la ciudad, mientras que los de Burgos tenían derecho al plantío de chopos en su ejido con la sola obligación de vender la madera para las construcciones de la ciudad.[8]

Joaquín Costa relata también esta forma de plantación de chopos en ejidos públicos por parte de vecinos y comunidades de la ciudad de Burgos, con la licencia del ayuntamiento que regulaba el número de árboles y lugar, así como la distancia entre los pies. Los beneficiarios estaban obligados a vender estos árboles para las obras de la misma ciudad. Luis Javier Coronas ha estudiado la evolución de esta y otras formas de plantación en la comarca de la capital burgalesa.[12] También en Granada se permitía la plantación de álamos y mimbres a orillas del Genil, inscribiéndose en un registro que llevaba la ciudad para que sirviese de título. La ordenanza de la ciudad

Recogiendo hojas del castañar para «estrar» las cuadras. Llorío (Laviana, Asturias), 1917. Fotografía de Modesto Montoto (1875-1950), Museo del Pueblo de Asturias.

de Sevilla autorizaba asimismo la plantación de viñas y árboles, a condición de que dicha plantación se hiciera dentro de los dos años siguientes a la concesión, y el pasto era libre mientras no hubiera fruto. La vocación montaraz, campestre y rural con la que abordamos este libro, apenas nos ha llevado a indagar en los territorios urbanos, pero seguramente son muchas otras las ciudades de este país en las que los vecinos han plantado sus árboles al amparo de costumbres y normativas más o menos semejantes.

ASTURIAS

Es seguramente en Asturias donde se ha mantenido la costumbre de forma más generalizada y, además, la compilación de derecho consuetudinario de Ignacio Arias, que recoge la Junta General del Principado, otorga a este derecho una vigencia legal indiscutible. Poznera[13] es quizá el nombre más genérico de este derecho en la región. También se llama *pocera* o *pozonera* y hemos escuchado y leído asimismo la expresión *entrepolao*, *entepolao* o *interpolado* para los árboles puestos de esta manera (intercalados). Braulio Vigón, en su *Vocabulario Dialectológico de Colunga*,[14] trae las voces 'comuñeru' que se aplicaban al ganado o al árbol que pastan o arraigan en comuña y 'ermunu', a los que lo hacen en terreno de propiedad privada (en asturiano el término 'comuñeru' tiene también la acepción de 'compañero'). «Con cielo pero sin suelo», era la expresión de la comarca asturiana de Lena, según nos relata Xulio Concepción Suárez:

> Expresión muy arraigada en el uso consuetudinario lenense hasta casi estos mismos días (vuelo y suelo, en otras partes); *con cielo, pero sin suelo*, es, por tanto, el derecho de un vecino (la familia) al fruto de unos árboles plantados en terreno de un propietario particular; una especie de pago en especie al beneficiado, por trabajos realizados para un señor, un terrateniente...[15]

Es preciso aclarar de nuevo que lo más común no era que el suelo fuera propiedad privada como en el relato anterior, sino del común de los vecinos y a esta modalidad volveremos a referirnos en todos los casos que siguen.

Cristina Cantero enumera las especies más comunes que se plantaban de esta forma en el concejo asturiano de Cangas del Narcea:

> La mayoría de los árboles disfrutados en poznera eran frutales, como castaños, nogales, avellanos, perales o ciruelos. Pero también afectaba a especies maderables como el roble, que antes se vendía para construir edificios o hacer traviesas de ferrocarril, o el abedul y la haya que, debido a la flexibilidad y suavidad de su madera, se utilizaban para fabricar madreñas. Hoy en día casi todos los árboles en poznera de Cangas del Narcea son castaños, sobre todo porque la Asociación de Castañicultores de Asturias, creada en el concejo en 2006, está potenciando su cultivo. Gracias a ella, la poznera tiene una utilidad práctica para los vecinos y, sin duda alguna, esto es lo que asegurará su permanencia en el futuro en Cangas del Narcea.[16]

El etnógrafo Alberto Álvarez Peña, recogió la costumbre de Berrueño (Teverga, Asturias) de poner también nogales del mismo modo y, en Valdemora (Candamo, Asturias), el mismo autor nos relató que había una antigua costumbre que consistía en plantar un salguero (sauce) en el monte común y disfrutar del terreno alrededor para *rozo* (recogida de helechos, hierbas, matojos, etc. para la cama del ganado y preparación del estiércol) en tanto durara el árbol. Berto Peña nos ha facilitado también las notas de su cuaderno de campo sobre las plantaciones de avellanos en Omedal (Piloña) y los dibujos de los marcos que se usaban para señalar la propiedad de estos árboles. Vemos que el *gabitu, gabito* o *vara de dimir,* ese gancho que se usaba para trepar a los árboles, se usaba aquí como en otros lugares como signo de propiedad. En Vis (Amieva) llaman al gabito «cabido», y nos contaban los paisanos que se usa como signo distintivo en algunos marcos sobre los castaños, junto a la inicial de la familia.

En todo caso, trasplantando hasta tres veces el plantón de avellano, se consigue, según le contaron a Berto en Omedal, que el avellano bravo, *machu* o *montés*, se vuelva manso y dé mejor fruto. *Antes les ablanos de caún, marcábense cola pata gallina o facíase-yos la espiga o la marca'l gabitu, habíalos también que poníen una inicial o un númberu, esto facíase también colas castañales.*[17]

Cristina Cantero recoge también, en su estudio sobre la poznera, algunas de las marcas usadas en Cangas del Narcea:

> Cada casa del pueblo tiene un signo particular, trasmitido de padres a hijos, que adopta un repertorio variado: grupos de rayas solas o combinadas con aspas, una saeta, una cruz; dibujos esquemáticos de elementos cotidianos, como el tres de bastos de la baraja, una espiga, una hoja de helecho, un yugo, una escalera, la cabezada del arado, una media luna, etc.; y, más recientemente, las iniciales del nombre propio o números. Siempre son motivos de trazo muy sencillo para poder grabarlos fácilmente con navaja y no dañar los árboles, porque se marcan cuando son muy

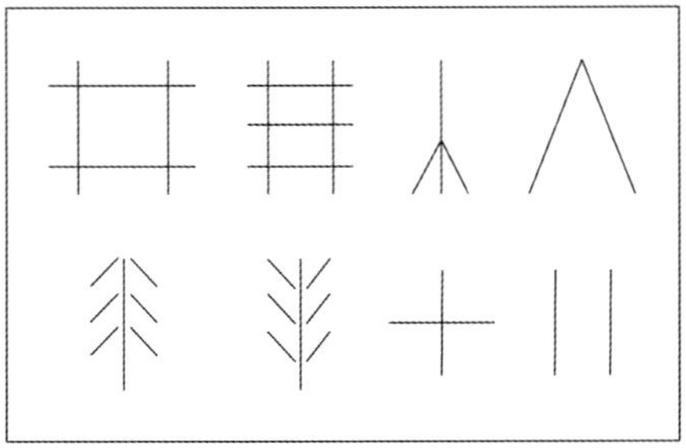

Marcos de poznera reseñados en la *Compilación de Derecho Consuetudinario Asturiano* de la Junta General del Principado.

Marcos de propiedad sobre avellanos en Omedal, Asturias (por cortesía de Berto Peña).

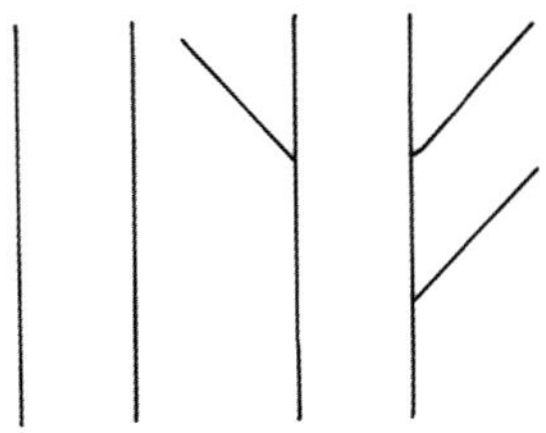

Marco sobre castaño en Pivierda, Asturias.

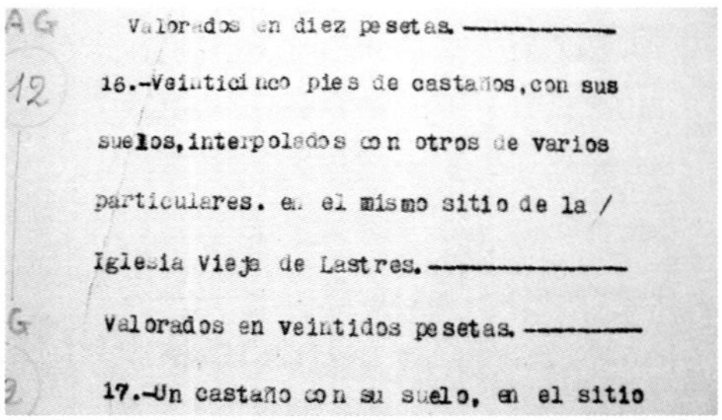

Valorados en diez pesetas.——————

16.-Veinticinco pies de castaños,con sus suelos,interpolados con otros de varios particulares. en el mismo sitio de la / Iglesia Vieja de Lastres.——————

Valorados en veintidos pesetas.——————

17.-Un castaño con su suelo, en el sitio

Fragmento de escritura notarial de 1969, con mención a castaños «interpolados», cuya propiedad se deja a los descendientes.

jóvenes, apenas plantones, y si el dibujo es complicado se corre el peligro de romperlos o cortarles la savia y matarlos.[16]

En enero de 2016 hablamos con Belarmino Llera, paisano de Pivierda (Colunga) quien, a punto de cumplir los 80 años, nos cuenta que esto de las plantaciones en comunales y las señales en los árboles es cosa de antaño; él mismo no llegó a marcar ninguno, pero sí recuerda que lo hiciera su padre con la señal de la casa: dos líneas verticales paralelas que eran la marca familiar, de las que salían tantas ramas como hijos tuvo. En este caso fueron tres y por tanto se grabaron tres ramas a la muerte del padre, representando otros tantos dueños de cada árbol en aquella segunda generación.

Siempre se hacía con castaños, «el patrón era el castaño», «la madre era el castaño», repite varias veces y nos aclara señalando como obvio: «¡Claro, era el que daba de comer!». Ya fueran castaños plantados o castaños monteses injertados en el sitio donde habían nacido, una vez marcados, el propietario lo era también, en este pueblo, de los árboles que hubiera alrededor o los que nacieran en un radio de doce metros; aunque fueran de otras especies (en cuyo caso a veces también se marcaban). En el mismo pueblo, Álvaro, vecino que sobrepasa los 90, y su mujer e hijo, nos dicen de nuevo que «las castañares son la madre», para este tipo de propiedades y que «el roble más cercano es de la castañal». Aunque añaden que en los últimos tiempos se plantan más nogales que castaños por este sistema. En su familia el signo distintivo era la *pasera* (una escalera de tres peldaños). El derecho a los árboles aledaños es una modalidad que solo hemos escuchado en este pueblo.

Marco de propiedad sobre nogal en la Sierra del Cuera, Asturias.

Nos ha resultado particularmente interesante también el relato de Ángel Labra, vecino de Loroñe y coterráneo del monte Sueve, que conoce también por su origen familiar los usos pastoriles y ganaderos de Picos de Europa. Nos asegura que en ambos lugares, especialmente junto a las cabañas se plantaban fresnos y acebos para dar de comer al ganado. El ramón de fresno se utilizaba más en otoño y el acebo era un recurso más utilizado para la primavera y durante las nevadas. Estos árboles se marcaban con el mismo marco que el ganado de la casa, tal y como continuó haciendo su padre en algunas majadas de Picos.

Enrique Granda, exsecretario de la Junta de Pastos del Sueve, una junta administrativa formada por los pueblos coterráneos de esta montaña, nos contaba que el hierro que se utilizaba para marcar el ganado se calentaba también, haciendo una pequeña hoguera, para marcar los árboles de la casa cuando estaban un poco crecidos.

En dos testamentos de la notaría de Colunga, de los años 1959 y 2003, que hemos podido consultar gracias a la amabilidad del mentado Enrique Granda, se transmiten, entre otros bienes diversos, algunos castaños «interpolados» y se utiliza la expresión «con sus suelos». En este caso parece que se hace referencia al área de proyección de la copa del árbol, y al derecho de los aprovechamientos sobre la misma (frutos, rozo, hierba, etc.).

Esta situación era similar, no solo en el concejo sino en toda la provincia, donde el desuso de la costumbre y la pérdida de los castañares ha hecho de esta práctica notarial una reliquia de otros tiempos que no deja de reaparecer, de cuando en cuando, en escrituras actuales.

En el Tomo v de la Estadística de amillaramientos de Caravia de 1905 leemos, entre una infinidad de anotaciones de propiedades diversas, la consignación de árboles plantados en comunales. En una de las páginas se reflejan de esta forma:

> ...ochenta castaños, un nogal y nueve cerezos en el sitio de... catorce pies de castaños interpolados en... cinco nogales y diez pies de castaño... dieciocho abedorios, dos robles...

Magnífico *souto* o castañar de Hornija, en el Bierzo. Como es habitual, estos soutos están asentados en los terrenos comunales de los pueblos gallegos y bercianos, y representan una parte esencial del paisaje tradicional.

El técnico de montes de este ayuntamiento de Caravia, Pablo Fernández Cuesta, nos aclara que, en efecto, se habla de interpolados cuando están intercalados entre árboles de otros propietarios, y se especifica muchas veces «con suelo» para indicar, no la propiedad del suelo, que continúa siendo del común (al respecto nos hace notar la misma expresión para los hórreos que se edificaban en terrenos comunales), sino el usufructo de los frutos, ramas, vegetación para estro, etc., en el área de proyección de la copa. El mismo funcionario nos explica también que el marco de plantación tradicional era de 10 × 10 m para los castaños y que en este concejo, mientras que los árboles eran de propiedad particular, las *cuernies* (nombre local de las corras o ericeras) eran compartidas.

CANTABRIA

Parece que la plantación en comunales para aprovechamientos particulares ha sido un uso generalizado que ha perdurado hasta nuestros días en todo el mundo rural de Cantabria. Ramón Villegas nos aporta el testimonio de que así ha sido en Acereda de Toranzo, y que se practicaba sobre todo con castaños y «cucales» (nogales).

La vecina de Lebeña (Cillórigo de Liébana), María Luisa García, nos escribe esta nota al respecto:

> En Lebeña siempre se consideraba dueño del árbol al que lo plantaba, aunque fuera en monte del pueblo, aunque a la hora de robar nueces o lo que sea robaban igual en finca que en monte, pero si, ¡así ha sido siempre! Es más, en el puente que hay cerca de casa hay dos higueras, una está en una huerta y otra al lado pero fuera de la huerta, la había plantado un vecino y siempre se dijo que era de él, aunque sea terreno del pueblo.

Resulta esclarecedor un escrito de 1852 que se conserva en el Archivo Municipal de Torrelavega por el que el vecino de esta villa, Venancio Díaz de Bustamante, solicita cerramiento de los árboles plantados en terreno común. No sabemos si, como en otras situaciones similares, la intención final era apropiarse de este terreno, pero incluimos la transcripción literal del párrafo de mayor interés:

> ...en el término de Cabanzo tengo un cercado y casa para la cría de ganado, y por la parte del Norte de este un plantío de más de 500 árboles castaños, quejigas y fresnos recién plantados: pero en abertal y terreno común. De ahí se sigue que los más de los años se me secan gran parte a consecuencia del continuo meneo que motivan los ganados rascándose contra ellos: y para evitar este inconveniente y puesto que de su cerramiento no causa perjuicio al tránsito de abrevaderos ni otros, [solicita] cerramiento de [...] entendiéndose solamente en circunferencia de dicho plantío.[18]

Por su parte Óscar Prada Campaña, miembro activo de Iniciativa Comunales, nos aporta testimonios de la comarca de Guriezo, en la que el informante Francisco Sainz Allende, de Ramales, le menciona el término «amillanar» para la plantación de árboles en terrenos privados de otros vecinos. Una práctica que debió de ser frecuente, aunque hoy está en desuso, en Ramales de la Victoria y todo el valle de Soba y Ruesga. El mismo Francisco posee un prado con un árbol que es de otro propietario. También recuerda que sus abuelos tenían un castaño junto a un camino, en un barrio del mismo Ramales. En el mismo sentido nos facilita Óscar testimonios de la zona de Liébana, en la que la plantación en los comunales era un hecho común y generalizado, y de Liendo, donde estos árboles «en propiedad» solían ser robles, castaños y nogales.

EXTREMADURA

Joaquín Costa señala la existencia de dehesas en Alburquerque, que arraigaban en terrenos de propios que el Ayuntamiento arrendaba para aprovechamiento de pastos o cultivo de cereales, mientras las encinas eran de aprovechamiento común. Otra interesante modalidad de la división de propiedades.[5]

En Extremadura, la costumbre tiene esta peculiaridad de que los suelos y pastos de los sotos de castaños o dehesas de encinas pertenecen como bienes de propios a los Ayuntamientos, que en ocasiones arriendan la tierra. Los árboles, sean castaños o encinas, pertenecen sin embargo a particulares o son de aprovechamiento común.[19]

Margarita Fernández Arroyo señala algunas de las pautas en la tradición cacereña sobre la división de las propiedades de vuelo y suelo. Con mucha frecuencia en toda la región, el acuerdo se realizaba entre particulares, y el dueño del terreno cedía los derechos del vuelo, que esta autora define así:

> En aplicación de lo dispuesto en el artículo 353 del Código Civil a él corresponderán los frutos y productos del arbolado, para cuya obtención podrá verificar en el momento oportuno las talas que tenga por conveniente. También le asiste la facultad de introducir ganado porcino en la finca para aprovechamiento de la bellota durante la montanera en el tiempo que la misma dure… […] Este derecho junto con el llamado derecho de apostar son los que más polémica han suscitado desde el punto de vista jurisprudencial. El último se concibe, en el decir de Martínez Pardo, como «la facultad» que compete al dueño del arbolado de «cuidar y sostener los brotes de encina y alcornoques nacidos por generación espontánea llamados apostones hasta su completa formación», y se realiza mediante las operaciones de desbroce, limpia y escarda de las hierbas o matas nacidas alrededor de un brote espontáneo, a fin de no entorpecer ni impedir el crecimiento y desarrollo del mismo para que se transforme en monte alto o arbolado de explotación.[20]

Costa relata también la costumbre de Coria, en donde olivares de propiedad privada se plantaban en terreno público, al menos en el siglo XVIII. Así mismo, las poblaciones de San Vicente y Valencia de Alcántara, aún en tiempo de este autor, tenían sotos cuyos suelos y pastos eran comunales, y los castaños plantados eran propiedad de los vecinos que los plantaron.[4]

GALICIA

El investigador Joám Evans Pim nos transcribe algunos textos de gran interés sobre los usos gallegos de plantaciones en comunales:

> En Galiza la «poznera» se llama «postas» (o «regime de postas») y era muy habitual. La describen, entre otros, A. García Ramos en su *Arqueología jurídico-consuetudinaria-económica de la región gallega* (Madrid, 1912), pp. 59-60:
>
> «En los partidos judiciales de Lalín y la Estrada correspondientes á la provincia de

Souto de Pobladura de Somoza (Bierzo) en pleno otoño. Durante siglos ha proporcinado alimento y madera a todo un pueblo hasta el punto de constituir una de las principales fuentes de sustento para comarcas enteras. La falta de cosecha de castañas fue sinónimo de hambruna en muchos lugares.

Pontevedra, recogimos una costumbre practicada desde tiempos muy antiguos en los montes comunales. Se conoce con el nombre de postas, o plantaciones de arbolado, que hacen los vecinos, generalmente de castaños, logrando por este hecho hacer suyos el árbol y los frutos. Aun cuando se divida el monte, el plantador del árbol conserva su propiedad, cualquiera que sea la porción en que radique, pero sólo por el tiempo que el castaño ó roble viva, pues al secarse ó talarse se extingue el derecho. No se conocen precedentes ni orígenes á tal costumbre, que en las comarcas citadas tiene carácter de generalidad, se practica desde tiempo inmemorial y cuenta con el respeto y sanción de los habitantes de aquellos pueblos.»

Me consta —continúa diciendo Evans— que en las comarcas de Deça y Terra de Montes se continúa aplicando en algunos montes vecinales en mano común, teniendo asociada cada casa una marca (igual que en Asturies) que identifica los árboles plantados en el común.

El mismo autor nos proporciona las diferentes acepciones de la palabra 'posta' relacionadas con esta costumbre, que recogen distintos diccionarios. Como se verá, la simple definición resulta de gran interés para aclarar la diversidad de conceptos asociados:

> *Diccionario enciclopédico gallego-castellano:*[21]
> Plantación de árboles, generalmente castaños o robles, que realizan los vecinos en montes comunales, para hacer suyos los árboles, la madera y los frutos.
>
> Los propios árboles nuevos para plantar, o después de plantados.

En este mismo diccionario, la voz 'arboredo' se define de este modo:

> En algunas zonas rurales de Galicia existe de hecho la comunidad en el ARBOREDO, originada por distintas causas. En unos casos la engendra el título de sucesión, como ocurre con las POSTAS. En otros, la necesidad de poseer maderas para los viñedos y otros usos de labranza, crea tal clase de propiedad, que a veces llega a separarse el vuelo y el suelo, como sucede en los sitios donde hay el derecho a PLAZAS de castaños, que es la facultad de plantar, con la plantación de un árbol, una determinada porción de terreno en mixtión con otros partícipes. En otros se genera la propiedad del arbolado por plantaciones que los vecinos hacen en terrenos comunales, de lo que resulta a veces que en una pequeña extensión se reúnen varios propietarios que poseen diversos árboles, cuyo dominio se respeta por los demás partícipes, y hasta por el resto del vecindario, aun cuando por el hecho de plantar árboles en terreno comunal no se obtiene más derecho que a la utilización del árbol, pues la tierra continúa siendo de la comunidad para cuanto se refiere a pastoreo y a utilización de esquilmos y leñas en las orillas de los ríos, como ocurre en el Ribeiro de Avia en los terrenos llamados francos y ceibos y en los campos que invade el río en sus crecidas y cuyo suelo es de uso común.

Por otro lado Joám Evans nos aporta un interesante documento, *Estatutos de la Comunidad Viciñal de Vilar*, pertenecientes a una comunidad de montes vecinales en mano común de la parroquia de Vila Velha, en el municipio de Triacastela, y registrados en 2015 ante la administración forestal de Lugo. Este documento incluye un revelador preámbulo del que reproducimos, por su interés para este trabajo, el párrafo inicial:

> *Desde tempos inmemoriais a aldeia de Vilar formou un vínculo de comunión co seu território ancestral, vivido como ecosistema, que perdurou até o tempo presente. Ese vínculo traduciu-se nun sistema de autoxestión sustentado na institución comunitária do concello aberto, asembleia soberana na que a viciñanza se reuniu desde sempre para decidir sobre os bens e recursos en rexime de mao común, sobre os traballos comunitários, e sobre as práticas de solidariedade e axuda mútua, procurando o ben-estar da comunidade en harmonia coa natureza.*

Pero el artículo de los mentados estatutos que nos atañe es el 18 *(Aproveitamentos diretos e gratuítos)*, que en su novena sección dice literalmente:

> *A comunidade poderá regular os aproveitamentos através do direito de postas para certas espécies arbóreas, correspondendo a usufruición da* árvore, *os seus frutos e esquilmos á Casa Aberta que o plantou e cuxa marca porte o tronco, durante o tempo en que a* árvore *se manteña con vida, de non se estabelecer outro limite. O aproveitamento en postas non implica ningún direito sobre o solo no que a* árvore *estexa radicada.*

Evans nos envía también un comentario sobre la evolución de los marcos de propiedad que, a partir de los años 70 del pasado siglo, pasan de los simples motivos geométricos, hasta las marcas alfabéticas con las iniciales, como consecuencia de la creciente alfabetización.

En toda Galicia los *soutos*, cercanos muchas veces a las poblaciones, dan fe del arraigo de la costumbre de plantar en los comunales. En Becerreá, el amigo Ignacio Abrao, vecino de esta localidad, heredó de su padre unos castaños pertenecientes a la «Casa Saavedra» de Vilar de Cancelada (Becerreá, Lugo), curiosamente tales árboles, que constan en testamento «con cielo y sin tierra», se encuentran en el comunal del pueblo aledaño de Monel de Cancelada. El derecho en este caso se extendía también al *«estrumen»* (el rozo o maleza al pie del árbol para cama de ganado).

En el mismo sentido, el etnobotánico Emilio Blanco aporta interesantes noticias en lo que respecta a la sierra lucense del Caurel:

> El castaño es un árbol importantísimo en el Caurel. Cada familia poseía su «souto» cercano al pueblo. Si esto no era posible, iban lejos, incluso a territorios colindantes con León, donde poseían castaños en propiedad, o arrendados.[22]

Suponemos la existencia de derechos de los vecinos de algunas localidades, dentro de territorios de otros pueblos o comarcas, incluso en una provincia y comunidad diferente, tal y como ha sucedido tradicionalmente con los pastos y majadas de numerosas poblaciones, que pueden estar enclavados en distintas circunscripciones. El mismo autor habla de parecidas circunstancias en Sanabria:

> La importancia del castaño en la alimentación y como forrajero fue tal que se tenían y se tienen castaños en propiedad en zonas alejadas del pueblo, incluso de León o de Galicia. Hay caso incluso de propiedad compartida entre familiares de un mismo ejemplar excepcional de castaño, ya que así la cosecha se repartía por ramas entre los propietarios.[23]

Ciertamente, la complejidad de las propiedades y aprovechamientos de los montes comunes es enorme.

NAVARRA Y PAÍS VASCO

> En Navarra, en la zona de montañas quedan aún montes comunes donde «se mantienen con buen resultado y particularizados con sujeción a ciertas reglas, algunos aprovechamientos, como el del helecho y el de los árboles, cuya propiedad se respeta en beneficio del que los plantó o de sus causa-habientes».[24]

Gabriel Imbuluzqueta recoge algunas de las ordenanzas antiguas (comienzos del siglo XVII) y modernas del Baztán, que reflejan perfectamente la tradición y su interesante evolución en esta región:[25]

> Ordenanza 17
> Como se an de plantar los castaños
>
> Otrosy fue y es hordenado y concluydo que de aquí adelante a perpetuo ninguno pueda plantar castaños en tierra común, donde primero estubieron otros castaños plantados en aquel termino más cerca y en espacio de beynte y quatro codos; y del mançano al mançano en espacio de doze codos de la par-

te donde sale el sol y de mediodia; y de la parte de donde se pone el sol y de la parte de donde no pueda hazer sombra en espacio de veynte y quatro codos, so pena que el dueño de la tal pieça los tales castaños y mançanos pueda rancar sin pena ni calunia alguna, con esto que antes de rancar el que se quexare llebe al jurado del lugar a mirar y tomar la medida del espacio que fuere entre la tal pieça y castaños o mançanos y que el codo sea raso comforme el codo de aranzel puesto por su magestad; y que sy alguno o algunos teniendo plantados algunos pies de castaños o mançanos en tierras comunes abiendo interbalo entre ellos algun otro vezino quisiere roçar y hazer pieça la endrecera donde estubiere plantado el castaño o mançano, que no pueda cerrar y sy lo cerrare que el dueño de tal castaño o mançano pueda deshazer el sitio y cerradura sin pena ny calunia ninguna.

Las ordenanzas de 1964, recogidas por el mismo autor, tratan el mismo tema (capítulo XIV):

> Primero. Ningún vecino podrá hacer plantaciones en terreno comunal del Valle, excepto alrededor de las bordas que posea, en donde podrán plantar hasta mil trescientos árboles, de ellos, mil entre robles, plátanos y acacias, y los restantes, castaños, cerezos y otros fructíferos.
>
> Segundo. La plantación deberá efectuarse —siempre con conocimiento e intervención de la Junta General, a cuyos efectos el interesado elevará el correspondiente escrito— a los cuatro costados de la borda, dentro de la distancia de cien metros de la misma. [...]
>
> Quinto. En las plantaciones realizadas al amparo de lo establecido en los apartados anteriores, se guardaran las siguientes distancias: de roble americano, cuatro metros de una planta a otra; de roble del país y fructífero, seis; de castaño, nueve; de plátanos, seis; y de acacias, cuarenta. [...]
>
> Octavo. Los que en la actualidad tengan árboles plantados, incluso castaños, en terreno comunal, fuera de la demarcación o distrito alrededor de las bordas a que antes se ha hecho mérito, podrán mantenerlos, cortarlos y reponerlos en los parajes donde se hallan, sin que puedan ocupar mayor extensión de terreno, ni aumentar el número de árboles. [...]
>
> Noveno. El fruto de los robles y hayas sitos en los terrenos comunales del Valle, aunque sean de propiedad particular, será común para el ganado de todos los vecinos, pero el fruto de los castaños y demás fructíferos plantados por particulares será exclusivamente para el vecino a que pertenezcan, si bien la castaña que no sea recogida del árbol por el dueño y caiga al suelo, podrá aprovecharla cualquier vecino.

En el País Vasco se llama *ondazilegi,* más que a la propia costumbre o derecho, al terreno comunal destinado a estas plantaciones. No está clara la etimología que podría venir de *zilegi* 'terreno comunal' y *ondo* 'suelo', pero existen distintas interpretaciones.[11]

En todo caso, los plantíos en comunales se regulan ya en el Fuero de Vizcaya[26] de un modo peculiar, tal como resume Costa:

> Según el Fuero general de Vizcaya, los vecinos tenían derecho á plantar árboles en las plazas, usas y exidos, pero el fruto cedía en beneficio del procomún, con tal que al plantador se le indemnizase por los pueblos y comuneros el coste de la plantación; con esta condición, todo vecino podía a su arbitrio coger del fruto caído espontáneamente; para derribarlo del

> árbol había que convocar al vecindario, á fin de que concurriesen á la recolección las familias que quisieran participar del producto.[24]

En Vizcaya la costumbre estuvo muy extendida. En su estudio sobre los montes proindivisos de esta provincia, dice Arantza Gogeascoechea:[27]

> …los vecinos de los pueblos copartícipes tenían en estos montes los mismos derechos que el Fuero les concedía en los comunales privativos de cada municipio, y así podían realizar plantaciones de robles y castaños, perteneciendo el vuelo a los vecinos y el suelo a los municipios: «qualquiera de los pueblos que proindiviso tienen por suio el monte comun de Otoyo y sus Yndividuos pueden plantar en el qualquiera castaños y robles.... el plantante sólo adquiere derecho a los arboles».

La misma autora escribe en otro trabajo:

> Junto al derecho a roturar terrenos comunales ha aparecido la posibilidad de realizar plantaciones particulares en los terrenos comunales en el caso de Durango, siendo la planta y el fruto para el plantador. En las Encartaciones la posibilidad también se contempla al ordenarse que los castaños se defiendan con seto y escajos. Es decir si el árbol está en monte común sometido a los daños del ganado se obliga a protegerlo con espino natural y a cerrar la plantación.[28]

Las Juntas Generales de Guipúzcoa regularon en los siglos XVIII y XIX la plantación y gestión de los montes, de tal modo que hacían al mismo tiempo responsables y partícipes a los vecinos y paisanos de los respectivos pueblos y localidades. Así lo cuenta Carmelo de Echegaray, en este resumen del que reproducimos tan solo la parte que nos atañe:

> Todavía de más importancia que todas estas Ordenanzas fué un reglamento que por acuerdo de las Juntas generales celebradas en Deva el año de 1738 redactaron los caballeros designados por las mismas, y que la Diputación circuló a los pueblos para su observancia. Los puntos principales que abarcaba este documento eran, en resumen, los siguientes: 1º Se determinará la forma y manera con que los Concejos han de cumplir la obligación que tienen de establecer viveros. 2º Habrá un libro en que se lleve la razón de estos viveros, de los sitios en que existen, y del número de árboles que se plantaren. 3º Los que sin licencia de sus Ayuntamientos rozaren tierras concejiles, deberán plantar seis manzanos o castaños por cada fanega de sembradío. 4º Si algunos pueblos quisiesen permitir a sus vecinos la plantación de árboles en tierras concejiles, con la condición de aprovecharse de ellas, lo podrán hacer, siempre que dejen fuera de duda que aquella propiedad es del Concejo, y consignen claramente la obligación de restituir al mismo el terreno en cuanto se desembarace de árboles. […] Llevados del mismo espíritu que animó a las Juntas que dictaron el Reglamento de montes de 1738, y estimulados por el deseo de contribuir a la repoblación de los de Guipúzcoa por todos los medios posibles, los representantes de los municipios que se congregaron en Asamblea foral el año de 1797 acordaron autorizar a los Concejos para distribuir entre sus vecinos los terrenos baldíos del común, a fin de poblarlos de árboles con derecho de aprovecharse de los mismos. Los usufructuarios de esos terrenos debían pagar a los pueblos un canon moderado, en reconocimiento de su propiedad, y quedaba siempre a salvo la facultad de los municipios para recuperar los árboles, pa-

Castaño en Sobrón (Álava). De la vieja cepa brotan con pujanza los jaros o renuevos, capaces de rejuvenecer al árbol.

gando su valor a los plantadores. Las Juntas generales, reunidas en San Sebastián el año de 1806 dictaron reglas para la puntual observancia de los acuerdos de las de 1797. Y ese sistema de autorizar a los vecinos para plantar árboles en los terrenos concejiles baldíos, y usufructuarlos, se fue haciendo general en toda Guipúzcoa, en donde esos terrenos eran y son todavía conocidos con el nombre de ondazillegis.[29]

En las *Ordenanzas de buen gobierno de los concejos de Álava* encontramos, como en otros lugares, disposiciones para el fomento de todo tipo de plantaciones, pero concretamente en el terreno que nos ocupa hay disposiciones específicas:

> ...en Munain se indica a los vecinos que pueden plantar «en sus propios o en los egidos del Concejo» y en Lalastra «en tierra de común como son caminos y servidumbres o en cualesquiera parte que hubiere lugar», añadiendo que «los puede tener por suyos».[30]

Sin permiso del Concejo no se podía plantar en los ejidos, según el Capítulo 78 de Larrea, y en el 42 de Bergüenda se dispone:

> Que los árboles que estuvieren en egidos del Concejo los derramen y cojan sus dueños y la fruta que se hallare en el suelo libremente lo pueda coger cualquiera persona del pueblo y no otra alguna.[31]

El capítulo XXIX de las ordenanzas de Zumárraga de 1547, dispone la cesión de terrenos de propios para el plantío de castaños con algunas condiciones:

> Otrosi hordenaron e mandaron que los duenos de los castaños que de presente estan plantados e los que adelante en lo benidero perpetua mente fueren plantados de voluntad e consentimiento del dicho conçejo en los exidos propios suyos por qualesquier vezinos de la dicha vniuersidad no ayan de gozar ni gozen de ellos ni de sus fructos los tales duenos plantadores ni sus hijos ni suçessores vniuersales ni particulares sino mientras biuieren e moraren e contribuyeren en la dicha vniuersidad e biuiendo fuera por otra hazienda que en la dicha huniuersidad tienen o tuuieren e contribuyeren con los vezinos de la dicha huniuersidad en sus de-

rramas e repartimientos que acostumbran e acostunbraren repartir e que los que fueren fuera de la dicha huniuersidad sin dexar casa o otra hazienda en ella o hijos que moren en ella no pueden bender ni enagenar los dichos castanos e que luego sean aplicados al dicho conçejo por el mismo fecho e lo mesmo se entienda de los que salen a morar de la dicha huniuersidad.

Álvaro Aragón explica la posterior evolución del sistema:

> Este modelo es el que ya en el siglo XVIII recibirá en Zumarraga el nombre *Ipinogui*, por el que el concejo concedía 541 posturas de terreno (2,33 hectáreas) a los particulares, junto a sus caserías, para hacer plantíos de 200 árboles. El concejo obligaba a cada casa a no tener más de 200 árboles, castaños o robles, no pudiéndolos vender, enajenar o cambiar, únicamente aprovecharse de su castaña. A cambio, por cada árbol que se quisiese plantar se debía pagar al regidor medio real de plata. Por tanto, el concejo mantenía la propiedad del terreno y al usufructuario le correspondía la hoja y la castaña; es decir, el suelo y el vuelo respectivamente.[32]

OTRAS REGIONES

Para finalizar esta serie de apartados por regiones, incluimos otro par de referencias:

Las ordenanzas de Méntrida (Toledo) de 1599, regulan de este modo el uso:

> Otrosy, hordenaron que para que aya leña y los montes se conserben y no se talen, que todos los vesinos desta villa que quysyeren plantar sauzes y álamos o chopos y minbreras lo puedan plantar en lo público y conçegil donde obiere dispusyçión y donde por la justiçia le fuere señalado y lo que ansy se plantare por qualquyer vezino le sea guardado...[33]

También el Fuero redactado para las nuevas poblaciones de Sierra Morena, facultaba a los colonos a «plantar cada uno de cuenta propia los árboles que quisiera en lo baldío y en lo público, para tener madera a propios usos, y para comerciar con ella».[34]

DECLIVE DE LOS COMUNALES Y EL DERECHO DE POZNERA

El fin de estas formas de plantación ha ido paralelo al declive en el cultivo del castaño a causa de las enfermedades que diezmaron sus poblaciones, y al abandono del medio rural, pero también, y de un modo importante, a la pérdida de los comunales.

Según Tomás de Villanueva, fue precisamente el derecho de poznera uno de los sistemas por el que muchos particulares se apropiaban de los comunales,[35] y fray Toribio de Santo Tomás, en la obra para ilustración de su sobrino antes mentada, dedica muchas líneas a las plantaciones en el común. De ellas se desprende que el interés no se refiere tanto a la poznera en sí, como al uso de esta para la apropiación del terreno plantado, mediante la treta de ir plantando en los mejores terrenos comunales:

> «Es propiedad del arbolío hacer de lo ageno mío». Esto es adquirir derecho para su amo al suelo que sus árboles ocupan, de suerte que cada y quando pueda allí hacer cierro, o para heredad o para prado, sin que otro se lo pueda impedir.[9]

La regulación del uso debía de ser nula porque asegura también:

> Ni en plantar todos estos términos ay en esse lugar que temer impedimento, como tú sabes, pues son todos comuneros, a del que primero llega y primero planta.

No parece, pese a estas afirmaciones, que la legalidad en el marco tradicional permitiera semejantes apropiaciones del común, y ello dio lugar a numerosos enfrentamientos de toda índole.

Mikel Mari Karrera relata las diferentes normas del Fuero de Guipúzcoa para regular y fomentar el arbolado en los montes, tal como hemos contemplado en los escritos de Echegaray. Como antecedentes a estas normativas menta las ordenanzas de la villa de Deva, que en el año 1394 recogían el derecho que ostentaban desde antiguo los vecinos de plantar robles, castaños, manzanos, nogales y otros árboles fructíferos en las tierras concejiles y ejidos comunes. Sin embargo, los conflictos derivados de las apropiaciones abusivas de estos terrenos, derivan en la prohibición de estas plantaciones en comunales.[11] Estos mismos abusos, sigue diciendo Karrera, se produjeron en Oyarzun, lo cual generó no la supresión sino la regularización por las ordenanzas que obligan a obtener licencia del Concejo para realizar plantaciones.[36] El Reglamento de Montes, aprobado por las Juntas Generales de Guipúzcoa en 1738, autoriza estas plantaciones por parte de los vecinos, siempre que aclaren que la titularidad del suelo continuará siendo del Concejo.

A partir de aquí se suceden las condiciones para que este aprovechamiento lo sea también para el concejo y el resto de los vecinos y no se produzcan abusos. Así, los artículos XIII y XIV del Reglamento de Montes de Guipúzcoa, disponen que no quede duda de que la propiedad del suelo continuará siendo de la República o Concejo y se restituirán estos terrenos si desaparecen los árboles. También se reglamenta que los seis mejores árboles por cada fanega de este tipo de cultivo, serán de la república o entidad administrativa a cuyo terreno correspondan. Del mismo modo, el Ayuntamiento de Azpeitia, establece en 1797 que se concederán terrenos para *ondazilegi:* «...a todo el que quiere pagando el reconocimiento y haciendo un libro de empadronamiento y que en estos terrenos se reconozcan de tres a tres años o de seis a seis años y que qualquiera que se descuide de pagar el reconocimiento a un solo un año por solo esto quede privado y quede a beneficio de la Villa la plantación que hubiese hecho el tal plantador sin que tenga lugar a reclamo alguno y que todo el mundo tenga derecho a recoger el abono u hoja seca pero que no puedan hacer hoja verde sin consentimiento del plantador y que contraviniendo sea multado». Y continúa en el siguiente párrafo advirtiendo que, si el plantador que tiene la concesión no realizara la plantación en dos años, cualquier otro vecino pueda utilizar esta concesión.

En definitiva, las normativas provinciales u ordenanzas locales que recoge Karrera, señalan las reglas y condiciones que con el tiempo van acotando la costumbre, que originalmente tenía un carácter mucho más libre y discrecional. Se trata de limitar los conflictos y litigios que generan las apropiaciones abusivas de los comunales por los particulares. En algunos casos se establecen cánones que los titulares de estas propiedades arbóreas debían pagar a los pueblos. También se limita el número de árboles, se regula la distancia entre ellos y se señalan los lugares destinados a tales plantíos.

LA PROPIEDAD DEL VUELO, LEGISLACIÓN Y VIGENCIA

Tal como señala Karrera en lo que se refiere a los ondazilleguis guipuzcoanos, esta propiedad del vuelo no está ligada al individuo, sino a la familia, o mejor quizás a la casería y a un aprovechamiento para autoconsumo que da sentido a esta costumbre. A este respecto, el árbol o grupo de árboles puede ser incluido en escrituras y testamentos, registrado en la propiedad e incluso hipotecado.[37]

Karrera resume la legislación estatal que regula este derecho:

> Específicamente, la legislación de montes española contempla medidas para el fomento del arbolado en los montes y regula la separación del dominio del suelo y del vuelo, en principio únicamente el supuesto en el que el suelo es de algún particular y el vuelo pertenece a alguna entidad pública (Ley de Montes de 24 de mayo de 1863 —Gaceta de Madrid de 28 de mayo—), pero luego ampliado también a la viceversa (Decreto de 17 de octubre de 1925 —Gaceta de Madrid de 18 de octubre—, y Ley de Montes de 8 de junio de 1957 —BOE de 10 de junio—); al dominio dividido se refiere el Decreto 118/73 relativa a la Ley de Reforma y Desarrollo Agrario (BOE de 2 de febrero); y el Real Decreto Legislativo 781/1986 (BOE de 22 y 23 de abril) que aprueba el texto refundido de las disposiciones legales vigentes en materia de régimen local establece un régimen de cesión de terrenos municipales para que los vecinos cesionarios planten arbolado y pasen a ser dueños de ese arbolado que cultiven.
>
> En el ámbito territorial español, ha sido detectada y estudiada tal práctica consuetudinaria en Asturias, Extremadura y territorios vascongados, sin que ello excluya su pervivencia también en otras regiones peninsulares.[38]

Bajo la denominación de poznera se recoge esta figura de derecho en las Ordenanzas del Principado de Asturias, de Lorenzo Santos de San Pedro, en el año 1781. La actual compilación del derecho consuetudinario por parte de la Junta General del Principado (2007), contempla esta figura y le otorga un carácter jurídico plenamente vigente.[39] Por tanto, la poznera puede practicarse en esta región con mayor facilidad gracias al amparo de este marco legal. Resaltaremos de dicha compilación un aspecto que nos resulta especialmente ilustrativo: en el apartado «régimen jurídico», se aclara que el árbol puesto en poznera: «puede ser objeto de tráfico jurídico *inter vivos* y *mortis causa*». Es decir que puede venderse o transmitirse como cualquier otro bien.

También en Navarra, la compilación de Derecho Civil foral de 1 de marzo de 1973, prevé en la ley 443, la posibilidad de hacer plantaciones en suelo ajeno.[40]

PROYECCIÓN DE FUTURO

Si hiciéramos un inventario de los árboles plantados por estos sistemas de poznera en muchas comarcas, seguramente nos llevaríamos algunas sorpresas. Primero, porque llegaremos fácilmente a la conclusión de que el patrimonio arbóreo monumental, los más viejos y mayores árboles, pertenecen en una gran proporción originalmente a estos comunales, independientemente de que más tarde haya habido una apropiación indebida del suelo. Pero también comprobaremos que en muchos casos el abandono es total, la matorralización y hasta el olvido de la titularidad del propio suelo y del árbol, son síntomas preocupantes de la decadencia del paisaje.

No nos extraña que algunos municipios o juntas vecinales hayan tratado de poner un poco de cordura para aclarar en primer lugar la titularidad de estas propiedades, y a partir de ahí comenzar una gestión adecuada. Desgraciadamente se impone un reinicio del paisaje en todas aquellas comarcas en las que el éxodo rural ha sido el denominador común. Así, con objeto de actualizar y aclarar la titularidad de los terrenos de aprovechamientos de helechal, castañales y fresnales, el concejo navarro de Oieregi promovió un decreto foral (78/2002, de 15 de abril) que aclara en su artículo 2:

> El Concejo de Oieregi considera, sin perjuicio de otras causas fundadas en derecho, y como norma general, que los castañales, fresnales, helechales, son terrenos comunales sobre los que los particulares tienen solamente derecho a su aprovechamiento.

Es interesante en todo caso conocer cuál es el punto de partida y la situación exacta para poder retomar una gestión del territorio sin los pleitos y confrontaciones que puede generar un modelo de propiedad ambiguo. Ya hemos visto cómo a lo largo de la historia este derecho en concreto, y en general la gestión de los comunales, han generado problemas y conflictos de propiedad. En gran parte porque, al no existir escrituras o registro de los terrenos, el propio derecho de plantación se utilizaba como una forma de apropiación indebida y el comunal pasaba a ser particular de manera abusiva. Hoy es preciso prever las posibles confrontaciones con otros intereses y usos que pudiera ocasionar esta práctica, pero resulta del todo imposible escriturar como propio un terreno que no lo sea. El problema de las apropiaciones ha dejado de serlo con los actuales sistemas registrales, e incluso la localización exacta de los árboles con los sistemas GPS puede hacerse sin demasiadas dificultades. Por otro lado, la propiedad del vuelo puede ser más o menos completa o condicionada en función de los intereses o costumbres locales.

En definitiva, hoy como ayer, este sistema puede ser una herramienta para favorecer la repoblación de las comarcas rurales y la reforestación de los montes. Las regiones y localidades en las que aún se recuerda o continúa vigente esta figura de derecho, tienen *a priori* una mayor facilidad para restaurarla o reinventarla. Pero incluso allá donde nunca se ha practicado o no se recuerda que se hiciera, es posible instaurar una ordenanza municipal u otra legislación (también, por qué no, autonómica o estatal), que regule este tipo de plantaciones, concediendo terrenos públicos a tal efecto. Es posible asimismo exportar un modelo que parece tan interesante para involucrar a los habitantes de una determinada comarca, ciudadanos o paisanos, en su paisaje cercano. La restauración de esta costumbre puede ser también un buen comienzo para recobrar los terrenos comunales que de un modo u otro hayan sido usurpados, invadidos o suplantados por otras formas de propiedad o se hayan visto ocupados por la maleza.

Quizá en este momento las problemáticas que pueda generar este tipo de plantación provengan sobre todo de los posibles errores derivados de la falta de experiencia de los plantadores: uso de especies inadecuadas para el terreno y localidad concretos, malas prácticas en el modo de plantar, uso de plantones inadecuados, falta de protección de los nuevos árboles, ausencia de riego y cuidados, etc. Por otro lado, en el caso de los castaños, las enfermedades obligan a escoger cuidadosamente las variedades. Pese a las dificultades, creemos que es posible y de gran interés la recuperación de este sistema de gestión en un tiempo en el que el cambio climático, la falta de agua y la erosión, la problemática de matorralización e incendios en los montes y el abandono de los pueblos y los bosques, reclaman respuestas inmediatas y actitudes nuevas y comprometidas.

La necesidad de repoblar para aprovechar todos los beneficios de los árboles (agua, clima, fertilidad…), puede encontrar de este modo un cauce adecuado en el que los vecinos puedan recuperar, tras un largo periodo de desafección hacia sus montes, una vieja y al mismo tiempo nueva manera de utilizarlos, aprovecharlos y recobrar la simbiosis natural con el paisaje que nos alberga. El modelo es especialmente interesante para establecer plantaciones altamente eficientes para la captura de CO_2 que, como es bien sabido, no solo tiene lugar en los árboles, sino también, de manera más importante incluso, en los propios suelos, que mediante estos cultivos desarrollan todo su potencial en este sentido. El tiempo dirá si en un futuro más o menos cercano, las plantaciones de los vecinos en el común tienen como antaño una relevancia social y económica que permita hablar de recursos generadores de empleo y cultura, incluso de vuelta al campo. En cualquier caso, podemos prever una multiplicidad de intereses que propicie reforestaciones de muy diversa índole. Árboles para producción de fruto para la venta o autoconsumo familiar, árboles para producción de madera o plantados por compromiso ecológico o simple disfrute. Una plantación de estas características puede ser una auténtica fuente de riqueza para un pueblo o una familia. A sus 75 años, nuestro amigo Isarasola nos mostraba los inmensos plátanos que había plantado junto a su padre cuando era aún un adolescente de 15: «no los cortaría por nada del mundo, pero si un día tuviera una necesidad, ahí están…», nos confesaba. Es difícil encontrar un mejor seguro de vida o una cartilla de ahorro que aporte más intereses. Las plantaciones a cargo de familias, pero también de grupos, asociaciones, escuelas, etc. pueden tener además diferentes connotaciones didácticas o culturales, y las nuevas técnicas de micorrizado de los plantones abren otras posibilidades de aprovechamientos múltiples.

Pero ante todo, se hace preciso un cambio de mentalidad en cuanto a las atribuciones de las administraciones, que deben revisar las políticas de gestión devolviendo a los vecinos la potestad de uso directo del suelo, y los propios suelos comunales que han sido, a lo largo de un proceso de siglos, usurpados. La cesión, por parte del estado y las administraciones regionales y locales, de tierras libres de impuestos para la práctica de la poznera puede ser un revulsivo y servir de incentivo para recuperar no solo el arbolado y el buen uso de los terrenos, sino la propia identificación de los habitantes con sus montes y paisajes.

Las instituciones públicas, al servicio de los paisanos y la gestión de sus paisajes, podrían idealmente fomentar este tipo de actuaciones aportando por un lado la tierra y por otro seguridad legal a través de normativas y asesoramiento, información sobre los modos idóneos de realizar las plantaciones e incluso sobre los plantones más adecuados para cada situación, velando para que todo se haga según unos criterios óptimos para la producción y sostenibilidad. Podemos concluir afirmando que si este derecho no existiera, habría que inventarlo y, por supuesto, proponemos su instauración donde quiera que sea necesaria una recuperación del uso de la tierra por parte de quienes la habitan.

En cualquier caso, es preciso atender a las peculiaridades, costumbres y necesidades locales, adaptando soluciones y herramientas legislativas y de gestión del paisaje a las realidades diferentes. Es por ello que nos ha parecido adecuado redactar una ordenanza o pauta general que podamos ajustar a cada localidad, según los intereses y deseos de cada comunidad concreta. Tras una recopilación y actualización de las antiguas ordenanzas que regulaban nuestras viejas costumbres, presentamos en un apéndice de este libro una ordenanza modelo, revisada por el abogado y catedrático de Derecho Administrativo, Carlos González-Antón. Se trata de una herramienta tan vieja como revolucionaria, un *software* para reiniciar el sistema con la recuperación de los comunales y terrenos públicos y la gestión del paisaje por los vecinos y coterráneos que lo habitan.

Notas

1. Muy bien explicado ya a principios del siglo XX en la *Enciclopedia Espasa*, voz ‘Poznera’. Tomo 46, p. 1185.
2. Saramago, J. *Las pequeñas memorias*. Penguin Random House. Barcelona, 2010.
3. Madrazo, G. *La evolución del paisaje forestal en la vertiente segoviana de la Sierra de Guadarrama*. Tesis doctoral. UAM, 2007.
4. Costa, J. *Colectivismo agrario en España* [1898]. Biblioteca Costa. Madrid, 1985, pp. 277-283.
5. Costa, J. Costumbres jurídico económicas del Alto Aragón. *Revista General de Legislación y Jurisprudencia*. Tomo LXIV. Madrid, 1884, p. 257.
6. Vecino y exalcalde pedáneo, implicado en la defensa y conservación del patrimonio de este pueblo.
7. Morales Matos, G. La explotación de los recursos forestales en Asturias. *Eria*. 1982, pp. 35-54.
8. Fernández Montes, M. Los aprovechamientos comunales del monte en el cuadrante noroccidental de España. *Anales del Museo del Pueblo Español*, CSIC, 1992. <http://digital.csic.es/bitstream/10261/13166/1/20090521100952183.pdf>
9. Santo Tomás y Pumarada, T. de. *Arte General de Grangerías (1711-1714)*. Ed. San Esteban y Museo del Pueblo de Asturias. Salamanca, 2006.
10. Castelao Diñeiro, S. *Castaños monumentales del Bierzo. Tradición y cultura*. Peñalba Impresión. León, 2007.
11. Karrera Egialde, M. M. *La propiedad separada del suelo y del vuelo: los terrenos ondazilegi*. Ed.: Dip. Foral de Guipúzcoa. San Sebastián, 2002, pp. 7-8. <http://www.ehu.eus/documents/1549725/1573708/propiedad+separada.pdf>, pp. 17-18.
12. Coronas Vida, L. J. Montes, comunales y repoblación forestal en la jurisdicción de Burgos durante el siglo XVI. *Boletín de la Institución Fernán González*, nº 228, 2004, pp. 153-192.
13. Poznera se llama también en Laviana a la estaca que se planta para que arraigue y produzca un nuevo árbol.
14. Vigón, B. Vocabulario dialectológico del concejo de Colunga. *Revista de Filología Española*, anejo 63. CSIC. Madrid, 1955.
15. Véase en su magnífica página web la entrada: *Etimologías: léxico asturiano (palabras populares). Un dicionariu etimo-*

lóxicu de la llingua asturiana, <http://www.xuliocs.com/etimologlexica.htm>
Las referencias a este derecho que recoge Xulio se refieren más bien a la cesión de terrenos por parte de terratenientes que al uso de comunales: «Una interesante costumbre comunitaria sobrevive hoy en los pueblos lenenses: las castañares con cielo, pero sin suelo —que precisan los mayores. Se trata de una forma entre tantas de pagar en especie los servicios a los asalariados, a los colonos, a familias enteras. Es decir, cuando un componente familiar, o toda la familia incluso, trabajaba durante un tiempo para el señor feudal (el terrateniente), éste le cedía un espacio (un rincón), para plantar una castañar o varias en su finca.»

16. Cantero Fernández, C. *La «poznera» en Cangas del Narcea.* <http://www.touspatous.es/index.php/de-la-vida-rural/206-la-qpozneraq-en-cangas-del-narcea.html>
17. Notas de campo de Alberto Álvarez Peña, 25 noviembre 2004. *Contau por Luis Misael González Sánchez, 69 años, natural de l'Omedal, conceyu Piloña.*
18. Ayto de Torrelavega. Arch. mun. de Torrelavega. Expediente sobre cerramiento de D. Venancio Díaz de Bustamante vecino de esta villa… en el término de Cabanzo, 1852. En L. De la Puente Fernández, *Transformaciones agrarias en Cantabria, 1860-1930: especialización vacuna y construcción del espacio agrario*. Ed. Univ. de Cantabria. Santander, 1992. Pág. 244.
19. *Enciclopedia Universal Ilustrada Europeo-Americana*. Voz 'Poznera'. Menta como fuente a Costa. Ed. Espasa-Calpe. Madrid.
20. Fernández Arroyo, M. Los aprovechamientos concurrentes sobre una misma finca rústica en Extremadura: Una manifestación de la supervivencia actual del denominado en la Edad Media dominio dividido. *Anuario de la Facultad de Derecho*, Nº 11, 1993, págs. 523-544.
21. Rodríguez González, E. *Diccionario enciclopédico gallego-castellano*. 3 vols. Galaxia. Vigo. 1958-1961.
22. Blanco, E. *El Caurel, las plantas y sus habitantes*. Fundación Caixa Galicia. 1996, pp. 198-199.
23. Blanco, E. *Guía de Flora de Sanabria, Carballeda y Los Valles*. Adisat–La Voz. Zamora, 2005, p. 30.
24. Costa, J. Ob. cit. (nota 4), p. 279.
25. Imbuluzqueta Alcasena, G. Aportación a un estudio de las castañas: ericeras en Baztán. *Cuadernos de etnología y etnografía de Navarra*, nº 76, 2001, pp. 29-30.
26. *Fueros, privilegios, franquezas y libertades del M. N. y M. L. Señorío de Vizcaya*; titulo XXV, ley 1ª. Manuscrito Fuero Nuevo de Bizkaia de 1526. Edición de Javier Enríquez.
Título XXV. De las plantas de los/ arboles e de los otros frutos./ Ley primera:
Primera, dixieron que avian de fuero e establesçian por ley/ que por quanto en muchos lugares de Viscaya ay dos o tres/ o mas cassas hedificadas que tienen sus delanteras e plazas/ en que todos los vezinos cumunmente han derecho e alguno o/ algunos de los tales vezinos hazen en las tales plaças plantar/ arboles de diversas maneras, con intençion de aver para si/ el fruto dellos sin los otros vezinos que han parte en/ las tales plaças, lo qual era en perjuizio de los otros,/ por ende, que ordenavan e ordenaron que ninguno de los tales/ vezinos fuese ossado de cortar tales arboles e frutales/ (*rúbrica*)// (*fol.67vº*) que asy estovieren plantados, nin los derramar nin sacudir el/ fruto dellos para los coger, so pena que el que asi derrocare/ con bara o subiendo arriba caya en pena de çient e diez/ maravidis para los otros parçoneros; antes, dexen caer de/ suyo el tal grrano e lo que asy cayere pueda cojer quien mas/ podiere sin que le inpida el que lo planto, pues lo hizo en lo/ cumun. Pero conformandose todos o los mas para lo derrocar/ e coger, lo puedan fazer requiriendo a los otros que vayan e no/ lo queriendo, lo hagan los que quisieren; e que la tal pena se aya/ de pedir por los otros parçoneros dentro de treynta dias/ e no despues e los tales arboles, frutos e plantios se esten/ en pie para el cumun. E lo que es dicho de los frutos e arboles/ de semejantes plaças sea e se estienda e entienda de los frutos/ e arboles que fueren e estan plantados en las usas e exidos,/ conque a los plantadores se les pague por los pueblos e cumu/neros e consortes el plantio que fizieron a exssamen de omes/ buenos, avido consideraçion solamente lo que costo e valia al/ tienpo y el dia que lo plantaron./
27. Gogeascoechea, A. Los montes proindivisos de Vizcaya. *Lurralde* nº 22, 1999, p. 299-322. Menta como ejemplo de referencia documental: 59 A.F.V. Legajo 1719, nº 11. En

apelación ante el theniente general de la villa de Guernica, Maria de Beitia, viuda vecina de la Anteiglesia de Yspaster contra los que resultasen culpados sobre haverle llevado algunas cargas de Alechos. Año 1750.

28. Gogeascoechea, A. Montes y usos forestales en los fueros vizcaínos. *Vasconia* 24, 1996, p. 111.
29. Echegaray, C. de. *Compendio de las Instituciones Forales de Guipúzcoa*. Diputación de Guipúzcoa. San Sebastián, 1924, pp. 255 ss.
30. Abella y García de Eulate, A. M. *Ordenanzas de buen gobierno de los concejos de Álava*. Diputación Foral de Álava. Vitoria, 1985, p. 36.
31. Abella y García de Eulate, A. M. Ob. cit., p. 41.
32. Aragón Ruano, A. Una historia forestal inédita. Las ordenanzas de Zumarraga de 1547: un ejemplo de desarrollo sostenible en el siglo XVI guipuzcoano. *Vasconia* nº 36, 2009, pp. 155-198.
33. AHN, Nobleza, Osuna, leg. 2554, nº 10. En: García Garcimartín, H. J. *Articulación jurisdiccional y dinámica socioeconómica de un espacio natural: la cuenca del Alberche (siglos XII – XV)*. Tesis doctoral. UCM. Madrid, 2002, p. 205.
34. Costa, J. Ob. cit. (nota 4), p. 282.
35. Villanueva, T. de. Explotación de los terrenos comunales como base para la reconstitución de la hacienda del municipio. En: *Asamblea de Administración Municipal Vasca*. Sociedad de Estudios Vascos. San Sebastián, 1919:
    «En nuestras leyes forales hay otra causa, aunque indirecta, y cuyos resultados se palpan hoy más que nunca, de desmembración, limitación y confusión de la propiedad comunal: el permiso concedido a los particulares para plantar árboles en terrenos del pueblo y aprovecharlos como cosa propia. Por esa concesión, no hay, ni ha habido más arboles aunque existan esas plantaciones; pues el hecho de que entre estas se encuentren árboles de distinta especie y nacidos de asiento, el de que cuando se plantaron aislados, como hoy los fresnos, no quede un solo árbol bravo en varios metros a su alrededor y poco más allá se hallen en espesura y masa continua, y el de que todos esos rodales particulares estén en los mejores sitios de cada jurisdicción, hace suponer, no solo que los terrenos en que se plantaron no eran rasos, sino que para que vivieran unos cuantos árboles se mataron muchísimos espontáneos. El perjuicio que de tal permiso se siguió a los pueblos fue muy grande; aunque la concesión fue gratuita, circunstancial y limitada, hoy el que es dueño de los árboles plantados, aunque los haya cortado ya, estima que ese derecho lo tiene a perpetuidad y con exclusión del que tiene su verdadero dueño y lo defiende como si le hubiera costado dinero, resultando de ello una limitación y confusión en la propiedad comunal. La costumbre de cortar helechos para cama del ganado y abono de las fincas que cada vecino realiza generalmente en el mismo sitio, en el más próximo a su caserío, es causa de que no se deje prosperar al árbol que por casualidad allí nace y de una gran resistencia a las repoblaciones artificiales, de donde resulta que el único aprovechamiento que en la práctica puede hacer el pueblo, es el de pastos, limitando de hecho la propiedad del verdadero dueño».
36. El capítulo LXXXIV de las Ordenanzas de Oyarzun ordena: «…que el Concejo sea restituido e revestido e conservado en sus ejidos, que le están tomados y ocupados indebidamente y adelante se conserven e para su mayor conservación; mandaron que ninguna persona plante ni pueda plantar castaños ni otro algún género de árbol en los dichos ejidos comunes y concejiles, salvo cuando el Regimiento, o el dicho Concejo, acordare de plantar, y entonces en las partes, y cuanto e como el dicho Concejo e su Regimiento acordaren y mandaren». En Laffitte y Obineta, V. *La repoblación forestal en Guipúzcoa*. San Sebastián, 1919.
37. Karrera Egialde, M. M. *El acceso al registro de la propiedad separada rústica: referido a los terrenos ondazilegis guipuzcoanos*. Ed. Fundación Registral, Madrid, 2006.
38. Karrera Egialde, M. M. El aprovechamiento integral de los recursos naturales: la técnica de la comunidad pro diviso o propiedad separada. *International Journal of Land Law and Agricultural Science*, nº 2, 2010.
39. BOPA núm. 455, 9 de marzo de 2007. <http://anleo.jgpa.es:8080/documentos/Boletines/pdf/6B-455.pdf>
40. Tuero Bertrand, F. *Diccionario de derecho consuetudinario e instituciones y usos tradicionales de Asturias*. Ed. Trea. Gijón, 1997.

Epílogo, el paisaje global

La ambición nunca tiene bastante.
A la humildad todo le sobra.
(Crónicas del País de los Árboles)

Tal como nos contaba Fanny Ávila, de la comunidad indígena de Kuna Yala (Panamá), el cambio climático afecta ya de tal modo a las islas San Blas, en las que viven desde tiempo inmemorial, que tendrán que abandonarlas por el inexorable aumento del nivel del mar. Es curioso, porque ellos sí supieron conservar escrupulosamente el medio natural que los acogía, dedicando santuarios reservados a la naturaleza salvaje en los que no entra el ser humano, y actuando de manera sostenible y responsable. La veneración que siente este pueblo hacia la vida tiene un componente cultural impresionante, que les ha permitido hasta ahora coexistir de manera armónica con su entorno. Sin embargo vivimos en un paisaje global y nuestro modo de vida afecta de un modo decisivo al conjunto de la biosfera.

Cada día se hace más evidente que formamos parte de un planeta en el que todo está estrechamente interconectado, y las crisis o desequilibrios nos alcanzan de un modo u otro. El agujero de la capa de ozono, el cambio climático o las múltiples formas de contaminación, son buenos ejemplos de cómo lo local afecta directamente a lo global y viceversa. Pese a todo, continuamos viviendo en la ilusión de que el consumo desaforado o los actos irresponsables no tendrán consecuencias.

Un problema que nos atañe de manera muy cercana es el de los incendios que han arrasado en unos días más de veinte mil hectáreas de los mon-

Fanny Ávila y la abuela Ernestina Arias preparan el éxodo de sus islas, que en pocas décadas se prevé serán cubiertas por el mar.

tes de la cornisa cantábrica durante el invierno de 2015. La matorralización y eucaliptización de los montes, además de unas condiciones climáticas de sequía, altas temperaturas y fuertes vientos, han desencadenado un infierno que ni un ejército de bomberos hubiera podido detener. Fue la lluvia la que finalmente sofocó los fuegos, pero ya parece que hemos olvidado que las condiciones siguen siendo las mismas: monocultivos de especies pirófitas, argomales y matorrales en plena progresión colonizadora, y un cambio climático que al parecer propiciará y agravará estas mismas situaciones meteorológicas adversas.

La desintegración de paisajes tradicionales y ecosistemas más o menos naturales ha sido un proceso global en gran parte causado, tanto en Europa como en el resto del mundo, por las distintas formas de expolio de los territorios de los campesinos o indígenas, y el desarraigo y desafección de la gente hacia los paisajes que habi-

Incendios de diciembre de 2015, que han arrasado decenas de miles de hectáreas en la cornisa cantábrica.

tan. El paralelismo de los procesos de pérdida de capacidad de gestión de la tierra por parte de los paisanos europeos y de las comunidades tribales es muy notable en diversos aspectos, como veremos, y el resultado inevitable es la decadencia y desaparición de los paisajes que sostenían.

Pese a la continua reivindicación de la memoria que hacemos en este libro, es preciso también hacer un análisis crítico de la gestión tradicional, para no caer en el pensamiento bucólico de que todas las culturas campesinas o tribales generaron paraísos sociales y ecológicos. Por el contrario, encontraremos mil y un defectos en las formas de relación de cada grupo humano con su territorio. En el contexto europeo, el abuso de las roturaciones en los montes o de la siega de rozo para camas de ganado y su posterior conversión en estiércol, generaba un empobrecimiento de la capa vegetal y por tanto del propio suelo, e impedía la regeneración natural de los bosques. Lo mismo el sobrepastoreo, el carboneo y la tala o poda abusivas, la caza y la persecución de todo bicho viviente o la explotación desmedida de otros recursos... En ocasiones todo ello se justificaba por la simple necesidad de alimentarse.

Con todo, constatamos a lo largo de estas páginas que las familias y los vecinos de cada pueblo en conjunto tuvieron el interés y la imperiosa necesidad de administrar sus territorios y las propias haciendas para hacerlos sostenibles, y en este sentido la simbiosis entre natura, sociedad y cultura, ha sido desde siempre una inquietud para quienes dependían directamente de la tierra. Hablamos de moralidad, educación y ética, pero sobre todo de pura supervivencia.

Sin embargo, los modelos tradicionales han sufrido cambios tan rápidos, profundos y complejos que en muchos lugares apenas queda ya ni el recuerdo de cómo eran o funcionaban muchos de los procesos esenciales. En este sentido, la tec-

Antes y después.

nología, los medios de comunicación o las formas de distribución de la riqueza, entre otros diversos factores, han propiciado transformaciones sustanciales. Hoy como ayer, podríamos afirmar que, bajo el punto de vista del paisaje, la humanidad se divide entre la gente de la tierra, que de un modo u otro vive de lo que el propio territorio proporciona de forma directa; y la gente sin tierra, ciudadanos o «foráneos» que habitan y consumen el mismo planeta, pero apenas pisan el suelo vivo que nos sustenta, y sin embargo deciden prácticamente todas las cuestiones importantes que afectan al paisaje y al paisanaje.

Lo cuenta muy bien Saramago en su libro autobiográfico *Las pequeñas memorias*, en el que describe la absurda pérdida de los viejos olivares de su pueblo, Azinhaga, y por extensión de comarcas enteras desarboladas a causa de políticas dictadas desde las lejanas urbes:

> Hectáreas y hectáreas de tierra plantada de olivos fueron inmisericordemente arrasadas hace algunos años, se arrancaron cientos de miles de árboles, se extirparon del suelo profundo, o allí se dejaron para que se pudrieran las viejas raíces que, durante generaciones y generaciones, dieron luz a los candiles y sabor a los guisos. Por cada pie de olivo arrancado, la Comunidad Europea pagó un premio a los propietarios de las tierras, grandes latifundistas en su mayoría, y hoy, en lugar de los misteriosos y vagamente inquietantes olivares de mi tiempo de niño y adolescente, en lugar de los troncos retorcidos, cubiertos de musgos y líquenes, agujereados de escondrijos donde se acogían los lagartos, en lugar de los doseles de ramas cargados de aceitunas negras y de pájaros, lo que se nos presenta ante los ojos es un enorme, monótono, un interminable campo de maíz híbrido [...] inútilmente se llorará el aceite derramado. Me cuentan ahora que están volviendo a plantar olivos, pero de esos que por muchos años que vivan, serán siempre pequeños. Crecen más deprisa y las aceitunas se recogen con más facilidad. Lo que no sé es dónde se meterán los lagartos.[1]

En el mismo sentido, la película de Iciar Bollaín, *El olivo*, denuncia el expolio de olivos centenarios para mayor gloria de rotondas, campos de golf, jardines de élite, entidades financieras y otros diversos no lugares. Los mismos árboles que eran arrancados por dictado de la Unión Europea y se amontonaban con las raíces al sol, sirviendo si acaso para leña, hoy son codiciados y generan normativas y movimientos para su defensa. Este pillaje se detendrá cuando la obscena exhibición de estos trozos de paisaje secular pase, de ser motivo de orgullo, a bochorno y vergüenza de todos aquellos paisajistas y magnates que han tenido la prepotencia y el mal gusto de traficar con este patrimonio. Pero para muchos de aquellos parajes de cultura y agricultura milenaria ya es demasiado tarde. La tierra, vacía y falta de quien la cultive, evidencia el fin de una era.

Podemos encontrar un paralelismo en el caso de aquellas empresas que compraban enormes castaños centenarios para aprovechar una ínfima parte de su madera, la que tiene las vetas más retorcidas y hermosas, para hacer salpicaderos de coches de lujo; el resto lo dejaban tirado en el mismo lugar, como aquellos millones de bisontes exterminados por la codicia del hombre blanco, que se pudrieron en las praderas norteamericanas. En el Bierzo, fue la Asociación A Morteira, allá por los años 80, la que supo detener este desatino igualando las ofertas de los maderistas. Compraron así algunos de los castaños más colosales y emblemáticos del país, ayudando a la conservación de uno de los patrimonios de árboles monumentales más impresionantes de Europa.

Tal como vimos en la introducción, el proceso de expropiación de las tierras, así como la usurpación de patrimonios y la pérdida de los mecanismos de gestión tradicionales, vienen de muy lejos, pero no solo no han terminado sino que se acentúan incluso en muchos lugares. Allá donde quedan pueblos indígenas, o acá donde los paisajes han ido abandonándose, cediéndose o vendiéndose para la explotación de monocultivos a escala planetaria (pino, eucalipto, palmera de aceite, etc.) o para satisfacer otros intereses especulativos, agrícolas o industriales. La desamortización de Mendizábal y otras actuales con diversos disfraces, han continuado el proceso de desmantelamiento de la gestión de aquellos territorios comunales y de los órganos locales de gestión como las juntas vecinales. El *fracking*, los cotos elitistas de caza, los campos de golf y complejos turísticos o urbanísticos de lujo, son nuevas formas de apropiación que casi siempre cuentan con la connivencia de intereses económicos y políticos, y la historia se repite aquí y allá, una y otra vez.

Frente a este acoso y colonización brutal e imparable, el pueblo Ticuna, habitante de las selvas entre Perú, Colombia y Brasil, ha escrito un libro de autoría colectiva para preservar la memoria de sus tradiciones y conocimientos ancestrales en trance de irreversible desaparición. *O livro das árvores* habla de numerosas especies y de sus utilidades, y los mitos y costumbres asociados a cada una de ellas. Al llegar a la palmera buriti hace una descripción y extenso relato de innumerables usos y creencias, y concluye diciendo:

> Este ejemplo del buriti es para mostrar que los árboles tienen muchos significados para nosotros. Forman parte de nuestra vida, de nuestra cultura. La gente extraña, que viene de fuera, no entiende estos significados. Entran en la selva y destruyen todo. Los árboles, la selva, no tienen sentido para ellos. Apenas tienen el sentido del lucro que la madera puede dar. Este libro ayudará a recordar que cada árbol tiene su importancia. Que los árboles forman parte de la selva y la selva es la mayor riqueza que dejaremos a nuestros hijos.[2]

El fin de la diversidad política, social y ecológica que conllevan todas las «monoculturas» viene de la mano de actividades insostenibles propiciadas por sistemas financieros y económicos destructivos e insaciables. Monocultivos del turismo, forestales, agrícolas o industriales que terminan imponiendo sus modelos hegemónicos en los países y comarcas que fagocitan. Veremos a continuación algunos ejemplos que ilustran muy bien, con situaciones de diferentes regiones del mundo, lo que sucede en nuestra propia casa y cómo los conceptos de país y paisaje están en ocasiones más relacionados con los árboles y la vegetación que con la propia tierra que nos sustenta. Se trata de la antigua simbiosis natural-cultural entre los seres humanos y el bosque o la vegetación, que nos recuerda que nunca hemos dejado de ser primates. Pero si los Ticuna hicieron el esfuerzo de compilación de sus mitos y saberes, es preciso preguntarnos hasta qué punto cada comarca y región no debería hacer lo propio, en vista de la pérdida de las enraizadas culturas locales a un ritmo vertiginoso. Al escribir estas páginas no hemos dejado de recordar que muchos de los conocimientos de nuestros abuelos pueden servir para la gobernanza de los montes en el futuro y, si se han perdido u olvidado, habremos de recuperarlos o reinventarlos con mucho esfuerzo. Al fin y al cabo, gran parte de la sabiduría en lo que respecta a la tierra se ha obtenido mediante la transmisión de una memoria que puede datar de miles de años de conocimiento profundo de cada rincón del paisaje, recorrido o labrado surco a surco durante generaciones.

Por otro lado, creemos que son los paisajes vividos y productivos los que proporcionan un mayor arraigo a sus habitantes y, en este sentido, con toda la admiración que nos producen las repoblaciones y actuaciones conservacionistas por parte de administraciones y de grupos y asociaciones ecologistas, las probabilidades de un seguimiento eficaz, y el éxito en definitiva de las plantaciones, aumentan si además los árboles arraigan de algún modo en la propia tradición y van a producir un beneficio directo a quienes los plantaron. Las plantaciones de Wangari Maathai continúan creciendo en gran parte por la implicación de la población local, que ha participado de manera activa e interesada en la repoblación y en el seguimiento y el aprovechamiento de los recursos generados por estos árboles. Nuestras propuestas de regreso a la tierra tienen mucho que ver con esta idea de un arraigo vital e integral del paisano o paisana, que en definitiva somos cada uno de nosotros, independientemente de la distancia que nos separe de la tierra viva más próxima.

El libro de los árboles: sus textos e ilustraciones recogen la memoria del universo de los Ticuna, como legado para la posteridad.[2]

EL PAÍS DE LA ARAUCARIA

El círculo virtuoso de la recolección del pehuén, el piñón de la araucaria entre los mapuches, es muy elocuente en este sentido. Podemos compararlo con los usos y las costumbres tradicionales relacionadas con el castaño y la castaña, y comprobaremos que existen diferencias notables, pero también asombrosas y evidentes similitudes. Ciertamente las araucarias forman bosques primarios de montaña gestionados por comunidades indígenas con pequeñas poblaciones que habitan extensos territorios. El castañar es por el contrario un cultivo que hasta no hace mucho daba de comer a una población con un crecimiento demográfico exponencial e insostenible, hasta el punto de que generaba una constante emigración. Pero en ambos casos, grandes árboles que pueden superar el milenio, asentados en territorios comunales, proporcionan un recurso alimenticio imprescindible para la supervivencia, con un elevado interés ecológico. Incluso la relación de familiaridad con los propios árboles tenía un paralelismo que constatamos también en otros paisajes culturales de todo el planeta con sus respectivos árboles nutricios.

En efecto, entre los mapuches que viven en sus territorios ancestrales en el extremo sur de Sudamérica, existe una relación con el paisaje, el árbol y la tierra, que se expresa muy bien en la propia palabra que los nombra y define: *mapu-che* = gente de la tierra. Del mismo modo, entre los araucanos o pewenches, que forman parte del pueblo mapuche, el nombre revela de manera inequívoca su filiación: *pehuén-che* significa «gente del pehuén» y este árbol magnífico, el pehuén o araucaria, es como veremos de algún modo la patria del pewenche o araucano.

Ya en el siglo XVII, el cronista Diego de Rosales ponía de manifiesto la relación de este pueblo con su árbol:

> En sus valles habitan los indios Peguenches, llamados assi por los muchos pinos, que entre aquellas peñas, y en sus eminentes alturas, nazen, a los quales llaman en su lengua *Peguen* y añadiendo la palabra *che*, que quiere decir indio, se llaman los que habitan entre las dos cordilleras, y se sustentan de estos piñones de que ay grande abundancia. *Peguenches*, que quiere decir, indio de los Pinares. Y cada uno tiene su pedazo de cordillera señalado, y heredado de sus antepasados, y tiene por suios los pinos de aquel distrito, para hacer su cosecha de Piñones, para el sustento del año y suelen coger, quando el año es bueno, tantos, que tienen para tres o quatro años, conseruandose frescos en pozos, y silos de agua.[3]

Podemos hacer aquí una comparación con otras tribus y comunidades que han vivido de frutos similares. El del propio castaño, al que hemos hecho numerosas referencias en este libro como cultivo familiar y cultural. Pero la similitud es incluso mayor en el caso de los consumidores de bellotas de la antigua Iberia, aquellas tribus belloteras a las que hacen referencia Estrabón y otros autores clásicos.[4] La arqueología se ha encargado de verificar sus afirmaciones con el estudio de yacimientos de miles de años de antigüedad, en los que aparecen bellotas almacenadas para su consumo.[5] Del mismo modo, algunas tribus indígenas del otro lado, en América del Norte, tuvieron su soporte vital básico en las bellotas de las especies de *Quercus* propias de aquel continente.

Aquella estrecha relación con el árbol que alimentaba la tribu ha continuado hasta nuestros días entre los pewenches, y tiene un profundo significado que va desde la pura economía (el piñón es alimento básico pero también se vende o trueca para obtener otros productos) hasta los aspectos rituales y religiosos en los que el pehuén tiene un gran protagonismo. El proceso colonizador de los últimos siglos ha tenido efectos devastadores para la identidad de este pueblo, que se manifiestan en la pérdida de idioma y tradición, pero también en la degradación del paisaje al que esta cultura estaba íntimamente unida. Tal como nos decía la activista mapuche Paz Meulen, no se puede ser mapuche sin tierra. La resistencia ha ido adaptándose a las nuevas modalidades de colonización. La conquista militar y religiosa ha dado paso a una invasión por parte de multinacionales eléctricas, como la «española» ENDESA, que anega con sus pantanos las tierras ancestrales, o las todopoderosas compañías madereras que cortan los bosques nativos e implantan sus monocultivos globalizados de pino y eucalipto. Los enfrentamientos continúan dejando una estela de destrucción del paisaje y desmembramiento de la sociedad mapuche. Algunas de las más dramáticas consecuencias son los incendios y la sequía, la persecución, encarcelamiento y represión de quienes se enfrentan a este expolio y el desmantelamiento, en suma, de las economías tradicionales sostenibles y respetuosas que tienen en la gestión de las araucarias un modelo perfecto de sentido común y buen hacer. Constatamos algunas vic-

Eliana en el bosque de araucarias. A la derecha, Eliana y Macarena durante la estación de la cosecha del pehuén.

Puestos o ranchas, almacén y cabaña para la familia durante la temporada de piñoneo. Derecha, las piñas de araucaria.

Marzo de 2016 en el otoño austral: cuando maduran los piñones de las grandes araucarias, las comunidades pewenches suben a la montaña para recoger la cosecha que alimentará a la familia durante todo el año. En las fotos, Eliana Domigual y su hija Macarena Cayuqueo, de la comunidad Pedro Calfuqueo (Lago Icalma), en plena temporada de recolección. Pertenecen a una de las comunidades que mejor conserva el bosque y la propia tradición cultural pewenche (fotos cortesía de Alberto Tacón).

torias de las luchas indigenistas, como la propia declaración de la araucaria como Monumento Natural en Chile y la prohibición de la tala y del comercio internacional de esta especie, pero la degradación de todo el paisaje en términos generales es muy patente y preocupante, y parece que aquí como en otros lugares asistimos al fin de todo un modo de vida, que tratamos de resumir a continuación.

Hablamos de una economía tradicional local, arraigada y familiar, que en el caso de los pewenches gira en torno a su árbol matriz. La recolección de los piñones comienza en verano y para ello los grupos familiares se trasladan con todos sus enseres a las localidades altas de la cordillera donde viven estos árboles centenarios.

> En la acción de piñonear participan todos los integrantes de la familia y es realizada por la totalidad de las comunidades indígenas Pehuenche. Los sitios de veranada y la distribución de las «piñoneras» entre los miembros de la comunidad fueron asignados antiguamente al primer descendiente de su linaje y se constituyen bajo el concepto de terrenos de uso «comunitario».[6]

En la tesis doctoral sobre la recolección del piñón y conservación de la araucaria en la comunidad Quinquén, que amablemente nos ha hecho llegar su autor, Alberto Tacón,[7] podemos constatar la estrecha relación de las comunidades con los bosques de araucaria, a los que acudían para la recolección de los piñones. Se cogían los piñones caídos o se forzaba la caída de estas semillas mediante técnicas diferentes, raras veces subiendo al árbol. La integración en este ecosistema naturcultural se manifiesta en un complejo corpus tradicional de usos, costumbres y creencias

El bosque de araucarias, y sus piñones.

en el que no existe una propiedad de la tierra ni de los árboles, pero sí un cierto lazo entre cada familia y un rodal determinado. Los mecanismos socio-ecológicos de preservación del paisaje descritos en este estudio, resultan muy interesantes:

> En Quinquén, cada sector de una *«pinalería»* o *«pinalá»* corresponde o *«le toca»* a una familia o un determinado número de familias cercanas. Esta forma de organización del territorio, descrita también por González (1980) para otra comunidad, permite que cada grupo de recolectores conozca detalladamente un sector, optimizando así la tarea recolectora y permite establecer un estricto control sobre el recurso. Dado que las acciones de individuos ajenos a la comunidad pueden dañar el recurso común con el «aporreo», los usuarios coordinan sus patrones de apropiación para ser capaces de excluir a otros del acceso. No obstante cabe resaltar que esta organización territorial no constituye en sí misma una forma de apropiación del recurso. Por el contrario el piñón es considerado un recurso de libre disposición para todos los miembros de la comunidad. [...] no hay autoridad externa que tenga un rol significativo en el cumplimiento diario de las reglas en uso, los usuarios son responsables ante los otros usuarios, [...] siendo en el caso de estudio los propios piñoneros quienes actúan como supervisores. La presencia de un recolector evita que un segundo incumpla las reglas, y la presencia del segundo evita que sea el primero quien las incumpla. [...] Las personas que violan las reglas de apropiación del recurso no sólo sufren la pérdida del reconocimiento social, sino que a la vez pierden el favor de la divinidad, encarnada en el propio recurso, la araucaria, cayendo en desgracia por su acción.

En la misma tesis de Alberto Tacón se resalta el respeto reverencial que las comunidades pewenches tienen hacia sus árboles, tal como se refleja en las condiciones que se impusieron para el estudio: «Por expresa petición de las autoridades de la comunidad no se barrenaron ni se cortaron brinzales de araucaria y se evitó marcar los árboles con pintura roja». Estos lazos se manifiestan también en la estrecha relación que se viene produciendo desde tiempo inmemorial entre los grupos familiares y los rodales de araucarias que se consideran grupos de individuos machos y hembras, emparentados con estructuras similares a las de la familia pewenche. Existe incluso una pareja de divinidades: «... el abuelo del pewen o *pewenvucha* y la abuela del pewen o *pewenkuze*. De su voluntad depende la reproducción anual de las araucarias y por tanto la cosecha del piñón, por lo que son respetados y honrados por la comunidad». En el mismo sentido, existen diferentes creencias que humanizan o divinizan a las araucarias: «...hay que cuidar lo que se dice en el bosque, evitando hablar mal de nadie porque *"los árboles guardan las palabras"*. [...] Destaca la opinión generalizada de que la araucaria produce todos los años mucho más piñón del que se puede cosechar, porque tiene que dar de comer a toda *"la gente"*, refiriéndose tanto a personas como a animales. En general los animales silvestres no se advierten como una competencia, y se respeta su derecho al recurso».

Pese a que pueda parecer un dato anecdótico, uno de los testimonios que hemos escuchado repetidamente sobre las consecuencias de los nuevos modos de explotación de la tierra es que las *machis*, mujeres que detentan los conocimientos de la medicina tradicional, no encuentran las plantas y los remedios en sus paisajes arrasados, lo cual da una idea de la magnitud del exterminio en aquellas comarcas y la profundidad del daño a la gente arraigada y a su cultura.

En este contexto podemos suponer el estupor que llega a causar a las poblaciones locales el síndrome de Asperger que padecen los nuevos colonizadores respecto a los paisajes y sus habitantes. Tenemos un ejemplo elocuente en la justificación que hacía el representante de una compañía maderera, de la tala de los bosques primarios de los que depende directamente la economía, la supervivencia y la tradición del pueblo mapuche:

> *Yo no los he molestado a ustedes hermanos mapuches, yo necesito la pura madera, el terreno va a quedar igual para ustedes.*[8]

«Agárrate a la brocha que te quito la escalera» parece ser el lema de los «extraterrestres» que nunca entenderán la simbiosis entre el paisaje y la gente que lo integra y habita de manera natural e inteligente. Y es que los lazos, además de racionales, son sin duda emocionales o espirituales. Las inteligencias múltiples que ejercitan los pueblos originales por el simple hecho de vivir arraigados, aportan una comprensión natural de que la tierra es algo vivo y complejo, y no un suelo inerte que nos sostiene.

APOCALIPTO, LA INVASIÓN PLANETARIA

En definitiva, la situación de los grupos mapuches puede sin duda extrapolarse a muchos otros lugares del planeta, como la propia península ibérica, en la que las poblaciones locales «indígenas», y los bosques tradicionales que las sustentaban, han sido suplantadas por explotaciones forestales a escala industrial.

«Encuentro» entre el bosque autóctono, un encinar cantábrico, y el eucaliptal.

El problema es de una rabiosa actualidad con la introducción en todo el planeta de monocultivos, como el del eucalipto, que han desplazado aquí a muchos pastizales y castañares, y en otros lugares a los árboles y ecosistemas ligados a las respectivas culturas tradicionales. Dice el botánico Francis Hallé:

> La mundialización de los árboles está en marcha, pero he aquí que favorece sobre todo a los industriales de los países ricos, en cuanto a la gente de los países pobres, sus árboles favoritos son especies humildes que no interesan a los financieros ni a los tecnócratas.[9]

En este sentido, la economía especulativa que promueven determinadas multinacionales ni siquiera precisa la apropiación del territorio, basta implantar políticas que promuevan e incluso subvencionen con fondos públicos estos monocultivos, para conseguir que las administraciones y los propios particulares pongan a su servicio enormes extensiones. Es lo que ha sucedido en gran parte de la cornisa cantábrica. A mayor superficie plantada más bajo será el precio de la madera para la empresa papelera, que consigue a costa del paisaje y el paisanaje un negocio redondo. Puesto que en estas economías no se tienen en cuenta las pérdidas de fertilidad, el interés para la población a medio y largo plazo, la biodiversidad, etc., las cuentas siempre salen. No faltan científicos y políticos a sueldo que hablarán sobre las excelencias de estos monocultivos, aunque tengan que retorcer los informes hasta el punto de asegurar que estas explotaciones crean muchos puestos de trabajo, o sirven para luchar contra el cambio climático por el efecto de captura de carbono. La mitología en este sentido llega a ser grotesca.

Es posible que sea la científica y activista Vandana Shiva la que, a partir de la situación en la India, ha demostrado del modo más elocuente la destrucción global que sufren por esta causa, paralelamente, los ecosistemas y las sociedades campesinas o tribales que los sustentan. Frente a esta arrolladora colonización, Vandana Shiva afirma que la tierra no es solo el mayor recurso natural, sino también el empleador más importante de la India, puesto que la mayor parte de la gente vive de ella. Los estudios económicos contemplan demasiadas veces tan solo la actividad que puede contabilizarse en los grandes mercados, la que termina cotizando en los sistemas

Pomarada acosada por el eucaliptal.

especulativos bursátiles. Se desprecia la pequeña actividad de la gente que vive dignamente de la tierra, más o menos al margen de los círculos de endeudamiento y de la agricultura intensiva basada en la maquinaria pesada, abonos y productos químicos de síntesis, transgénicos y otros modos de dependencia.

Vandana Shiva analiza en su libro *Abrazar la vida*,[10] el enfrentamiento en las propias comunidades indígenas entre intereses contrapuestos. De un lado las mujeres vienen defendiendo los bosques, de los que obtienen forrajes para el ganado, frutos, leña y un sinfín de recursos básicos para la subsistencia en los círculos de la cultura tradicional. Del otro, los hombres de la comunidad, tentados por el dinero que se les ofrece como taladores, se disponen a cortar el bosque que dio de comer a sus comunidades durante generaciones incontables. Curiosamente, como vienen demostrando los sistemas de microcréditos, los hombres no son capaces de ahorrar o invertir adecuadamente y se gastarán rápidamente un sueldo que apenas repercute en la familia.

Las mujeres se han revelado como eficientes gestoras, capaces también de empatizar, conservar y defender la tierra y el paisaje que les da de comer. «Dennos un bosque de robles y les daremos ollas repletas de leche y canastas llenas de grano», cantaban las mujeres del movimiento Chipko que protege sus bosques ancestrales en las estribaciones del Himalaya. Su influencia ha sido enorme a nivel internacional por la defensa de los árboles, abrazándose a los troncos para impedir que los derribaran.

> En 1974, cuando las mujeres de Reni protegieron el bosque dijeron a los contratistas: «Este bosque es el hogar de nuestra madre. Cuando tenemos escasez de alimento, venimos aquí a recoger frutas para nuestros niños. Recogemos hierbas, helechos y hongos. No talen este bosque o nos abrazaremos a los árboles y los protegeremos con nuestras vidas».

Es interesante resaltar la conciencia que manifiestan los miembros de este movimiento respecto a la pertenencia del ser humano a la tierra y la importancia del suelo y de los árboles para prevenir la erosión, garantizar el agua y la vida, la diversidad y la propia supervivencia. Y esta conciencia se expresa claramente a nivel racional, afectivo y religioso. En uno de los enfrentamientos que se produjeron entre las mujeres y los taladores, se cuenta que ellas les dijeron que iban a enseñarles silvicultura. Con desprecio les contestaron que no podían saber el valor de los bosques si impedían la tala y apostillaron:

—Producen ganancias, resina y madera.

Las mujeres respondieron con un canto:

> ¿Qué dan los bosques?
> Dan agua, tierra y aire puro.
> Dan agua, tierra y aire puro.
> Sustentan la Tierra y todo lo que ella da.

Vandana Shiva explica en la misma obra cómo en la India se repite el guion del expolio de tierras comunales y la ocupación masiva por parte del monocultivo de eucaliptos. Respecto a los cultivos tradicionales, enumera los diversos árboles que se plantaban para proporcionar comida y forraje, fertilizantes, plaguicidas, combustible…

> El fondo de todas las casas de las regiones rurales era un vivero, y cada campesina era silvicultora. Ese modelo de agrosilvicultura invisible y descentralizada era de gran significación porque la más insignificante de las especies y la más humilde de las personas

> podría participar y, al dar espacio a los más pobres, todos estaban comprometidos en los cuidados y en la plantación. [...] Los expertos decidieron que el conocimiento indígena carecía de utilidad y no era «científico» y se dedicaron a destruir la diversidad de especies nativas, a las que sustituyeron por hileras de plantas de eucaliptos...

El eucalipto se ha convertido por toda la India en un símbolo de colonización hasta tal punto que, en 1983, campesinos del distrito de Tumkur acudieron en masa a un vivero del que arrancaron millones de plántulas de eucalipto para plantar simbólicamente «sus» árboles identitarios, tamarindos y mangos. Afirma Vandana Shiva:

> Este acto de protesta, por el que fueron detenidos, es de por sí una declaración contra la auténtica destrucción de los sistemas hídricos y geológicos que supone el cultivo de eucaliptos.

Sonroja la comparación de las actuaciones decididas de los «pueblos originales» en defensa de sus paisajes, frente a la desidia de nuestra sociedad acomodada que se limita a mirar de forma complaciente cómo nuestros montes y tierras más fértiles, igual que el resto del planeta, están siendo ocupados por ese silencioso ejército invasor. Curiosamente, nuestra idea occidental de patria y «defensa» no parece contemplar la idea del país-paisaje como una parte sustancial de nuestra identidad.

Entre otros rasgos comunes que comparten las comunidades pewenches y las mujeres Chipko, hay uno que nos interesa y emociona especialmente: fueron la primera línea contra los incendios de sus bosques cuando las administraciones, e incluso los vecinos de las respectivas comarcas, miraban hacia otro lado. Una vez más comprobamos que la defensa y la preservación del patrimonio natural o cultural solo pueden abordarse de manera comprometida y efectiva cuando existe un arraigo vital y espiritual.

El concepto occidental de propiedad es al fin un modo reduccionista de entender la tierra y lo que hay sobre ella. Para la gente enraizada, la tierra es algo vivo y no pueden entenderse separadamente el bosque, el suelo vivo y fértil o la roca madre que soporta todo ello.

PINOS EN EL HUERTO

Como hemos dicho, no es necesaria la compra o conquista de la tierra para explotar sus recursos; un buen ejemplo son estos monocultivos forestales que se implantan a costa de los cultivos o los bosques autóctonos, y sobre todo a costa del futuro de regiones enteras.

Los pequeños propietarios están con frecuencia involucrados en estas formas de suplantación de los paisajes tradicionales, introduciendo árboles que plantean problemas, no solo por las características de la especie (inflamabilidad, consumo de agua, acidificación de los suelos...), sino por los propios sistemas de cultivo (grandes extensiones de monocultivo que terminan con la diversidad, talas a matarrasa, uso de maquinarias pesadas...).

Julio Caro Baroja describe muy bien el fin de los bosques autóctonos y las arboledas tradicionales en su pequeña patria de Vera de Bidasoa (Navarra):

> Hacia 1925 empezaron a hacerse por particulares pequeñas plantaciones de pinos. Aumentó el número de ellos de 1930 en adelante. Hoy grandes extensiones del término

> se hallan cubiertas por estos, de tal suerte que ha cambiado el tono del paisaje, como ocurre en Vizcaya y Guipúzcoa. Donde antes había robledales (por ejemplo el de Agesta) hay pinares. También en antiguos prados con manzanos y no muy lejos del casco urbano. Más abajo todavía se han hecho en prados plantaciones de chopos muy tupidas, con mal resultado a veces. En conjunto, puede decirse que los chopos y más aún los pinos, son explotados industrialmente, de forma que nada tiene que ver con las antiguas. El pino se usa mucho para pasta de papel. Es una prueba o índice del tránsito a la sociedad industrial. […] lo que ha perdido toda significación de 1940 a hoy es el manzano, que desde la Edad Media era un árbol fundamental en la economía del país.

Desde esta crónica de 1974 habrían de aumentar las plantaciones altisonantes de pino insigne *(Pinus radiata)* hasta llegar a las 163 000 hectáreas en 1986, tan solo en el País Vasco. La implantación masiva de esta especie, fomentada y subvencionada con dinero público, ha sido verdaderamente arrolladora en las regiones cantábricas. Pero también se ha producido a gran escala en otros países de nuestro entorno y en inmensas regiones del hemisferio sur: Nueva Zelanda, Australia, Chile y Argentina… La rapidez de crecimiento de este pino de origen californiano ha generado un fabuloso negocio, y los caseros no dudaron en llenar prados, pomaradas e ¡incluso los huertos!, con estos árboles que han engullido valles enteros, mermando los terrenos que ocupaban otros cultivos o usos tradicionales. Como suele suceder con cualquier mercado, la saturación local y global ha implicado una continua caída de los precios y por tanto del interés que generaba esta actividad. Solo muchas décadas más tarde, las administraciones públicas que alentaron estas plantaciones, principalmente desde los servicios de montes de las Diputaciones, han reconocido las consecuencias de la gestión desastrosa y la masiva introducción de los pinares, pero en gran parte el daño está hecho. En 1991, las Directrices de Ordenación del Territorio de la Comunidad reflejaban algunos de los efectos de la degradación del medio en términos generales, pero que en gran parte pueden achacarse a los monocultivos forestales:

> … el proceso histórico de degradación de importantes sistemas naturales, en la que destacan la regresión de los bosques autóctonos.
>
> … importante alteración de los procesos naturales que operan en el territorio, con aparición de fenómenos erosivos y de deslizamiento de materiales, incendios forestales y sobre todo un notable incremento del riesgo de inundaciones… [11]

Desde el punto de vista económico, podemos considerar este proceso como una auténtica «burbuja forestal» que nos ha llevado a una situación comparable al boom urbanístico o a las veleidades financieras que han arruinado tantas familias y países. Pero se entiende mejor el mensaje, como siempre certero, de Julio Caro Baroja, si analizamos el significado de las pomaradas en las economías de la región, tal como nos propone este autor, y la desintegración de todo un complejo y diversificado sistema tradicional en una sola generación.

Es fácil entender la esquizofrenia del casero vasco, que ha mamado arcaicos conceptos de austeridad e integridad en el contexto de las normas tradicionales, pero se enfrenta a un nuevo paradigma económico en el que las hipotecas, los estudios de los hijos, la mecanización y otras realidades obligan a hacer el recorrido de un sistema autárquico a una mentalidad financiera y productivista. 3000 años de tradición reconvertidos en unas pocas décadas de «modernidad». En lo forestal la relación puede expresarse en la brutal transición de la fisonomía de un paisaje ondulado de praderas, hayedos y robledales, al pinar erizado que provoca un estado anímico bien diferente. Las tensiones han sido enormes, en la sociedad y en el país, y se han manifestado no solo en el propio paisaje sino en enfrentamientos sociales y políticos. En definitiva, esa modernidad ha arrollado a la cultura tradicional y una imagen palpable son los prados, pomaradas e incluso caseríos, acosados por esas nuevas plantaciones que se colocaron a veces a escasos metros de los edificios o los cultivos, con escasa conciencia de la rapidez de crecimiento y los problemas que causaría la alargada sombra, el peligro de incendios, la competencia a nivel radicular... El paisaje que generaban los propios caseríos con sus actividades tradicionales cambiaría de manera súbita por esta causa, pero también por otras diversas como la dedicación prioritaria de los caseros a las industrias o la conversión de los caseríos en edificios residenciales sin relación con el campo, o en negocios turísticos de diversa índole.

PAISAJE, ENERGÍA Y CAMBIO CLIMÁTICO

Durante una entrevista radiofónica, preguntaban al presidente de una asociación ecologista su opinión sobre un proyecto de instalación de molinos de energía eólica en el mar, frente a las costas cantábricas. Su alegato fue contundente, venía a decir: ¡qué queréis que opine!, que pondrán eólicos en la montaña y en el mar, seguiremos con las nucleares y todos los demás sistemas de producción, y nunca habrá suficiente para un sistema de ambición irrefrenable.

En efecto, frente a la escasez, a veces ficticia, de energía, rara vez se replantea el postulado absurdo del crecimiento continuo que rige las economías actuales, y todo parece servir para continuar en esa línea ascendente que lleva inevitablemente al precipicio. Nucleares e hidroeléctricas, energía solar, biomasa y eólicas... Sin duda el impacto ecológico de las renovables es mucho menor, pero esto no quiere decir que los paisajes deban ponerse sistemáticamente al servicio de la generación de energía para una sociedad insaciable en este y otros aspectos. Es hora, por el contrario, de reducir consumos y producciones, pero la inercia de los mercados no parece pensar lo mismo. Es negocio producir y es negocio transportar la electricidad o especular con las distintas fuentes de energía. Nunca será negocio la reducción de la producción y el consumo.

En este contexto, las gigantescas presas que anegan inmensos territorios de Sudamérica desplazando a las poblaciones locales, tal como ocurriera por aquí hace unas décadas, las plantaciones para biodiesel o las centrales de biomasa, la implantación abusiva de eólicas en las cimas de montañas y colinas que pertenecieron tradicionalmente a los bosques, son nuevas modalidades de industrialización de los paisajes que tan solo la crisis de los últimos tiempos, con la desaceleración de consumo energético, ha frenado en cierta medida. Si, como veíamos en la introducción, el concepto romano de gestión de la tierra era la consagración de las llanuras a Ceres (cereales), las colinas a Palas (olivares) y las montañas a Pan (bosques), se diría que hoy las cimas de las co-

Aerogeneradores dominando el paisaje, una imagen cada vez más frecuente que determina un nuevo modo de colonización de los montes con aerogeneradores, infraestructuras viarias, tendidos y subestaciones eléctricas, en las zonas altas que ocupaban preferentemente los bosques.

linas y las montañas se han consagrado a Eolo, olvidando que el agua, el clima, la biodiversidad y tantos equilibrios distintos dependen de estas zonas estratégicas para los distintos equilibrios de los paisajes.

A lo largo de estos capítulos hemos visto cómo cualquier material leñoso se utilizó en forma de leña o carbón para alimentar desde los braseros de las ciudades y otros sistemas de calefacción, a los hornos de pan y las distintas industrias. Hasta la tardía utilización del carbón mineral para los procesos siderúrgicos (a finales del siglo XIX), el carbón vegetal era el combustible para producir hierro a partir del mineral en bruto y para su posterior forja o fundición y conversión en cañones, balas de cañones, espadas, azadas, clavos y herrajes o cualquier otra herramienta o útil. Se comprende por tanto que el consumo de carbón a lo largo de los siglos fue desorbitado y de hecho, las ferrerías se ponían cerca de los bosques donde se producía carbón. Para cada tonelada de hierro se necesitaban dos de carbón y para cada tonelada de carbón cuatro de leña y aún se precisaba más combustible para su transformación.

Aunque las necesidades han cambiado, hoy igual que ayer, la madera puede ser un recurso energético local adecuado, si las estufas donde se quema son eficientes. Actualmente existen sistemas que con muy poco combustible generan gran cantidad de calor. Pero ya las glorias castellanas, calefacciones bajo suelo inventadas hace muchos siglos, pueden caldear muy eficientemente un gran espacio de confort con un consumo y mantenimiento mínimos. Cuatro palos y un poco de paja son suficientes para mantener caliente el ensolado de una estancia durante todo un día y una noche, sin necesidad de alimentar continuamente el fuego. Efectivamente, frente a las viejas chimeneas donde uno se quemaba por delante y se helaba por detrás, existen infinidad de sistemas eficientes de combustión.

Aún hoy, gran parte de la población mundial sigue dependiendo de los árboles para estos usos e incluso en nuestro contexto geográfico muchos pueblos se abastecen de la leña de sus bosques. También los setos pueden ser una fuente renovable de combustibles, aunque cada vez más, en gran parte por comodidad, los hornos, las cocinas y calefacciones de leña van desapareciendo para dar paso a la electricidad de orígenes diversos o los combustibles fósiles. Sin embargo, las crisis económicas y energéticas podrían aconsejar una vuelta, siquiera parcial, a estos sistemas. Al menos esto es lo que se desprende de un interesante artículo en la revista *Ceres* de la FAO.[12] La vuelta a la dendroenergía, propiciada por el ministro de energía de Gran Bretaña en 1992, se basa en el cálculo de que los montes tendrían en la isla la potencialidad de una producción energética renovable y respetuosa con el medio ambiente, con una capacidad de producción de calor equivalente a los seis millones de toneladas de petróleo al año. La técnica se basa en la plantación de hileras de sauces en primavera, a un metro de distancia, sin abonos ni herbicidas. El primer año se cortan a ras de suelo de tal modo que el tronco produce retoños que son de nuevo cortados y pueden servir para ser plantados de nuevo. A partir de ahí se cosecha en turnos de tres a cinco años y la producción, variable según suelos, clima, etc., va de las 6 a las 15 toneladas de leña por hectárea.

El interés de la diversificación de las fuentes de energía y la enorme cantidad de matorral y madera a punto de arder en los montes, está propiciando una vuelta a esta energía renovable. Rodríguez Vigil señala que la biomasa en bruto o prensada está utilizándose en Francia tanto para el consumo de viviendas unifamiliares como de edificios institucionales. Se calcula que esta energía resulta rentable si se utiliza en un radio de unos 20 kilómetros de distancia de los lugares de producción y tratamiento. Y añade este autor:

> ...el reglamento comunitario por el que se definen los regímenes de ayuda a los promotores de cultivos energéticos en el marco de la Política Agraria Común (PAC) y de promoción del acuerdo de Kioto incluyen la biomasa forestal dentro de los mismos, de forma que su recolección se prima con una ayuda directa de 45 euros por hectárea.[13]

Cabría en este sentido pensar que las nuevas técnicas de utilización de biomasa a través de los *pellets*, el combustible granulado cuyo uso se ha popularizado en procesos más o menos industriales y para calefacciones de viviendas unifamiliares, son una fórmula excelente de aprovechamiento racional, integral, sostenible... Sin embargo, los procesos industriales aplicados a los montes han de planificarse cuidadosamente para evitar que

Imagen de Sotres (Asturias). Rodeado por las pequeñas parcelas y prados de propiedad particular, el comunal es la inmensa extensión de monte alrededor del pueblo que se utiliza de manera colectiva para pastos, leñas y una infinidad de recursos esenciales.

la recogida de la biomasa de restos forestales, arbustos y matorrales, no sea tan total y excesiva que impida la regeneración de los bosques y su capacidad de albergar la biodiversidad que debe conservar todo espacio más o menos natural. Por otro lado, es preciso garantizar de algún modo la fertilización de la tierra por el regreso de la materia orgánica y la consiguiente captura de carbono por los suelos. Otro problema añadido es el uso de maquinaria pesada que apelmaza y destruye los suelos. Un modo de pensamiento excesivamente productivista y unas formas de explotación por parte de empresas interpuestas o trabajadores foráneos, tienden con mayor facilidad a las formas de explotación abusivas al carecer del arraigo y la empatía hacia los propios paisajes.

Por otro lado no podemos considerar renovables o sostenibles, mucho menos «ecológicos», los monocultivos para la fabricación de *pellets*, por el esquilmo de la tierra y los efectos nocivos para la biodiversidad y la fertilidad del terreno. El hecho de que productos derivados de estas plantaciones consigan el sello de garantía FSC u otros, no debe confundirnos a la hora de valorar el desastroso efecto que tienen a nivel ecológico y social en los lugares en que se implantan.

Pero al margen de este tipo de explotaciones, desde una perspectiva puramente ecológica estos recursos energéticos resultan sostenibles en montes bien gestionados y el balance de carbono es neutro, ya que las emisiones se compensan continuamente con el crecimiento de la vegetación en las formas de explotación respetuosas. Tal como vimos de forma más precisa al hablar de los castaños, gran parte del carbono capturado por las plantas queda en el suelo, y los bosques con una gestión correcta pueden ser excelentes sumideros de carbono si parte de la materia orgánica regresa a la tierra. En este sentido, incluso estos ecosistemas destinados en parte a la obtención de combustible pueden ser importantes para la lucha frente al calentamiento global, de un lado por la potencialidad de captura y retención, y de otro evitando, mediante los usos adecuados (no laboreo, control de erosión y conservación del suelo, etc.) que el carbono que a lo largo de siglos ha podido retener el terreno, regrese a la atmósfera. La magnitud de esta aportación es evidente en razón de las grandes extensiones que ocupan aún los comunales y los paisajes de los que aquí tratamos.

LA CAZA DE ÉLITE

Otro buen ejemplo de paisaje suplantado es el destinado a la caza de élite, que supone el acotamiento y acaparamiento de inmensos territorios, en la península ibérica y en otras regiones de todo el planeta. No nos detendremos demasiado en valoraciones morales sobre este deporte y (o) afición, aquí nos interesa el impacto de esta actividad sobre el medio natural y las sociedades rurales.

Los bosques de caza han sido históricamente grandes espacios reservados a la nobleza, y especialmente a la realeza, en muchos países de Europa. La Edad Media se ha prolongado para algunas de estas reservas hasta el siglo XXI, como se verá. En 1788, Gilbert White, sacerdote y naturalista, escribía su *Historia Natural de Selborne*,[14] en la que describe el paisaje de esta localidad de Hampshire (Inglaterra), y dedica unas líneas a la reserva real de caza del lugar, denominada Wolmer Forest. En las notas de la excelente traducción consultada, hemos aprendido que el término *forest*, introducido en Inglaterra por los normandos, tuvo originalmente un significado de coto de caza de venados para el rey o el señor. El resto de los aprovechamientos se supeditaban a este uso. White describe muy bien el paraje en cuestión, formado por landas de brezo completamente desarboladas, y el conflicto de este uso aristocrático con la población local que cazaba ciervos furtivamente, como medio de subsistencia pero también como manifestación de rebeldía frente a los abusos del poder. En 1723 se promulgaba el Acta Negra, una ley que castigaba con la horca el robo o la caza de ciervos. Mientras aquellos inmensos páramos, «brezales y baldíos», proporcionaban carne y diversión a la aristocracia, para los paisanos eran el *modus vivendi:*

> ...rinden un considerable servicio a quienes viven en sus inmediaciones, pues los proveen de turba para el fuego, de combustible para los hornos de cal, y de cenizas para la hierba, y mantienen a sus gansos y sus rebaños de terneros con poco o ningún gasto.

Se podía llevar por tanto el ganado a pastar en las estaciones apropiadas, con excepción de las ovejas. «Supongo —dice el propio White— que la razón de excluir a las ovejas es porque, al pastar de forma tan exhaustiva, consumen la mejor hierba y retrasan el desarrollo de los venados». Nuestro autor pone de manifiesto la hondura de la fractura social que causaba este monopolio de la tierra:

> Aunque los grandes rebaños de ciervos causan muchos daños a los lugareños, la afrenta para la moral de la gente es aún de mayor importancia que la pérdida de las cosechas.

Se diría que hablamos de los últimos coletazos de un sistema aristocrático medieval pero, con o sin aristocracia, la caza en nuestro país continúa acaparando enormes territorios en los que también el resto de usos queda supeditado a esta gestión cinegética. Una actividad que mueve grandes fortunas y atrae a cazadores de élite, que encuentran un modo de ocio y relación a la par que un marco ideal para cerrar negocios o acuerdos.

Se repite un mismo patrón con pocas variaciones, los caciques del lugar crean un espacio acotado a partir de latifundios privados o terrenos comunales, con la connivencia de las autoridades y la complacencia de la red clientelar de los vecinos o trabajadores que puedan beneficiarse de algún puesto de trabajo u otras prebendas. Los guardas, privados u oficiales, suelen ver con muy buenos ojos este tipo de actividades, que trae buenas propinas, y se convierten como los anteriores en defensores a ultranza de este sistema feudal reinventado. La puesta de lo público y colectivo al servicio de lo privado se materializa de manera patente en los cercados y privatizaciones incluso de caminos públicos. Los puestos de trabajo, que siempre se esgrimen como justificación, perpetúan las viejas formas de vasallaje en las que la población local cumple los roles de siempre, al servicio de los señores. Pero cuando se hacen las cuentas del número y la calidad de empleos creados, en relación al territorio ocupado por la actividad, se comprende que la justificación es ridícula, y una vez más la riqueza no queda en el lugar, más bien sale del mismo.

Evidentemente, no hablamos de un tipo de caza doméstica y local, el de los paisanos o aficionados que hacen sus batidas para divertirse con la cuadrilla al tiempo que, muchas veces, se defienden de los daños que puedan hacer en las fincas el jabalí u otras especies. Por poco que nos guste este y cualquier otro tipo de caza, es posible encontrar una funcionalidad ecológica a esta actividad a pesar de todas las contradicciones y abusos que pueden generarse en determinados lugares.

Pero la caza de élite, que ocupa territorios inmensos para entretenimiento de unos pocos magnates, es una actividad vergonzosa, insolidaria e incivilizada. No será preciso recordar el elefante abatido por Juan Carlos I, imagen que por sí misma sirvió para demoler décadas de laboriosa creación de imagen que trataba de justificar la reinstauración de una monarquía. Por poner otro ejemplo, la publicación de la típica foto de cacería en la que aparecen decenas de cadáveres de jabalíes, ciervos, etc. sirvió para abrir la veda de la cacería de un famoso juez molesto para los círculos del poder. Por otro lado, en aquel caso se puso de manifiesto la convivencia y connivencia, en estos espacios cinegéticos, de las más altas esferas de magistrados, políticos, financieros y empresarios. En este país, la película de Berlanga, *La escopeta nacional,* o la de Mario Camus *Los santos inocentes*, basada en la novela de Miguel Delibes, reflejan muy bien en qué consiste el negocio de la caza. Desgraciadamente tan solo han cambiado las formas, pero nacen nuevos cotos con cría en cautividad de «piezas cinegéticas» para repoblar grandes latifundios destinados ahora a nuevos clientes de países del norte. No es solo una actividad económica, es todo un modo de pensamiento y de comportamiento que va mucho más allá, tal como constatamos en el caso paradigmático de la Reserva del Sueve (Asturias) que resumimos a continuación:

En 1960, las autoridades franquistas tuvieron la ocurrencia de introducir una especie alóctona, el gamo. El «éxito» fue tal que, de los 40 ejemplares introducidos, la población pasó a superar con creces el millar en pocas décadas. A partir de aquel día y a pesar de que la actividad produce un saldo negativo a las arcas del Gobierno de Asturias, la caza del gamo se ha convertido en la actividad preferida por esta administración, a juzgar por los medios que se utilizan para su gestión. A

Gamos en campo de Golf en las inmediaciones del Sueve. La especie introducida en esta cordillera en 1960 ha proliferado de tal modo que impide la regeneración de los bosques y esquilma los pastos. Tras esta imagen, para algunos idílica, se esconde una situación esperpéntica en la que la administración regional prima la gestión cinegética y el turismo de élite frente a intereses de los ganaderos y paisanos de la comarca y la propia conservación de los ecosistemas.

nadie pareció ocurrírsele que con la introducción de esta especie, los paisanos que aprovechaban desde tiempo inmemorial los pastos de verano en esta montaña, verían mermados sus recursos. Estos montes públicos y comunales habían sido tradicionalmente gestionados por una Junta Administrativa que reunía a los representantes de todos los pueblos coterráneos. La costumbre era mantener en la montaña el ganado durante todo el verano y bajarlo en invierno a los pueblos, lo cual permitía al pasto una cierta regeneración que se hacía patente cuando en primavera volvían las reses. Con la llegada del gamo, que permanece todo el año en la montaña, no sólo se vio resentido el pastizal sino todo un bosque de incalculable valor, las Tejedas del Sueve, en la que no han vuelto a regenerar nuevos plantones desde la fatídica llegada de estos animales. Los paisanos, por supuesto, vienen manifestando sus protestas de todos los modos posibles, pero resultan totalmente invisibles a la administración, si atendemos a su nula presencia en los planes de gestión que se han ido redactando en los últimos tiempos. Ciertamente, se ha llegado a controlar la población de estos herbívoros hasta una cantidad de 400-500 ejemplares que resulta sostenible para los técnicos de la consejería, pero de un lado es imposible hacer un censo fiable en una orografía tan difícil como la de esta montaña y de otro se constata que los tejos continúan sin posibilidad alguna de recuperación por el intenso ramoneo, y los pastizales no prosperan. Después de varios años en los que diferentes grupos y asociaciones del ámbito de la ciencia y la ecología venían solicitando una protección efectiva y un control más riguroso de la población de gamos, en una reunión con los responsables últimos de esta gestión, uno de los técnicos responsables nos resumió con toda sinceridad, la terrible situación de intereses creados: «En ningún otro lugar del mundo los cazadores pueden cazar el gamo mientras ven desde la montaña las playas en las que toma el sol su señora». En ese momento caímos en la cuenta de que la Edad Media se ha prolongado de muchas formas hasta el siglo XXI, y para ello no hay más que ver también los cotos privados de caza, que proliferan, igual que los campos de golf y otros espacios de ocio elitistas, en las dos Castillas y por las dehesas de todo el país. Es así como una de las actividades más destructivas del ser humano se convierte en deporte nacional y negocio colosal, a costa del monopolio de territorios cuyos usos quedan supeditados por las nuevas leyes a estas prácticas. Se incluyen así disposiciones legales que permiten los vallados y limitan los derechos y los usos públicos, que ya *de facto* venían usurpándose incluso, como decíamos, con el cerramiento de los caminos públicos. Pero sobre todo se perpetúa la miseria y el vasallaje de los vecinos hacia las viejas y nuevas formas de aristocracia. El paisano se convierte así en una nueva fauna doméstica como de forma tan fidedigna se refleja en la obra mentada de Delibes o en la novela de Patricio Chamorro, *Paredes, un campesino extremeño*,[15] que no son sino el fiel reflejo de una situación de tiranía que parece no tener fin.

CONCLUSIONES

Hasta aquí hemos visto algunas formas de gestión y aprovechamiento de la tierra, de construcción y sostenimiento o destrucción, abandono y desintegración del paisaje. Las situaciones y los modelos son infinitos, y entre ellos analizamos diversas fórmulas de gobernanza sostenible de los territorios frente a otras basadas en la explotación, consumo y extracción abusiva de los recursos. Las políticas y normativas dictadas desde los despachos, rara vez aciertan a comprender e integrarse en las realidades comarcales. Favorecen por el contrario las estrategias de los mercados más o menos globalizados. Mientras, la curva demográfica de la población rural continúa en caída libre y los paisajes tradicionales pierden a un ritmo vertiginoso su identidad y peculiaridad, su diversidad cultural y natural.

Álvaro Bueno, investigador del Jardín Botánico de Gijón, nos relataba la problemática de pérdida de biodiversidad que ha generado el abandono de los prados de siega en todo el norte de la península ibérica. La cincuentena de plantas pratenses que albergaban de forma habitual se ha reducido a una decena, al dejar de segarse. La práctica tradicional de dejar florecer y granar la flora de la pradera, y recoger cuando era necesario en el propio pajar las semillas para resembrar los calveros, cae en desuso. El ensilado, las siegas tempranas, el abandono de los prados o su conversión en prados de diente, tienen como consecuencia esta pérdida de biodiversidad de la flora que se traduce a su vez en el declive y desaparición de los insectos fecundadores asociados. Para colmo, las «mezclas» de semillas, que el paisano obtenía de su propia cosecha o de la del vecino, se compran ahora a las casas de semillas, que utilizan unas pocas especies, siempre las mismas, como «fórmula magistral» para resembrar cualquier lugar del planeta.

En el mismo sentido, las multinacionales imponen con sus prácticas comerciales el uso de un conjunto de especies y variedades de cultivo cada vez más reducido y pobre genéticamente. Los transgénicos, y las especies seleccionadas por grandes empresas, terminan con la diversidad de cultivos locales en cuanto se abandona la sana práctica de recoger la grana de las plantas del propio huerto, tal como siempre hicieron nuestras abuelas. Aquel patrimonio único e intransferible de frutas y verduras de cada pueblo y comarca, perfectamente adaptado al clima, al terreno y a los gustos y costumbres, se empobrece de manera irreversible. Por otro lado, el declive de las poblaciones de abejas por el uso masivo de pesticidas y las «nuevas» enfermedades que les afectan, tiene una gran incidencia sobre las plantas silvestres y cultivadas que dependen de estos fecundadores. Otros muchos insectos que cumplen un cometido similar se encuentran en franca regresión. Al mismo tiempo muchas especies invasoras proliferan y tienen una incidencia más o menos grave para la biodiversidad en los lugares que colonizan.

Si analizamos por un momento el fenómeno del turismo, que una pequeña parte de la humanidad practica con toda naturalidad desde hace unas décadas, comprenderemos los devastadores efectos de esta actividad que genera una nueva cultura del ocio. No hablamos de ese pequeño «ecoturismo» que se integra en las comarcas en las que se establece, generando propuestas sostenibles. Nos referimos al turismo de masas, que cada año consume millones de barriles de petróleo para acudir a playas y estaciones de esquí, que en breve no existirán como consecuencia del cambio climático que provoca el consumo desaforado de combustibles fósiles. Especulación, corrupción y urbanismo salvaje, contaminación, construcción de infraestructuras, consumo irresponsable de agua, energía y recursos, son algunas de las lacras del turismo que no contabilizan en la cuenta de resultados, pero cuyo efecto sobre el entorno resulta devastador. Sin embargo, nuestras políticas continúan apostando por este modelo único de desarrollo que ya ha transformado de manera irreversible muchos de nuestros paisajes y formas de vida.

A este y otros casos y ejemplos expuestos podríamos añadir otras formas de expolio generadas por la dictadura de los mercados en detrimento de los paisajes, las culturas y las sociedades tradicionales. La tala de bosques primarios, los monocultivos de azúcar o de palma, los transgénicos y cultivos para biodiesel, el acaparamiento de tierras y aguas y otros mil modos de explotación

Sierra de Urbasa. Paisajes comunales gestionados desde tiempo inmemorial para usufructo de pastos, leña, madera, etc. demuestran que una buena administración económica es posible, sostenible y compatible con la conservación de la naturaleza.

insostenible de la Tierra, generan problemas de difícil solución. La economía financiera y especulativa, el consumo compulsivo y las actividades extractivas devastadoras completan un panorama futuro ciertamente desolador.

En este escenario no encontramos demasiadas razones para sentirnos optimistas. Los retos para preservar los equilibrios ecológicos, en los términos que hemos conocido hasta la fecha, son formidables. Pero por el momento la humanidad parece más entretenida en otras cuestiones, olvidando que la vida debe ser una cuestión prioritaria y que hay muchos daños irreparables, y caminos que no tienen fácil retorno.

Sin embargo, frente a este mundo en plena decadencia, Satish Kumar, editor de la revista *The Ecologist* y pionero de las luchas por el desarme nuclear, defiende la necesidad de un optimismo activista y de una educación y política supeditadas a las necesidades ecológicas y sociales. Frente a

Aunque en los últimos tiempos la tendencia general es la eliminación del arbolado en los campos, los paisajes tradicionales integran setos, bosquetes y pies de árboles aislados que actúan favorablemente sobre el microlima y proporcionan recursos esenciales: forraje, madera, leña...

las acusaciones de pensamiento utópico por parte del *establishment* respondía de este modo:

> Miren lo que los realistas han hecho por nosotros. Ellos nos han llevado a la guerra y al cambio climático, pobreza en una escala inimaginable y la destrucción ecológica al por mayor. La mitad de la humanidad se va a la cama con hambre por culpa de todos los jefes realistas del mundo. Les digo a aquellos que me llaman poco realista que me muestren lo que su realismo ha hecho por nosotros.

Para resolver o al menos mitigar algunos de estos problemas, podemos encontrar en el pasado claves útiles sobre cómo gestionar de modo sostenible y respetuoso nuestro entorno. Aquí hemos tratado, por nuestra parte, de presentar lo que hicieron nuestros ancestros, en la idea de que hemos perdido demasiados saberes y patrimonios que pueden sernos hoy más necesarios que nunca.

El proceso de apropiación y desintegración de los comunales ha sido casi completo en algunas comarcas pero es posible que, a partir de la recuperación de lo que nos queda y de la articulación de leyes, normativas e iniciativas diferentes, podamos reinvertir esta tendencia y recuperar una manera de vivir el paisaje que nos permita arraigar de nuevo.

En este sentido, y al igual que la despoblación tras la Reconquista obligó a instituir medidas para la repoblación y el asentamiento de los colonos, parece necesario promover y facilitar actualmente una vuelta al campo, implementando medidas que devuelvan la gestión del paisaje a los habitantes que puedan hacerse cargo de su gobernanza, y por esta razón hemos propuesto algunas herramientas renovadas como el derecho a los aprovechamientos vecinales del vuelo, que permitirían recuperar la administración de montes públicos, privados o comunales. Territorios con una potencialidad forestal, ganadera o agrícola a veces asombrosa, y que hoy se han convertido en inmensas formaciones de matorral siempre a punto de arder.

Hemos visto la multifuncionalidad de estos espacios y el interés que tuvieron para las poblaciones locales de antaño. Algunas propuestas básicas para invertir los procesos de degradación y reiniciar los paisajes abandonados o explotados de manera insostenible pueden deducirse de lo aquí expuesto, pero queremos finalizar dejando algunas ideas esquemáticas que parecen claves para esta reinvención del mundo rural:

- Recuperación de la memoria del paisaje tradicional, de los usos y costumbres, de las especies y variedades y de los patrimonios diversos que lo conformaban.
- Recuperación de derechos históricos de autogobierno de las comunidades locales y sus territorios comunales expoliados o abandonados.
- Clarificación de la titularidad y derechos sobre estos terrenos vecinales para sentar las bases de una administración libre de conflictos.
- Cesión a las juntas vecinales de terrenos de propios de ayuntamientos e instituciones diversas de montes públicos.
- Planificación de los territorios para garantizar su productividad y diversidad, teniendo en cuenta siempre los aspectos ecológicos.
- Asesoría técnica y jurídica para la reforestación y administración responsable de los montes. Apoyo decidido a las actividades agrícolas, ganaderas y forestales respetuosas.

- Reinvención de fórmulas de vecindad que sirvan para repoblar y aprovechar siquiera una parte del enorme potencial productivo de los montes.
- Control de los matorrales mediante desbroces y utilización de la biomasa para abono, energía y otros fines; sin olvidar la necesaria planificación y una gestión adecuada para la conservación de los suelos y la biodiversidad.
- Renovación de los castañares y bosques de maderas nobles y especies de interés que favorezcan una mayor biodiversidad y ayuden a paliar los efectos del cambio climático…

Una parte de estas iniciativas comienza a desarrollarse a través de iniciativas muy diversas englobadas en las redes de Custodia del Territorio. Se trata ni más ni menos de una toma de conciencia del paisaje, que está llevando a respuestas múltiples y locales capaces de involucrarnos de forma corresponsable en el gobierno de los montes. En definitiva, creemos que una parte de las soluciones pasa por ese regreso al común, al sentido común, a la tierra comunal, a la horizontalidad, a la gestión del territorio individual, familiar, vecinal, por parte de personas, asociaciones, cooperativas… A una reconstrucción que comience en suma por los mismos cimientos, partiendo de abajo hacia arriba, y evitando las políticas de despotismo ilustrado que continúan imperando en las administraciones públicas. La magnitud de las dificultades hace imprescindible la colaboración entre los distintos estamentos complementarios. Paisanos y ciudadanos, científicos, funcionarios, políticos… se impone una cooperación activa en un mundo que crece en complejidad y que cada día que pasa nos demuestra que nos necesitamos los unos a los otros.

Quizá la aportación más interesante de este libro sea la propuesta de recuperación de aquel derecho de poznera. Tú y yo, al menos teóricamente, tenemos derecho en muchos pueblos y regiones a plantar nuestros propios árboles… por el simple hecho de ser vecinos. E incluso, aunque este derecho se haya dejado de practicar, perdiéndose como costumbre, nunca ha prescrito realmente al formar parte de este derecho consuetudinario de naturaleza imprescriptible. Seguramente nos encontraremos frente a políticos, funcionarios e incluso vecinos que no entiendan o no vean con buenos ojos esta práctica. Quizá haya que esperar, argumentar y sentar las bases de una convivencia pacífica en este sentido, recogiendo en cada lugar estas y otras costumbres como parte de un legado irrenunciable y ejercitando una labor previa didáctica y explicativa. En todo caso, conviene recordar que, como vecinos que somos, tuvimos este derecho de plantar y usufructuar en las tierras del común, para nosotros y nuestros hijos y descendientes, en una de las más interesantes figuras de derecho que ha inventado la humanidad.

El futuro, en cualquier caso, siempre está por hacerse y, frente al descenso demográfico que padece el mundo rural, se impone la necesidad de una reconstrucción de los paisajes abandonados. El regreso al campo es difícil por muchos motivos, pero quizá las crisis actuales y las futuras que se adivinan sirvan de revulsivo y nos muestren el camino de recuperación de estos paisajes perdidos a los que seguimos perteneciendo de un modo u otro. El agua que somos, el alimento que consumimos, nuestros recursos y el entorno vital y espiritual… todo ello nos conduce de alguna manera a una nueva conciencia de la Tierra, es decir, del planeta y el territorio global y local del que vivimos.

Ya en el último minuto de la redacción de este libro, a principios de mayo del 2016, hablábamos de nuevo con Amable, el de Melendreros. El paisano asturiano ya mentado en algunos capítulos de este libro. Nos volvió a relatar cómo injertaba un peral sobre un pie de espinera en el monte común

A huebra (Palencia), *a caminos* (Cantabria), *adra* o *vereda* (Álava), *sextaferia*, *estaferia*, *adobo*… (Asturias), *facendera* (León), *obreriza* (Soria), *hacendera* (Castilla), *auzolan* (País Vasco y Navarra), *concejo* y *monjonera* (Zamora), *tornallom* (Valencia)… y otras muchas palabras o expresiones más o menos locales, designan el trabajo colectivo al que de forma obligatoria asistían todos los vecinos de cada pueblo o junta vecinal para arreglar caminos, limpiar las fuentes, reforestar los montes y hacer todas las labores necesarias para la conservación de los terrenos y patrimonios comunales. Fotografía de Piedad Isla (*A huebra limpiando el monte*, 1962).

y todo el mundo reconocía y respetaba la propiedad del árbol y su fruta. Del mismo modo, la familia plantaba nuevos castaños en los alrededores del soto familiar, también en terreno comunal, y la arboleda y su madera y sus castañas formaban parte indiscutible de la heredad. Una vez más no deja de sorprendernos la naturalidad con la que el paisano administraba el paisaje sin necesidad de permisos ni bendiciones. No nos cansaremos de recordar que nos queda la asignatura pendiente de recuperar derechos ancestrales perdidos o absorbidos por instituciones, cabildos y políticas que siempre están demasiado lejos, demasiado al margen de la realidad del paisaje y el paisanaje. Es esta también una forma de recobrar la dignidad y en cierto modo la libertad y capacidad de autogestión, que de tantos modos distintos ha sido sustraída a los individuos, las familias y las juntas comarcales o vecinales que venían administrando de forma autárquica su patrimonio.

Quien intente plantar árboles o recuperar esa gestión de los comunales, probablemente encontrará hoy todo tipo de dificultades por parte de los estamentos diversos que nos administran. Ahora bien, en lo que respecta al paisaje, hoy más que nunca, la libertad no consiste solamente en votar y escoger representantes una vez cada cuatro años, sino en ejercer nuestros derechos y formas de actuación para construir y conformar la sociedad y el mundo que nos rodea, aportando lo mejor de nosotros mismos y recogiendo el fruto de nuestro esfuerzo.

El futuro es una interrogante mayúscula. Pero vislumbramos algunas esperanzas en lugares concretos en los que se están recuperando iniciativas modélicas como las llamadas de «custodia del territorio». Conocemos una infinidad de personas y grupos que se ocupan de salvaguardar las semillas de especies o antiguas variedades cultivadas en peligro de desaparición, que recuperan y compilan conocimientos y modos de hacer de antaño, que investigan sobre la fauna, la flora y la composición e interrelaciones de los ecosistemas, que limpian los senderos y cuidan las fuentes; que defienden los caminos públicos, los comunales y el legado natural y cultural con uñas y dientes frente a las acechanzas de todas las modalidades de usurpación. Que cultivan huertos humildes o recuperan y sustentan espacios para la vida. Más que ningún otro patrimonio, el paisaje es una cuestión que atañe a todos y cada uno de los seres humanos. Más aún, podemos concluir que paisaje somos todos, y de mil modos distintos contribuimos a la creación o el declive de nuestro entorno con cada gesto, simplemente con nuestro modo de vida. Dice el proverbio africano popularizado por Eduardo Galeano y Gustavo Duch: mucha gente pequeña, en lugares pequeños, haciendo pequeñas cosas, puede cambiar el mundo. Una nueva conciencia de paisaje comienza a germinar.

Notas

1. Saramago, J. *Las pequeñas memorias*. Penguin Random House. Barcelona, 2010.
2. Gomes Gruber, J. (Coord.). *O livro das árvores*. Organizaçao geral dos profesores ticuna bilingües. Sao Paulo, 1997.
3. Diego de Rosales. *Historia General Del Reino de Chile, Flandes Indiano*. Vol. I. Ed. Andrés Bello. Santiago de Chile, 1989, p. 185.
4. Como los siguientes:

   «Todos los habitantes de la montaña son sobrios; [...] En las tres cuartas partes del año no se nutren sino de bellotas que, secas y trituradas, se muelen para hacer el pan, el cual puede guardarse durante mucho tiempo». Estrabón, *Geografía* III, 3, 7.

   «Para algunos, el roble es el más fecundo y más fuerte de los árboles silvestres. Los primeros humanos encontraban su alimento en la bellota y su bebida en la miel». Plutarco *Vidas Paralelas. Coriolano & Alcibíades*, II.
5. Pereira Sieso, J. y García Gómez E. *Bellotas, el alimento de la Edad de Oro*.
   <http://www.ucm.es/info/arqueoweb/pdf/4-2/pereira.pdf>
6. Jaña, D. Las Estructuras Religiosas Mapuche-Pehuenche y su Influencia en las Acciones Locales. *Abisua*. Febrero 1998, pp. 26-27.
7. Tacón Clavaín, A. *Recolección del piñón y conservación de la araucaria* (Araucaria araucana *(Mol.) Koch.): Un estudio de caso en la comunidad de Quinquén*. Tesis doctoral, Universidad Austral. Valdivia, Chile, 1999.
8. Alegato de Dionisio González, accionista de Maderas Ralco S. A. para justificar la tala de los bosques primigenios en 1992. En: F. Riquelme Barrera, *Pehuenches, Colonos y Obreros. Reforma Agraria en Alto Bio Bio (1971 – 1973)*. Concepción, 2009.
9. Hallé. F. *Plaidoyer pour l'arbre*. Actes Sud. Arlés, 2005.
10. Shiva, V. *Abrazar la vida: mujer, ecología y desarrollo*. Ed. Horas y Horas. Madrid, 2004.
11. *Directrices de Ordenación del Territorio de la Comunidad Autónoma del País Vasco*. Gobierno Vasco. Vitoria-Gasteiz, 1997.
12. Walston, J. Retorno al futuro: experimentos británicos con setos. *Ceres*, enero-febrero, 1993, pp. 5-6.
13. Rodríguez-Vigil Rubio, J. L. *Los montes comunales y vecinales de Asturias*. Trea, Gijón. 2005.
14. White, G. *La Historia Natural de Selborne*. Libros del Jata. Bilbao, 2015.
15. Chamizo, P. *Paredes, un campesino extremeño*. Ed. HOAC, Madrid, 1974.

APÉNDICE

ORDENANZA MODELO PARA LA REGULACIÓN DE PLANTACIÓN DE ÁRBOLES EN TERRENOS PÚBLICOS Y COMUNALES

Preámbulo

El abandono del medio rural y de la gestión tradicional de los montes genera una creciente problemática de matorralización e incendios, pérdida de recursos agroforestales y degradación de ecosistemas. Pero quizá lo más grave es la desafección que sufren los propios vecinos hacia los paisajes y las culturas que los sustentaron. En este contexto, con mucha frecuencia, inmensos territorios de titularidad comunal están sufriendo una decadencia y continuo expolio y cediéndose a intereses especulativos, ajenos a la propia localidad o comarca. Monocultivos y explotación industrial abusiva de recursos, cotos de caza elitistas y complejos turísticos que incluyen urbanizaciones de lujo, campos de golf y otros aprovechamientos de gran impacto ecológico y social son promovidos por empresas con pocos escrúpulos con la connivencia de las administraciones. Esta situación de desintegración de nuestro paisaje natural, social y cultural nos obliga a buscar fórmulas que promuevan una mayor implicación por parte de la sociedad, que puede encontrar un recurso de gran interés en la plantación y usufructo de las tierras comunales, como ya sucedía desde antiguo en gran parte de la península ibérica.

Las fórmulas de propiedad del vuelo que se utilizaron en el marco del Derecho consuetudinario permitían que los vecinos plantaran y aprovecharan los recursos de sus árboles, preservando la propiedad colectiva del terreno. Independientemente de que en un lugar determinado se haya practicado o no esta fórmula, proponemos una normativa que cada Entidad Local Menor o Municipio pueda adoptar en sus respectivos términos, para regular este uso según las necesidades propias de cada situación. Proponemos, por tanto, un modelo que ha sido redactado teniendo en cuenta las viejas ordenanzas y costumbres y las buenas prácticas que deben respetarse en el marco de una gestión sostenible del territorio. Tratamos de actualizar de este modo, bajo la premisa del sentido común y el respeto máximo al entorno natural, las reglas básicas de estas plantaciones y anotamos algunas directrices que habrán de adaptarse a la realidad de cada lugar y sobre todo consensuarse del modo más amplio posible para hacer que el acuerdo previo sirva de punto de partida imprescindible. He aquí algunas claves e ideas para restaurar un derecho ancestral que pensamos puede tener un gran interés para el futuro.

Parece adecuado que sean los vecinos o personas con raíces en el pueblo (casa, familiares u otro tipo de arraigo), quienes puedan beneficiarse de este derecho, pero en situaciones como pueblos abandonados, o grandes extensiones de terreno baldío, podrían instaurarse otras posibilidades. No debemos olvidar que, aunque hablamos por regla general del mundo rural, esta costumbre se ha venido utilizando también por parte de ciudadanos que tenían derecho a poner árboles en los respectivos terrenos municipales.

Es interesante la figura del guardián o representante de la comunidad de vecinos, o el nombramiento de un consejo, que señale los lugares y formalice una «escritura» o libro de registro que dote de legalidad a la plantación. La ayuda de GPS puede servir para señalizar los emplazamientos y evitar el marcado tradicional sobre la corteza de los árboles. En todo caso desde nuestro punto de vista debería estar prohibido roturar los terrenos, cercarlos o utilizar cualquier tipo de abono, herbicida o pesticida de síntesis. En este sentido el cultivo se haría siempre de manera escrupulosa, siguiendo las reglas de la agricultura biológica.

La Administración local titular puede señalar y regular previamente no solo los terrenos de la concesión para este uso, sino incluso, en casos problemáticos como el del castaño, las variedades resistentes a las enfermedades o más adecuadas a la situación concreta, así como la temporalidad de la práctica si se determinare y otras condiciones que deben constar en la ordenanza. Se debería prever asimismo una revisión periódica que constate que el aprovechamiento se realiza de forma correcta y los árboles son debidamente cuidados (riegos si fueran necesarios, eliminación de matorrales…). De lo contrario ha de establecerse un mecanismo concreto de advertencias y en su caso rescate de las plantaciones que muestren un grado de abandono evidente. Asimismo, el incumplimiento de otras condiciones (por ejemplo el uso de herbicidas), podría conllevar la sanción de la pérdida de todos los derechos.

Como marco de plantación para castaños y nogales proponemos distancias de entre 8 y 12 metros entre los árboles y un mínimo de 15 entre estos y edificios o infraestructuras cercanas.* En el Anexo I se incluyen otras especies que tradicionalmente se han utilizado para estas plantaciones y en el Anexo II el listado es el de especies indeseables por los problemas que causan sobre el suelo, como especies invasoras, etc. En todo caso conviene hacer una revisión para adaptar el listado a la realidad de cada localidad.

Es necesario acotar los terrenos temporalmente al ganado o prever la necesidad de dotar de protecciones individuales a los plantones para que no se pierdan por ramoneo o pisoteo. En todo caso queda claro que el tránsito de personas, así como los aprovechamientos de pastos, setas, etc. serían libres, en las condiciones que las costumbres o las ordenanzas tengan establecido o se adecuen para la nueva situación.

La regulación por medio de esta u otra ordenanza o normativa puede servir para arbitrar el acuerdo y la seguridad jurídica necesaria para el uso y disfrute de las plantaciones, pero de ningún modo es imprescindible donde la costumbre se haya mantenido y haya un reconocimiento o consenso previo para esta práctica.

Como punto de partida proponemos la siguiente ordenanza modelo.

* Como referencia indicamos el número de plantones que caben por hectárea según las distancias de plantación, ponemos en primer lugar la cifra de los que caben en plantaciones en hilera y en segundo lugar al tresbolillo: 6 × 6 m: 277 / 319; 7 × 7 m: 204 / 325; 8 × 8 m: 156 / 180; 9 × 9 m: 123 / 142; 10 × 10 m: 100 / 115; 11 × 11 m: 82 / 94; 12 × 12 m: 69 / 79.

ORDENANZA
PARA LA REGULACIÓN DE PLANTACIONES DE ÁRBOLES EN TERRENOS COMUNALES

Por la presente Ordenanza, el Ayuntamiento de .... (en su caso la Junta Vecinal de) regula la plantación de árboles en los siguientes terrenos públicos de titularidad de esta entidad local: .... bajo las siguientes condiciones:

I. El Ayuntamiento de .... (en su caso la Junta Vecinal de) y los vecinos que se acojan a los derechos y disposiciones que regula esta Ordenanza, velarán por la conservación, mejora y restauración de los terrenos de esta Entidad local, en especial de sus bienes comunales, como un bien de naturaleza inalienable, imprescriptible e inembargable que no está sujeto a tributo alguno.

II. Los bienes comunales lo son a perpetuidad y no experimentarán cambio de naturaleza o tratamiento jurídico, cualquiera que sea la forma de disfrute y aprovechamiento de los mismos.

III. La propiedad particular del vuelo será en todo caso independiente de la propiedad pública o colectiva del suelo.

ARTICULADO

1. Podrán hacer uso de este derecho los vecinos empadronados en el municipio.[1] Con carácter general, serán beneficiarios los miembros de las unidades familiares, cuyo titular cumpla los siguientes requisitos: a) Ser mayor de edad o menor emancipado o judicialmente habilitado. b) Estar inscrito como vecino en el Padrón Municipal con una antigüedad de al menos un año. c) Residir efectiva y continuadamente en la comunidad al menos durante nueve meses continuados al año.

2. Las labores de plantación, gestión y recolección deberán realizarse siempre directamente por el grupo familiar de cada titular. No se permite la contratación de los trabajos de plantación, mantenimiento o recolección, ni el alquiler o la venta de la propiedad del vuelo en cuestión.

3. La Administración pública titular del terreno designará un consejo gestor encargado de dirigir y vigilar que las plantaciones se hacen de la forma debida y acordada. Este órgano debe arbitrar y regular los usos conforme a la normativa y costumbres y será designado a propuesta en concejo o asamblea vecinal, y habrá de renovarse mediante elección cada cuatro años.

4. Las plantaciones se realizarán en los lugares previamente señalados por la administración titular, a propuesta del consejo gestor.

NOTA 1. Caso de que la junta vecinal lo considere oportuno, la posibilidad podrá abrirse a personas no empadronadas, con algún tipo de arraigo familiar en la localidad, o incluso sin relación previa con el lugar.

5. Los derechos de plantación se constituirán en documentos administrativos que se inscribirán en un libro específico y las certificaciones del mismo podrán ser empleadas para acreditar la existencia de los derechos constituidos en otros registros o ante organismos públicos o particulares.
6. La titularidad de cada árbol quedará anotada en el libro de registro señalando la fecha de plantación del árbol, la especie, la situación y la titularidad. Se procurará realizar una identificación mediante georreferenciación o sistema GPS u otro sistema de identificación que evite confusiones y conflictos.
7. Las especies a utilizar serán las tradicionales para este tipo de cultivos: castaños, nogales, chopos, sauces o mimbreras, frutales de todo tipo o árboles para aprovechamiento de madera (haya, pino silvestre). Se prohíbe expresamente la plantación de eucaliptos o pino radiata.
8. En el caso de plantones de castaño o nogal, deberán plantarse en un marco de 8 x 8 a 12 x 12 metros, conservando estas distancias entre los árboles propios y los de otros vecinos. Para otros árboles se establecerán los marcos adecuados.
9. La distancia mínima de estas plantaciones con otras propiedades, cultivos, edificios, etc. será de 15 metros.
10. El número máximo de árboles por unidad familiar será de......................
11. La propiedad de los árboles será de la persona que los plantó mientras el árbol siga en pie. La titularidad del árbol podrá transmitirse a los herederos. El titular podrá volver a plantar en el mismo lugar hasta un año después de la caída o la tala del árbol anterior.
12. En cualquier caso el suelo en el que arraiga el árbol y el pasto bajo el mismo y a su alrededor, continuarán siendo públicos, en especial, comunales, con el condicionamiento de que no podrá usarse el terreno de ninguna forma que atente contra la integridad del árbol o sus raíces.
13. Se prohíbe expresamente la roturación o laboreo del terreno tanto para la plantación, que se hará mediante las tradicionales pozas, como para el mantenimiento de los árboles.[2]
14. Se prohíbe asimismo como regla general el uso de herbicidas, abonos químicos y productos de síntesis en el área del árbol y su entorno. Caso de que hubiere alguna plaga o enfermedad se abordará el tratamiento de acuerdo con la comisión gestora y siguiendo las reglas del cultivo biológico.
15. Las plantaciones se inspeccionarán anualmente por parte de los miembros del consejo o los responsables nombrados a tal efecto por la Administración titular del terreno, para comprobar la adecuada gestión y conservación del plantío.
16. En su caso se apercibirá a los vecinos que hagan mal uso o abandono de los árboles o el terreno concedido.
17. Caso de que los responsables del consejo avisen reiteradamente a un vecino sobre el incumplimiento de la ordenanza, podrá serle retirada la titularidad del árbol, tras un expediente contradictorio en el que se podrán presentar alegaciones. La decisión administrativa será recurrible ante los Tribunales contencio-

NOTA 2. Esta cláusula es aconsejable para que la plantación tenga el óptimo efecto ecológico, tanto en la captura del carbono como en la conservación del suelo, evitando la erosión y pérdida de nutrientes y materia orgánica.

so-administrativos, sin perjuicio de los efectos civiles que puedan tener las decisiones adoptadas por los órganos competentes.

18. Si fuere necesario, se adaptará la ordenanza a nuevas circunstancias o problemáticas que se produzcan. En todo caso se revisarán estas condiciones, con una periodicidad de al menos cinco años.

19. Esta ordenanza entrará en vigor al mes de la publicación de su aprobación definitiva, o de la provisional, si no hubiera alegaciones.

Firmas

ANEXO I: Especies más utilizadas y recomendadas para plantaciones en comunales.

Abedules autóctonos: *Betula sp.*
Álamo y chopos: *Populus sp.*
Alcornoque: *Quercus suber*
Aliso: *Alnus glutinosa*
Arces autóctonos: *Acer sp.*
Avellano: *Corylus avellana*
Castaño: *Castanea sativa* y los castaños híbridos resistentes a la tinta.
Cerezo: *Prunus avium*
Encina: *Quercus ilex*
Fresnos autóctonos: *Fraxinus sp.*
Frutales: manzanos, perales, ciruelos, higueras, etc.
Haya: *Fagus sylvatica*
Laurel: *Laurus nobilis*
Madroño: *Arbutus unedo*
Nogal: *Juglans regia*
Olivo: *Olea europaea*
Olmos autóctonos: *Ulmus sp.*
Pino silvestre: *Pinus sylvestris*
Pino piñonero: *Pinus pinea*
Robles autóctonos: *Quercus sp.*
Sauces autóctonos: *Salix sp.*
Serbales: *Sorbus sp.*
Tejo: *Taxus baccata*
Tilo: *Tilia platyphyllos.*

ANEXO II: Especies prohibidas para estas plantaciones por las problemáticas asociadas.

Acacias: *Acacia sp.*
Eucaliptos: *Eucalytus sp.*
Pino radiata: *Pinus radiata*
Robinia: *Robinia sp.*

Puede descargarse el texto de esta ordenanza modelo en:
http://memoriadelbosque.blogspot.com.es/2016/01/ordenanza-modelo-para-la-regulacion-de.html

Fuentes y bibliografía básica

Incluimos en las notas de cada capítulo la bibliografía citada en el texto. Aquí reseñamos tan solo algunas de las obras de mayor interés. Como resulta obvio, ha sido también el caudal de conocimientos tradicionales de los paisanos de cada una de las comarcas aquí reflejadas, el que ha servido como fuente principal para reconstruir la memoria de los paisajes tradicionales.

Abella García de Eulate, A. Mª. *Las otras especialidades forales de Álava*. Vitoria, 1971.

— — *Ordenanzas de buen gobierno de los concejos de Álava*. Diputación Foral de Álava. Vitoria, 1985.

Abella Mina, I. *La Magia de los Árboles*. RBA. Barcelona, 2000.

— — *La Memoria del Bosque*. RBA Integral. Barcelona, 2007.

Álvarez Peña, A. *Mitos y leyendas asturianas*. Ed. Picu Urriellu. Gijón, 2004.

Araujo, J. *Éticas y Poéticas del Paisaje*. R. Acad. de Extremadura de las Letras y las Artes. Trujillo, 2012.

Association Montviette Nature. *D'Arbre en Arbres à Montviette*. Montviette, 2000.

Berrocal del Brío M., Cardeñoso Herrero J. M. y Gallardo F. *El castaño. Productor de fruto y madera*. Mundi-Prensa. Madrid, 1998.

Blanco Castro, E. *El Caurel, las plantas y sus habitantes*. Ed. Fundación Caixa Galicia. La Coruña, 1996.

— — *Etnobotánica abulense*. Las plantas en la cultura tradicional en Ávila. Jolube ed. Jaca, 2015.

— — *Etnobotánica en los Montes de Toledo*. Toledo, 2002.

— — *et al. Los bosques ibéricos*. Planeta. Barcelona, 1997.

— — y Cuadrado C. *Etnobotánica de Extremadura. Estudio de la Calabria y la Siberia extremeñas*. Ed. E. Blanco y CPR de Aldaba de los Montes. Madrid, 2000.

— — y Díez J. *Guía de Flora de Sanabria, Carballeda y Los Valles*. Adisat-La Voz. Zamora, 2005.

Bonfils, M. *Les arbres fourragers en climate temperés*. Permacultures Pyrénées (s/d).

Caro Baroja, J. *De la vida rural vasca*. Txertoa. San Sebastián, 1974.

— — *Ritos y Mitos equívocos*. Istmo. Madrid, 1989.

Catón el Viejo, *De re rustica*. <http://remacle.org/>

Columela, <*De re rustica*. http://remacle.org/>

Costa, J. Costumbres jurídico económicas del Alto Aragón. *Revista General de Legislación y Jurisprudencia*. Tomo LXIV. Madrid, 1884.

— — *Colectivismo agrario en España* [1898]. Biblioteca Costa. Madrid, 1985.

— — *Derecho consuetudinario y economía popular de España* [1902]. Guara edit. Zaragoza, 1981.

Echegaray, B. *Compendio de las Instituciones Forales de Guipúzcoa*. Diputación de Guipúzcoa. San Sebastián, 1924.

— — *La vecindad. Relaciones que engendra en el País Vasco*. Eusko Ikaskuntza – Sociedad de Estudios Vascos. San Sebastián, 1933.

Fernández Montes, M. *Los aprovechamientos comunales del monte en el cuadrante noroccidental de España*. Anales del Museo del Pueblo Español CSIC. 1992.

Frazer, J. G. *La rama dorada*. Fondo de Cultura Económica. 2ª ed. México D. F., 1951.

Font Quer, P. *Plantas medicinales. El Dioscórides renovado*. Ed. Labor. Barcelona, 1961.

Gogeascoechea, A. Montes y usos forestales en los fueros vizcaínos. *Vasconia* nº 24, 1996.

González Largo, M., y González Alarcón M. T. *Escenas costumbristas de la montaña leonesa*. Madrid, 1983.

Graves, R. *La Diosa Blanca*. Alianza Editorial. Madrid, 1986.

Izquierdo Vallina, J. *La casa de mi padre*. Ed. KRK. Oviedo, 2012.

— — *La conservación cultural de la naturaleza*. Ed. KRK. Oviedo, 2013.

Karrera Egialde, M. M. *La propiedad separada del suelo y del vuelo: los terrenos ondazilegi*. Gipuzkoako Foru Aldundia / Diputación Foral de Guipúzcoa. San Sebastián, 2002.

Lapuente Martínez, L. *Las Améscoas*. Pamplona, 1972.

Lastra Menéndez, J. J. *Etnobotánica en el Parque Nacional de Picos de Europa*. Org. Aut. Parques Nacionales. Madrid, 2003.

López de Guereñu, G. Noticias curiosas de arboricultura, pretéritas y actuales por tierras alavesas. *Ohitura* nº 2. Vitoria, 1984.

Martínez Rossy, I. *et al. Caleros y Canteros*. Diputación de Salamanca. Salamanca, 1986.

Montserrat, P. y Villar L. *Los agroecosistemas*. CSIC. 1995.

Pardo de Santayana, M. *Guía de las Plantas Medicinales de Cantabria*. Estvdio. Santander, 2004.

Perlin, J. *Historia de los bosques*. Gaia. Madrid, 1999.

Quer y Martínez, J. *Flora española ó Historia de las plantas que se crian en España*. Joachin Ibarra Ed. [edición de C. Gómez Ortega]. Madrid, 1784.

Rodríguez-Vigil Rubio, J. L. *Los montes comunales y vecinales de Asturias*. Ed. Trea. Gijón, 2005.

Rozier, F. *Nuevo diccionario de agricultura del Abate Rozier*. Ignacio Boix, ed. Madrid, 1842-1845.

Serrano Álvarez, J. A. La defensa del comunal y de los usos colectivos, León (1800-1936) ¿Una «economía moral»? *Historia agraria: Revista de agricultura e historia rural*, nº 37, 2005.

San Miguel López, E. *Tengo de subir al árbol. Etnobotánica del concejo de Piloña (Asturias)*. Red de Museos etnográficos de Asturias. Gijón, 2007.

Santo Tomás y Pumarada, T. de. *Arte General de Grangerías (1711-1714)*. Ed. San Esteban y Museo del Pueblo de Asturias. Salamanca, 2006.

Villanueva, T. de. Explotación de los terrenos comunales como base para la reconstitución de la hacienda del municipio. En: *Asamblea de Administración Municipal Vasca*. Eusko Ikaskuntza – Sociedad de Estudios Vascos. San Sebastián, 1919.

Tuero Bertrand, F. *Instituciones tradicionales en Asturias*. Ed. Ayalga. Gijón, 1976.

— — *Diccionario de derecho consuetudinario e instituciones y usos tradicionales de Asturias*. Ed. Trea. Gijón, 1997.

Vaquerizo, M. Archivos Municipales, la memoria del poder local. En *La memoria histórica de Cantabria*. Cátedra Cantabria. Ed. Univ. de Cantabria. Santander, 1996.

Varrón, *De re rustica*. <http://remacle.org/>

Vavílov, N. I. *Cinco continentes*. Libros del Jata. Bilbao, 2015.

Violant i Simorra, R. *El Pirineo español* [1949]. Ed. Alta Fulla. 1985.

VV. AA. *El medio rural español, cultura, paisaje y naturaleza*. Ediciones Universidad de Salamanca. Salamanca, 1992.

VV. AA. *Tafalla, siete paisajes*. ANAN (Agrupación Navarra de Amigos de la Naturaleza). Tafalla, 1998.

Zabalza Seguín A. *Etnografía de Navarra*. Tomo II. Ed. Diario de Navarra. 1996.

Agradecimiento

De un modo genérico es preciso comenzar con una mención y agradecimiento a nuestros mayores, en un momento en el que la línea de la transmisión tradicional se ha roto y resultan más importantes que nunca sus conocimientos. Por otro lado, hay muchas personas más o menos citadas y reconocidas a lo largo de estas páginas por los testimonios que han aportado directa o indirectamente. Todas ellas son actores esenciales de la obra. Ana María Moradiellos, Manolo Corces, Amable Vallina, Ángel Rejado, Teresina Marrón, Manolón del Turruco, Juan del Gametoso, Julio Arbosa y otros muchos paisanos, han contribuido compartiendo informaciones imprescindibles para la reconstrucción de la memoria de sus paisajes y sobre todo el ejemplo vivo de su experiencia.

Han prestado también su ayuda en forma de imágenes y datos relevantes desde sus respectivas especialidades en botánica, etnobotánica, ecología, historia, derecho consuetudinario, etc.: Ginés López González, que además de las imágenes que generosamente aporta nos ha asesorado en algunos puntos especialmente difíciles de taxonomía y etimología; Emilio Blanco nos ha asesorado en temas de etnobotánica y comparativas de creencias y usos de las plantas en diferentes regiones y comarcas; Carlos González-Antón nos ha ayudado a redactar y dar forma a la ordenanza modelo que incluimos en apéndice; Juan F. Gallardo nos ha ayudado a aclarar cuestiones diversas sobre los castañares; los botánicos Patxi Heras, Emilio Laguna y Pello Urrutia nos han facilitado con generosidad imágenes de algunas especies. También Juan Antonio Durán, Alberto Tacón, Helios Sainz, Ignacio Arias Díaz, María José Parejo, Bernabé Moya, José Plumed, Óscar Prada, Joám Evans Pim, Alberto González, Luis de Santianes, Jaime Izquierdo, Ignacio Abrao, Enrique Granda, Roberto González de Viñaspre, Berto Peña y otros muchos expertos en diferentes disciplinas han hecho sugerencias, comentarios y aportaciones decisivas. Al botánico Pedro Uribe-Echebarría le debe este autor no solo la iniciación en el mundo de las plantas y los árboles, sino la propia educación de la mirada para contemplar e interpretar los paisajes desde perspectivas diferentes, y ahora más que nunca, tras su temprano fallecimiento, deseo manifestar mi admiración y gratitud.

Créditos de las ilustraciones

Dibujos y grabados:

Ignacio Abella: pp. 44, 75, 85, 88, 107, 159, 185, 236 (3ª imagen).
Alberto Álvarez Peña: p. 236 (2ª imagen).
Julio Caro Baroja: pp. 57, 116 (izda.).
L.-J. Goussier: p. 135 (en Diderot & D'Alembert 1751-1772. *Encyclopedie)*.
Junta General del Principado de Asturias: p. 236 (1ª imagen). *(Compilación del derecho consuetudinario asturiano*, 2007).
B.-L. Prevost: pp. 192, 196 (en H.-L. Duhamel du Monceau 1764. *De l'explotation des bois…*).
María Quintas: pp. 232, 252.
Andrés Rábago (El Roto): p. 23 (Diario *El País*, 2009).

Fotografías:

Ignacio Abella: pp. 4, 10, 13, 14, 15, 17, 18, 21, 22, 24, 25, 26,29, 31, 32, 36-37, 42, 45, 47, 51, 52, 53, 55, 56, 61, 63, 66, 69, 70, 71, 72, 73, 74, 75, 76, 77, 78, 80, 82, 84, 86, 89, 92, 94, 100, 102, 103 *(U. europaeus)*, 105, 110, 116 (dcha.), 122, 126, 128, 131 *(E. ciliaris)*, 132, 136, 137, 138, 141, 143, 144, 146, 152, 158, 160, 162, 166, 167, 168, 169, 171, 172, 173, 176, 178, 179, 181, 182, 183, 186, 187, 188, 190 (izda.), 191, 193, 195, 197, 198, 199, 201, 202, 203, 206, 208, 209, 210, 211, 213, 214, 215, 217, 218, 219, 220, 222, 228, 229, 231, 236 (las dos de abajo), 237, 256, 258, 259, 262, 267, 268, 273, 275, 278, 281, 282, 288.
Blog de Millares Baleira (xmillares.blogspot.com): p. 113.
Emilio Blanco: p. 130 *(E. lusitanica, E. scoparia)*, 150 (retama común), 153, 155.
Isidro Canóniga: pp. 224, 238, 241.
Juan Antonio Durán: pp. 133, 148, 154.
Alberto González (Basozaina): p. 97.
Patxi Heras: p. 103 *(U. galli)*, 130 *(E. australis)*, 131 *(E. cinerea, C. vulgaris)*, 151 *(G. hispanica, G. anglica)*.
Piedad Isla, *A huebra limpiando el monte*, © Fundación Piedad Isla & Juan Torres: p. 285.
Emilio Laguna: p. 204.
Archivo Libros del Jata: pp. 90 (ambas), 118 (ambas), 121, 150 *(C. cantabricus)*, 163, 190 (dcha.), 205, 246.
Ginés López González: p. 131 *(D. cantabrica, E. mackaiana, E. tetralix, E. umbellata, E. vagans)*, 150 *(C. multiflorus, C. balansae)*, 151 *(G. hirsuta, G, scorpius, G. triacanthos)*.
Carlos Luengo: p. 50.
Verónica Martínez Tapia: p. 109.
Modesto Montoto, Fototeca Museo del Pueblo de Asturias: p. 234.
Pixabay: p. 121 [http://pixabay.com/]
Lucien Pouëdras: p. 108.
Alberto Tacón: pp. 264-265 (todas).
Pello Urrutia - Herbario Digital Xavier de Arízaga: p. 130 *(E. arborea)*, 150 (codeso), 151 *(G. florida)*.

Índice general

La presente edición,
primera en castellano de
La memoria del paisaje,
indagación de Ignacio Abella
sobre el pasado y el futuro
de los terrenos comunales,
terminó de imprimirse
en Basauri, Bizkaia,
en noviembre,
2016.